高职高专电气电子类系列教材

PLC应用技术（FX_{3U}系列）项目化教程

第二版

罗庚兴 主 编
刘 俊 黎一强 副主编

·北京·

内容简介

本书按照“以职业为基础，以生产为标准，以能力为导向，以学生为中心，以竞赛为参照”的高职教育理念，重构了PLC技术和组态技术的知识点，实现了教学过程与生产过程的对接，设计了14个典型工作任务。通过14个典型工作任务，引导学生按照工控设计规范的工艺要求，对典型工控任务进行工艺分析、I/O地址分配、硬件设计、安装及打点检测、软件设计、组态设计和运行调试，实现知识的理解和技能的提升。知识点嵌入学生练习，任务后融入高级电工PLC实操试题，便于读者更深入地提升PLC应用技能。本书配套的数字化教学资源包括63个微课视频、13个素养视频、14套在线测试习题等，扫描二维码即可查看。

本书可作为高等职业院校电气自动化技术、机电一体化、工业机器人技术等相关专业的教材和中高级电工PLC模块培训教材，也可作为企业电气技术员的培训用书，以及工控技术人员自学参考用书。

图书在版编目(CIP)数据

PLC应用技术（FX_{3U}系列）项目化教程/罗庚兴主编；刘俊，黎一强副主编．—2版．—北京：化学工业出版社，2023.7

ISBN 978-7-122-43369-5

Ⅰ.①P… Ⅱ.①罗… ②刘… ③黎… Ⅲ.①PLC技术-高等职业教育-教材 Ⅳ.①TM571.61

中国国家版本馆CIP数据核字（2023）第070719号

责任编辑：葛瑞祎　　文字编辑：宋　旋　陈小滔

责任校对：王　静　　装帧设计：刘丽华

出版发行：化学工业出版社（北京市东城区青年湖南街13号　邮政编码100011）

印　　装：大厂聚鑫印刷有限责任公司

787mm×1092mm　1/16　印张15¼　字数365千字　2023年9月北京第2版第1次印刷

购书咨询：010-64518888　　售后服务：010-64518899

网　　址：http://www.cip.com.cn

凡购买本书，如有缺损质量问题，本社销售中心负责调换。

定　　价：48.00元

前言

可编程逻辑控制器（Programmable Logic Controller，PLC）已成为工控领域不可或缺的设备之一，它与传感器、变频器、步进驱动器、伺服驱动器和触摸屏等配合使用，组成功能齐全、操作简便的自动控制系统。三菱 FX_{3U} 系列 PLC 是国内使用比较广泛的一种 PLC。

本书按照“以职业为基础，以生产为标准，以能力为导向，以学生为中心，以竞赛为参照”的高职教育理念，在企业技术人员的大力支持下，重构了 PLC 技术和组态技术的知识点，实现了教学过程与生产过程的对接，设计了 14 个典型工作任务。通过 14 个典型工作任务，详细介绍了三菱 FX_{3U} 系列 PLC 的基础知识及其指令应用，包括位逻辑指令、定时器及计数器指令、步进顺控指令、功能指令、脉冲指令和定位指令，还介绍了 FR-E700 变频器、Kinco 步进驱动、MCGS 触摸屏和组态软件的应用。

14 个工作任务采用教学做一体化方法，引导学生按照工控设计规范的工艺要求，对典型工控任务进行工艺分析、I/O 地址分配、硬件设计、安装及打点检测、软件设计、组态设计和运行调试，实现知识的理解和技能的提升。“知识准备”中的部分知识点后嵌入【学生练习】，“任务实施”中设有【任务拓展】，融入了高级电工 PLC 实操试题，便于读者更好地巩固和检阅所学知识，进一步提升 PLC 应用技能。与第一版比较，本书有以下三个特点：

一是任务实施借鉴了操作手册模式，体现了以学生为中心的宗旨；

二是任务选择充分考虑了电工中高级的操作考核要求；

三是采用了微课视频、在线测试等多种数字化教学资源，便于读者自学。

本课程建议总学时 72 学时，其中任务 1～8 各 4 学时，任务 9～14 各 6 学时，考核 4 学时。考核采用形成性评价与综合性评价相结合的方式，工作过程考核占 50%，理论考试占 40%，素质考核占 10%。

本书配套的数字教学资源包括 63 个微课视频、13 个素养视频、14 套在线测试习题等，扫描书中二维码即可查看。读者可登录超星慕课平台，搜索“PLC 应用技术（FX_{3U}）”进行学习，也可注册学习通，加入班级（邀请码：24149720）下载相关资料。

本书由佛山职业技术学院罗庚兴主编，广州番禺职业技术学院刘俊、罗定职业技术学院黎一强担任副主编，参与编写的还有：湖南交通职业技术学院何军，佛山职业技术学院肖剑兰、钟造胜和邱明海，东莞职业技术学院邓婵。其中，任务 1～3、任务 11、任务 13 由罗庚兴编写，任务 4～6 由刘俊编写，任务 7、8 由黎一强编写，任务 9 由邓婵编写，任务 10 由何军编写，任务 12 由邱明海编写，任务 14 由肖剑兰编写，微课视频及在线测试习题由罗庚兴完成，素养视频由刘俊和钟造胜完成。全书由罗庚兴统稿。佛山市墨白智控技术有限公司黄柏裳工程师参与了任务 2～7 的程序设计及调试，广东伯顿智能装备有限公司技术部长方西参与了任务 8～14 的程序设计及调试，在此表示衷心的感谢。

由于编者水平有限，书中不妥之处在所难免，敬请读者给予批评和指正。

编者

目录

任务1 让PLC动起来 / 001

任务2 皮带输送机全压启动控制 / 020

任务3 皮带输送机正反转控制 / 034

任务 4　运料小车自动往返控制 / 044

任务 5　水泵电动机 Y-△降压启动控制 / 056

任务 6　水泵电动机单按钮启停控制 / 068

任务 7　传送带顺序启停控制 / 077

任务8 水泵系统的PLC控制 / 091

任务9 十字路口交通灯的PLC控制 / 105

任务10 花式喷泉的PLC控制 / 127

任务 11 简易机械手的仿真控制 / 146

任务 12 传送带五段固定频调速控制 / 175

任务 13 步进电动机的 PLC 控制 / 193

任务 14 送料自动线控制系统 / 209

附录 / 227

参考文献/ 234

任务1

让PLC动起来

【知识目标】

① 掌握 PLC 的基本结构、特点和分类；
② 熟知 FX_{3U} 系列 PLC 的组成和功能；
③ 熟悉 GX Works2 编程软件的基本操作方法。

【能力目标】

① 能创建一个 PLC 工程项目；
② 会连接和测试 PLC 通信编程电缆；
③ 会下载及运行监视 PLC 程序。

【素质目标】

① 培养爱岗敬业、遵纪守法的职业品质；
② 养成严谨细致、精细 6S 管理的工作习惯。

1.1 任务引入

一组灯在控制系统的控制下按照设定的顺序和时间发亮和熄灭，形成一定的视觉效果，称为流水灯，可用于夜间建筑物装饰。例如在建筑物的棱角上装上流水灯，可起到变幻闪烁、美不胜收的效果。本任务用 PLC 实现一个 8 盏流水灯的控制，从头到尾循环，每隔 1s 点亮一盏灯。

1.2 知识准备

1.2.1 PLC 的基本结构、特点和分类

可编程逻辑控制器（PLC）是基于微处理器的通用工业控制装置。它能执行各种形

笔 记

式、各种级别的复杂控制任务，应用面广，功能强大，使用方便，是当代工业自动化的主要技术之一。PLC对用户友好，不熟悉计算机但是熟悉继电器系统的人很快就能学会用PLC编程和操作。

PLC作为典型工控产品，是原始设备制造商（OEM）提高机械自动化水平的重要工具，随着中国制造业实现由大变强的升华，PLC应用技术将迎来更大的发展。据统计，2020年中国PLC市场规模达到130亿元，其中小型PLC市场占比达48.8%，年复合增长3%。PLC作为工业自动化软件的关键组成部分，下游应用广泛，需求面广阔。小型PLC主要应用于电子及半导体制造（13%）、纺织机械（8%）、电池制造（5%）、包装机械（5%）、纸巾机械（5%）等下游。随着下游需求持续增长，我国PLC市场规模空间广阔。其中纺织、包装及机床在PLC市场中占有较大比重，小型或微型PLC已能满足OEM的控制需求，因此小型PLC在OEM市场广泛应用。电力、矿业、冶金等领域，要求较复杂的控制能力和较强的通信联网功能，因此大多使用大型或中型PLC。

从小型PLC中国市场份额来看：西门子占据第一位，超过30%；三菱紧随其后，约为25%；欧姆龙约占11%；和利时、台达、信捷电气、汇川技术等为代表的国产品牌市占率约14%。

本书以三菱公司的FX_{3U}系列小型PLC为主要对象。FX_{3U}系列具有极高的可靠性、强大的通信功能和品种丰富的特殊模块。它的指令丰富，易于掌握，操作方便，集成有高速计数器、高速输出，有极强的通信功能，在网络控制系统中也能充分发挥其作用。

微课视频1
PLC的结构、特点与分类

(1) PLC的基本结构

PLC主要由CPU模块、输入模块、输出模块和电源模块四部分组成，其结构示意图如图1-1所示。

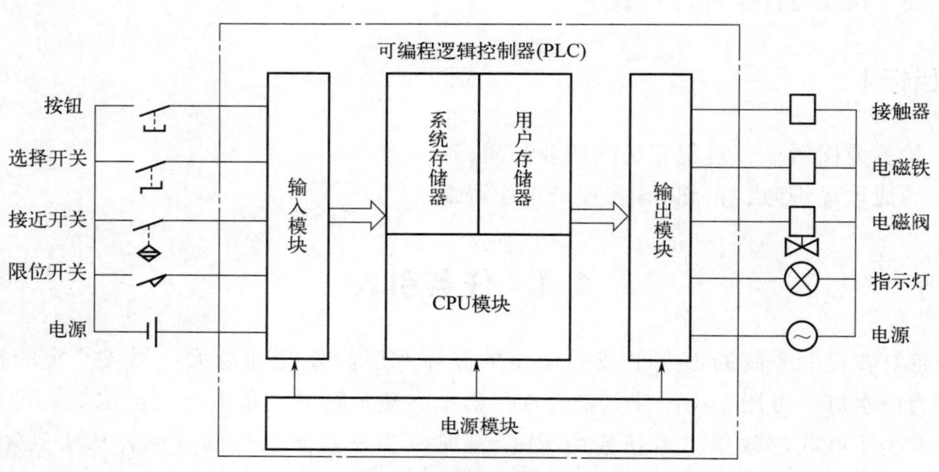

图1-1 PLC的基本结构示意图

① CPU模块。CPU模块主要由微处理器（CPU芯片）和存储器组成。CPU是PLC的核心，起神经中枢的作用，相当于人的大脑。它接收并存储用户程序和数据，不断地用扫描的方式采集输入信号，执行用户程序，刷新系统输出，以及诊断PLC内部电路的工作状态和编程过程中的语法错误。

存储器用于存放系统程序、用户程序和运行数据。它包括只读存储器（ROM）和随机存取存储器（RAM）。

PLC的程序分为系统程序和用户程序。系统程序包括监视程序、管理程序、命令解释程序、功能子程序、系统诊断程序等，由PLC生产厂家设计并固化在只读存储器（ROM）中，用户不能读取。用户程序由用户设计，它使PLC能完成用户要求的特定功能。

② I/O模块。输入模块和输出模块统称为I/O模块，也叫I/O接口，是CPU与现场I/O装置通信的桥梁。I/O分为开关量输入（DI）、开关量输出（DO）、模拟量输入（AI）和模拟量输出（AO）等模块。

输入模块用来接收和采集输入信号。开关量输入模块用来接收按钮、选择开关、数字拨码开关、限位开关、接近开关、光电开关和压力继电器等提供的开关量输入信号。模拟量输入模块用来接收各种变送器提供的连续变化的模拟量电流（4～20mA，0～20mA）和电压信号（0～10V，0～5V，－10～10V）。

开关量输出模块用来控制接触器、电磁阀、电磁铁、指示灯、数字显示装置和报警装置等输出设备。模拟量输出模块用来控制调节阀、变频器等执行装置。

在I/O模块中，用光电耦合器、光电晶闸管、晶体管和小型继电器等器件来隔离PLC的内部电路与外部I/O电路。I/O模块除了传递信号外，还有电平转换与隔离作用。

③ 电源模块。PLC一般使用AC 220V或DC 24V电源。内部的开关型电源模块，将其转换成DC 5V、DC±12V、DC 24V的电压供CPU、存储器和接口电路使用。开关型电源具有输入电压范围宽、体积小、质量轻、效率高、抗干扰性能好等优点。

小型PLC可以为外输入电路和外部的电子传感器（例如接近开关）提供DC 24V电源。

④ 编程器。编程器是PLC最重要的外围设备。利用编程器将用户程序写入PLC的存储器，还可以用编程器检查和修改程序、监视PLC的工作状态。使用编程软件GX Works2可以在计算机屏幕上直接生成和编辑梯形图程序，程序被编译后下载到PLC中。也可以将PLC中的程序上传到计算机。

（2）PLC的特点

① 硬件配套齐全，功能完善，适应性强。PLC已经形成了大、中、小各种规模的系列化产品。用户不必自己再设计和制作硬件装置。用户在硬件方面的设计工作只是确定PLC的硬件配置和I/O的外部接线。控制对象的硬件配置确定后，可以通过修改用户程序，方便快速地适应工艺条件的变化。PLC不仅可以实现逻辑运算、定时、计数、顺序控制，而且可以对模拟量实现PID控制、数值运算和数据处理等功能，还具有通信联网的功能，因此，PLC可以用于各种规模的工业控制场合。

② 可靠性高，抗干扰能力强。PLC采用一系列的硬件和软件抗干扰措施，具有很强的抗干扰能力，平均无故障时间达到数万小时，可直接用于有强烈干扰的工业生产现场。PLC采用循环扫描工作方式，集中采样和集中输出，避免了触点竞争；执行用户程序过程中与外界隔绝，大大减少了外界干扰。

③ 编程方法简单易学。梯形图语言是PLC使用最多的编程语言，其图形符号与表达方式和继电器电路图相当接近，只用PLC少量开关量逻辑控制指令就可以方便地实现继电器电路的功能。为不熟悉电子电路、不懂计算机原理和汇编语言的人使用PLC从事工业控制打开了方便之门。

④ 系统的设计、安装、调试和维修工作量少，维修方便。PLC用软件功能取代了继

笔 记

笔记

电器控制系统中大量的中间继电器、时间继电器、计数器等器件，使控制柜的设计、安装、接线工作量大大减少。PLC的用户程序可以在实验室模拟调试，输入信号用小开关来模拟，通过PLC模块上的发光二极管可观察输出信号的状态。完成了系统的安装和接线后，在现场的统调过程中发现的问题一般可以通过修改程序来解决，系统的调试时间比继电器系统要少得多。PLC的故障率很低，且有完善的自诊断和显示功能。PLC或外部的输入装置或执行机构发生故障时，可以根据PLC上的发光二极管或编程器上提供的信息迅速地查明产生故障的原因。

⑤ 体积小，能耗低。PLC是集成了微电子技术、计算机技术和自动控制技术等的新型工业控制装置，其结构紧凑、坚固，体积小，质量轻，功耗低。如FX_{3U}-48M，外形尺寸为182mm×86mm×90mm，质量为850g，功耗为40W。

此外，PLC的配线比继电器控制系统的配线少得多，故可以省下大量的配线和附件，减少大量的安装接线工时，加上开关柜体积的缩小，可以节省大量的费用。

(3) PLC的分类

① 按结构形式分。

a. 整体式PLC。整体式PLC是把CPU、存储器、I/O模块、电源等部件都装配在一起的整体装置，一个箱体就是一台完整的PLC，其结构紧凑、体积小、成本低、安装方便。如三菱公司的FX_{3U}系列，SIEMENS公司的S7-200系列，和利时自动化公司的HOLLiAS-LEC G3系列等。

b. 模块式PLC。模块式PLC是把PLC的每个工作单元都制成独立的模块，通过带有插槽的母板或机架，把这些模块按控制系统需要选取后，都插到母板或机架上，构成一台完整的PLC。这种结构的PLC系统构成非常灵活，安装、扩展、维修很方便。如三菱公司的A、Q、L系列，SIEMENS公司的S7-1200/S7-1500系列，和利时自动化公司的HOLLiAS-LK系列等。

② 按I/O点数及内存容量分。一般将一路信号叫作一个点，将输入点数和输出点数的总和称为机器的点。按照点数和存储容量来分，PLC大致可分为大、中、小型三种。

a. 小型PLC。I/O点数小于256点，单CPU，8或16位处理器，用户存储器容量在4KB以下。如：FX_{3U}、S7-1200、和利时LM系列等。小型PLC在结构上一般是整体式的，主要用于中等以下容量的开关量控制，具有逻辑运算、定时、计数、顺序控制、通信等功能。

b. 中型PLC。I/O点数为256～1024点，单（双）CPU，用户存储器容量在4～16KB。如：S7-300、基本型QCPU、和利时LE系列、台达Ah500等。中型PLC属于模块式结构，除具有小型PLC的功能外，还增加了数据处理能力，适用于小规模的综合控制系统。

c. 大型PLC。I/O点数在1024点以上，多CPU，16或32位处理器，用户存储器容量达16KB以上。属于模块式结构，主要用于多级自动控制和大型分布式控制系统。例如，S7-400、高性能型QCPU、和利时LK系列等。

微课视频2 FX_{3U}系列PLC简介

1.2.2 FX_{3U}系列PLC

FX_{3U}系列PLC是三菱公司生产的第三代微型可编程逻辑控制器。内置了64K步的

笔 记

RAM 内存。基本指令运算处理速度达 0.065μs/指令。有 16 点、32 点、48 点、80 点和 128 点基本单元，最多可以扩展到 384 个 I/O 点。有继电器输出、晶体管输出、晶闸管输出三种类型。晶体管输出内置独立 3 轴 100kHz 定位功能，集电极开路输出：Y0、Y1、Y2。基本单元左侧可以连接高速输入输出模块，通过功能扩展板可连接通信模块、模拟量模块等特殊模块。

(1) FX_{3U} 系列型号的含义

FX_{3U} 系列 PLC 型号的含义如图 1-2 所示。

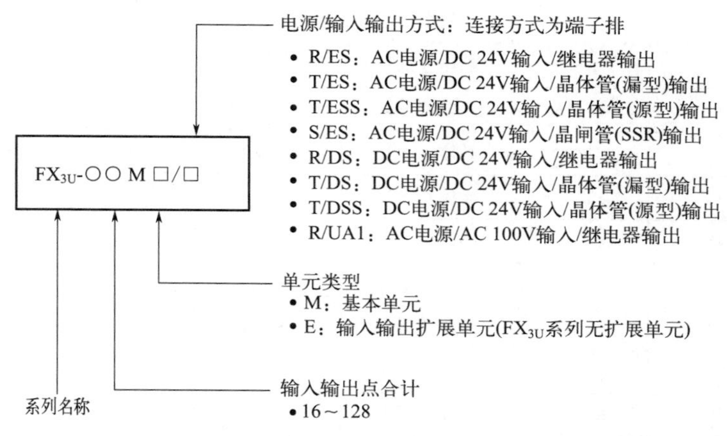

图 1-2 FX_{3U} 系列 PLC 产品型号含义

FX_{3U} 系列 PLC 的电源规格有 AC 100～240V 50/60Hz 和 DC 24V 两种。输入输出扩展单元须为 FX_{2N} 系列用的扩展设备，扩展单元有 4DI/4DO、8DI、16DI、8DO、16DO 几种规格。支持 RS-232C、RS-485、RS-422、N：N 网络、并联连接和计算机连接等数据通信，支持 CC-Link 总线通信。

三菱 FX_{3U} 系列 PLC 基本单元选型，见表 1-1。

表 1-1 FX_{3U} 系列 PLC 基本单元选型

型号	I/O 点数	输出方式	供电电压/V	耗电量/W	其他参数
FX_{3U}-16MR/ES-A	8/8	继电器	AC 220	30	64K 步 RAM；基本指令 27 条；步进指令 2 条；应用指令 209 种；辅助继电器 7680 点；状态寄存器 4096 点；定时器 512 点；16 位增计数器 200 点；32 位计数器 35 点；高速计数器 100kHz/6 点，10kHz/2 点，50kHz/2 点；数据寄存器 8000 点
FX_{3U}-32MR/ES-A	16/16	继电器	AC 220	35	
FX_{3U}-48MR/ES-A	24/24	继电器	AC 220	40	
FX_{3U}-64MR/ES-A	32/32	继电器	AC 220	45	
FX_{3U}-80MR/ES-A	40/40	继电器	AC 220	50	
FX_{3U}-128MR/ES-A	64/64	继电器	AC 220	65	
FX_{3U}-16MT/ES-A	8/8	晶体管漏型	AC 220	30	
FX_{3U}-32MT/ES-A	16/16	晶体管漏型	AC 220	35	
FX_{3U}-48MT/ES-A	24/24	晶体管漏型	AC 220	40	
FX_{3U}-64MT/ES-A	32/32	晶体管漏型	AC 220	45	
FX_{3U}-80MT/ES-A	40/40	晶体管漏型	AC 220	50	

笔记

续表

型号	I/O 点数	输出方式	供电电压/V	耗电量/W	其他参数
FX_{3U}-128MT/ES-A	64/64	晶体管漏型	AC 220	65	64K 步 RAM； 基本指令 27 条； 步进指令 2 条； 应用指令 209 种； 辅助继电器 7680 点； 状态寄存器 4096 点； 定时器 512 点； 16 位增计数器 200 点； 32 位计数器 35 点； 高速计数器 100kHz/6 点，10kHz/2 点，50kHz/2 点； 数据寄存器 8000 点
FX_{3U}-16MR/DS	8/8	继电器	DC 24	25	
FX_{3U}-32MR/DS	16/16	继电器	DC 24	30	
FX_{3U}-48MR/DS	24/24	继电器	DC 24	35	
FX_{3U}-64MR/DS	32/32	继电器	DC 24	40	
FX_{3U}-80MR/DS	40/40	继电器	DC 24	45	
FX_{3U}-16MT/DS	8/8	晶体管漏型	DC 24	25	
FX_{3U}-32MT/DS	16/16	晶体管漏型	DC 24	30	
FX_{3U}-48MT/DS	24/24	晶体管漏型	DC 24	35	
FX_{3U}-64MT/DS	32/32	晶体管漏型	DC 24	40	
FX_{3U}-80MT/DS	40/40	晶体管漏型	DC 24	45	
FX_{3U}-16MT/DSS	8/8	晶体管源型	DC 24	25	
FX_{3U}-32MT/DSS	16/16	晶体管源型	DC 24	30	
FX_{3U}-48MT/DSS	24/24	晶体管源型	DC 24	35	
FX_{3U}-64MT/DSS	32/32	晶体管源型	DC 24	40	
FX_{3U}-80MT/DSS	40/40	晶体管源型	DC 24	45	
FX_{3U}-16MT/ESS	8/8	晶体管源型	AC 220	30	
FX_{3U}-32MT/ESS	16/16	晶体管源型	AC 220	35	
FX_{3U}-48MT/ESS	24/24	晶体管源型	AC 220	40	
FX_{3U}-64MT/ESS	32/32	晶体管源型	AC 220	45	
FX_{3U}-80MT/ESS	40/40	晶体管源型	AC 220	50	
FX_{3U}-128MT/ESS	64/64	晶体管源型	AC 220	65	

(2) FX_{3U} 系列 PLC 各部位名称及功能

FX_{3U} 系列 PLC 的面板各部分名称如图 1-3 所示。PLC 有 DIN 导轨安装卡扣，可以将基本单元安装在标准 DIN（宽度 35mm）导轨上。

① 通信接口。PLC 有三个通信接口。

一个在功能扩展板空盖板下面，用于安装高速输入输出特殊适配器或功能扩展板。

一个在扩展口盖板下面，用于通过扩展电缆安装扩展单元以及特殊功能单元。

还有一个是 RS-422 通信接口，通过不同的数据转换器可连接上位计算机、手持式编程器或触摸屏等外围设备。

② 工作方式开关。写入（成批）顺控程序及停止运行时，工作方式开关置为 STOP（开关拨动到下方）；执行程序时，工作方式开关置为 RUN（开关拨动到上方）。

③ 状态指示。

a. 输入信号 LED，外部电路使某输入点接通时，对应的 LED 指示灯亮（红色）。

b. 输出信号 LED，程序使某输出点接通时，对应的 LED 指示灯亮（红色）。

笔记

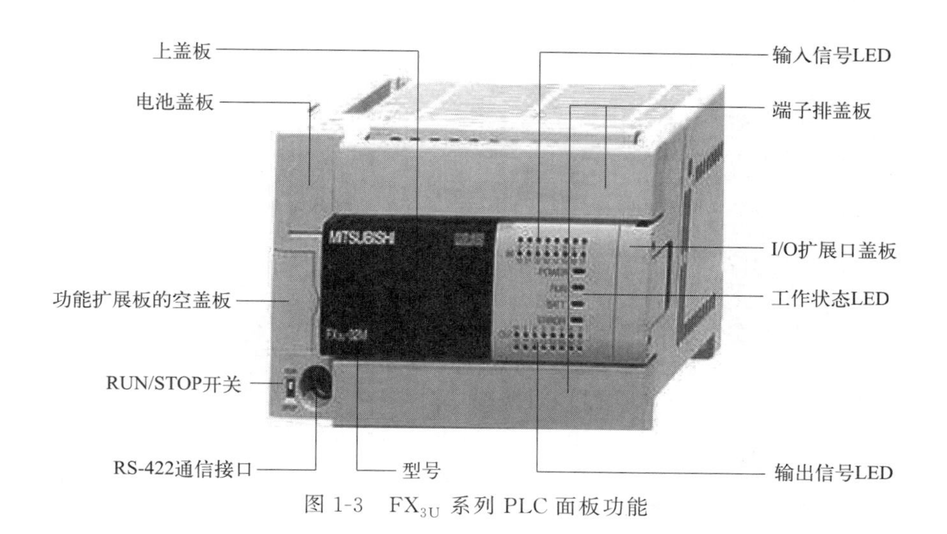

图 1-3 FX_{3U} 系列 PLC 面板功能

c. 工作状态 LED，通过 LED 的显示情况可确认 PLC 的运行状态，见表 1-2。

表 1-2 工作状态指示说明

LED 名称	显示颜色	说明
POWER	绿色	通电状态下灯亮，供电正常
	绿色	通电时闪烁，电压或电流不符合规定，接线不正确，PLC 内部异常
RUN	绿色	运行中灯亮
BATT	红色	电池电压降低时灯亮，需尽快更换电池
ERROR	红色	程序错误时闪烁，参数错误或者语法错误
	红色	CPU 故障时灯亮，定时器出错或者硬件损坏

(3) 数字量输入模块

数字量输入模块用于连接按钮、开关和接近开关。基本单元输入点数有 8 点、16 点、24 点、32 点、40 点和 64 点六种。输入类型有直流输入方式和交流输入方式两种。输入电流一般为数毫安。根据输入电流的流向，可以将输入电路分为源输入电路、漏输入电路和混合型输入电路。FX_{3U} 系列的输入模块全部为混合型输入形式，在大型项目中使用，要注意接线方式，否则容易造成电源的混乱。

图 1-4 是直流漏型输入方式的内部电路和外部电路接线图。漏源切换端子 S/S 端接 24V 正极，电流从输入端子流出，经外部设备，从 0V 端流入，0V 端是各输入信号的公共端。三菱公司把这种方式定义为漏型输入。在图 1-4 中，当外部电路的触点接通时，光耦中的二极管点亮，光敏三极管饱和导通，通过输入缓冲器，对应输入地址位的状态为 1；当外部电路的触点断开时，光耦中的二极管熄灭，光敏三极管截止，对应输入地址位的状态为 0；信号经内部总线送给 PLC 的输入寄存器。图 1-4 中的漏型输入接线方式一般与 NPN 集电极开路型接近开关进行连接。当采用 PNP 集电极开路型接近开关时，FX_{3U} 系列要采用源型输入接线方式，即 S/S 端接电源负极 0V。

直流输入电路的额定电压为 DC 24V，延迟时间较短，可以直接与接近开关、光电开

笔 记

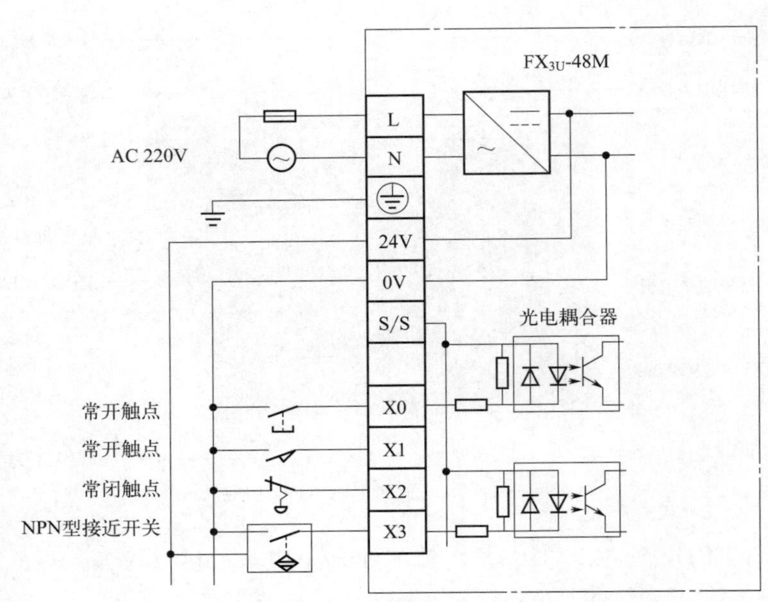

图 1-4　直流漏型输入电路

关等电子输入装置连接。如果是信号线不长，PLC 所处的物理环境较好，电磁干扰较轻，对响应性要求高的场合，应优先选用 DC 24V 的输入模块。FX_{3U} 系列 PLC 的输入技术指标见表 1-3。

表 1-3　FX_{3U} 系列 PLC 输入技术指标

技术指标		参数		
		FX_{3U}-16M□/□S(S)	其余型号	FX_{3U}-32MR/UA1 FX_{3U}-64MR/UA1
输入连接方式		固定式端子排（M3 螺钉）	拆卸式端子排（M3 螺钉）	
输入电压		AC 电源型：DC 24V±10% DC 电源型：DC 16.8～28.8V		AC 100～120V 50/60Hz
输入信号电流	X000～X005	6mA/DC 24V		4.7mA/AC 100V 50Hz 6.2mA/AC 100V 60Hz
	X006、X007	7mA/DC 24V		
	X010 以上	—	5mA/DC 24V	
ON 输入感应电流	X000～X005	3.5mA 以上		3.8mA 以上
	X006、X007	4.5mA 以上		
	X010 以上	—	3.5mA 以上	
OFF 输入感应电流		1.5mA 以下		1.7mA 以下
输入响应时间		约 10ms		25～30ms
输入信号形式		无电压触点输入 漏型输入时：NPN 集电极开路晶体管 源型输入时：PNP 集电极开路晶体管		触点输入
输入状态显示		输入 ON 时，面板上相应的 LED 灯亮		

笔记

(4) 数字量输出模块

数字量输出模块用于连接电磁阀、中间继电器、接触器、小型电机、灯和电机启动器等，具有电平转换、隔离和功率放大的作用。按电源分有直流输出电路和交流输出电路两种类型；按电路的内部结构分有继电器输出方式、晶闸管输出方式和晶体管输出方式三种。输出电流的典型值为0.5～2A，负载电源由外部现场提供。

图1-5是继电器输出电路。图中，当某一输出点为1状态时，梯形图中的线圈“通电”，通过输出锁存器，使输出模块中对应的微型硬件继电器线圈通电，其常开触点闭合，使外部的负载工作。当输出点为0状态，梯形图中的线圈“断电”，输出模块中的微型继电器的线圈也断电，其常开触点断开。这类模块交直流负载均可，负载电压范围宽，导通压降小，瞬间过载能力强；但是动作速度较慢，寿命有一定限制。接线时要注意，电源由负载决定，交直流负载不能混接，直流继电器、电磁阀等负载的极性不能接反了。

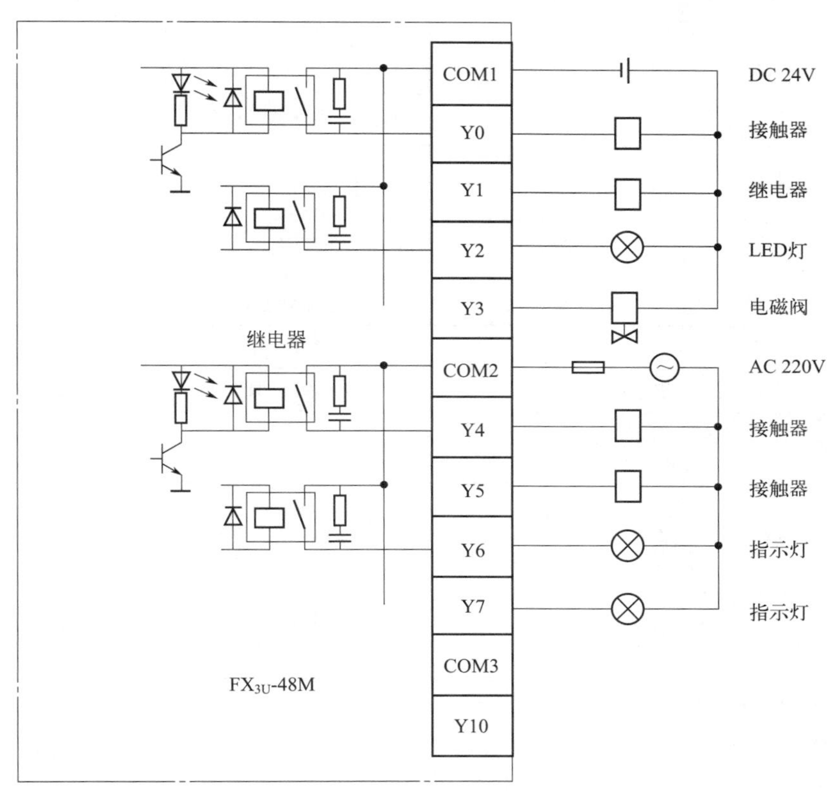

图1-5 继电器输出电路

图1-6是晶体管漏型输出电路。输出信号经光耦送给输出元件NPN型三极管，三极管的饱和导通状态和截止状态相当于触点的接通和断开。这类模块只能用于直流负载，可靠性高，响应速度快，寿命长；但是过载能力稍差。接线时要注意，晶体管型输出回路不能接交流电，漏型输出的COM端必须接电源负极，直流继电器、电磁阀等负载的极性不能接反了。

FX_{3U}系列还有双向晶闸管输出电路，它用光电晶闸管实现隔离，只能用于交流负载，可靠性高，反应速度快，寿命长，但是过载能力差。FX_{3U}系列PLC的输出技术指标见表1-4。

笔 记

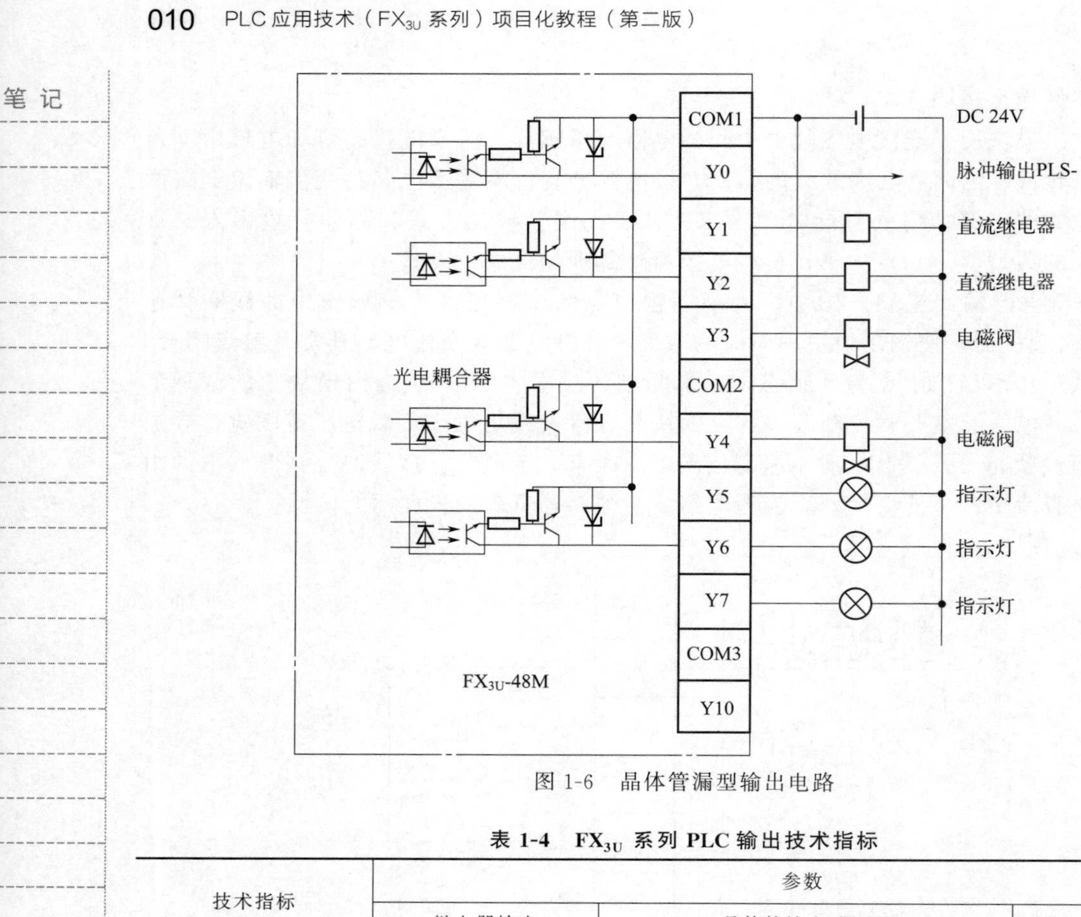

图 1-6 晶体管漏型输出电路

表 1-4 FX_{3U} 系列 PLC 输出技术指标

技术指标		参数		
		继电器输出	晶体管输出(漏型)	晶闸管输出(SSR)
外部电源		DC 30V 以下 AC 240V 以下	DC 5～30V	AC 85～242V
最大负载	电阻负载	1 点/公共端:2A 4 点/公共端:8A 8 点/公共端:8A	1 点/公共端:0.5A 4 点/公共端:0.8A 8 点/公共端:1.6A	1 点/公共端:0.3A 4 点/公共端:0.8A 8 点/公共端:0.8A
	感性负载	80V·A	1 点/公共端:12W/DC 24V 4 点/公共端:19.2W/DC 24V 8 点/公共端:38.4W/DC 24V	15V·A/AC 100V 30V·A/AC 200V
最小负载		DC 5V 2mA	—	0.4V·A/AC 100V 1.6V·A/AC 200V
开路漏电流		—	0.1mA 以下 DC 30V	1mA/AC 100V 2mA/AC 200V
响应时间	OFF→ON	约 10ms	Y0～Y2:5μs 以下/10mA 以上(DC 5～24V) Y3 以后:0.2ms 以下/20mA 以上(DC 24V)	1ms 以下
	ON→OFF	约 10ms	Y0～Y2:5μs 以下/10mA 以上(DC 5～24V) Y3 以后:0.2ms 以下/20mA 以上(DC 24V)	10ms 以下
电路隔离		继电器隔离	光耦隔离	光电晶闸管隔离
输出状态显示		内部继电器得电,面板上的 LED 灯亮	光耦驱动时,面板上的 LED 灯亮	光电晶闸管驱动时,面板上的 LED 灯亮

笔 记

(5) 端子排列

FX_{3U}-48M□系列 PLC 的端子排列如图 1-7 所示。

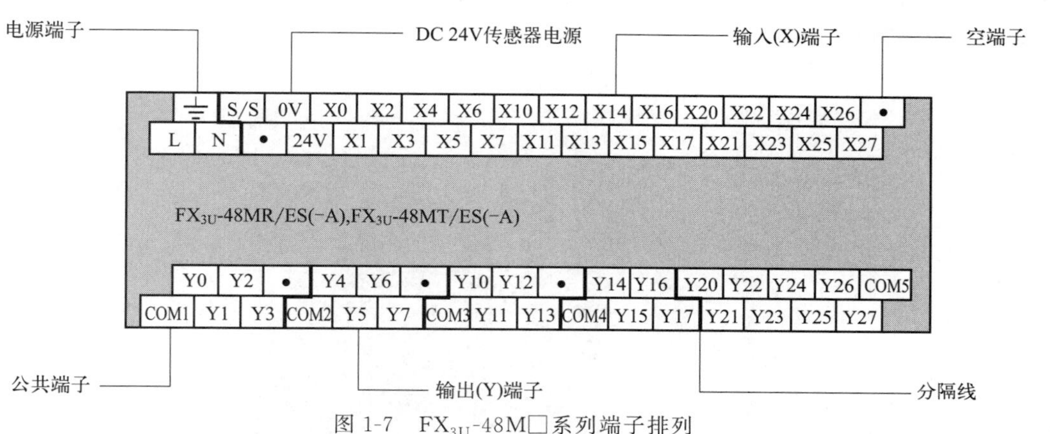

图 1-7 FX_{3U}-48M□系列端子排列

① 电源端子。AC 电源型 PLC 为 L、N 端子；DC 电源型 PLC 为⊕、⊖端子。

② DC 24V 传感器电源。AC 电源型 PLC 才有 0V、24V 端子；DC 电源型 PLC 中没有传感器电源，因此端子显示为（0V）、（24V），请勿在（0V）、（24V）端子上接线。

③ S/S 端子。漏源切换端子（sink/source），接 24V 表示 X 端输入低电平，接 0V 表示 X 端输入高电平。

④ 输入端子。AC 电源型、DC 电源型的输入端子显示相同，但输入的外部接线不同。

⑤ 公共端子 COM□。公共端子连接的输出编号 Y□就是“分隔线”框出的范围，可以是 1 点、4 点、8 点共用 1 个公共端。晶体管源型输出的公共端为＋V□端子。

1.2.3 GX Works2 编程软件和仿真软件

微课视频3
GX-Work2编程软件
和仿真软件

GX Works2 编程软件具有简单工程和结构工程两种编程方式；支持梯形图、指令表、SFC、ST、结构化梯形图等编程语言，集成了程序仿真软件 GX Simulator2；具备程序编辑、参数设定、网络设定、监控、仿真调试、在线更改、智能功能模块设置等功能，适用于三菱 Q、FX 系列 PLC；可实现 PLC 与 HMI、运动控制器的数据共享。

(1) 编程软件的安装

① 下载软件，并将压缩文件解压到本地磁盘，如 D 盘。

② 打开解压后的软件安装包，双击 setup. exe 执行安装。安装过程中，在“用户信息”对话框，需要输入姓名、公司名等用户信息，并输入序列号。

③ 选择要安装软件的文件夹，建议安装在 D 盘。

④ 安装结束后，出现“InstallShield Wizart”对话框，表示安装完成。单击“结束”按钮，退出安装程序。

⑤ GX Works2 安装成功后，在桌面自动生成快捷图标。

⑥ 如果安装过程中，弹出“未安装 64 位操作系统 Microsoft. NET Framework Verion 2. 0，因此无法安装 GX Works2”提示框，请按提示下载该组件并安装。

笔记

(2) 梯形图程序的编写

① 启动软件。双击桌面快捷图标，启动 GX Works2。GX Works2 工程界面如图 1-8 所示，包括标题栏、菜单栏、工具栏、导航栏、工作区和状态栏等。快捷工具图标为灰色的表示还没有激活。

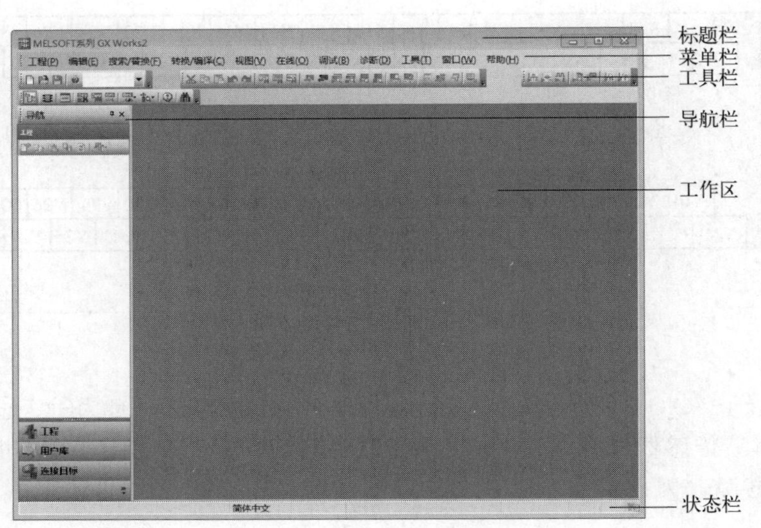

图 1-8　GX Works2 的工程界面

② 创建一个新工程。在图 1-8 中，单击快捷工具“新建工程”按钮，弹出如图 1-9 所示的对话框。选择工程类型为：简单工程；PLC 系列为：FXCPU；PLC 类型为：FX3U/FX3UC；程序语言为：梯形图。选择好后，单击“确定”按钮，新工程的主程序 MAIN 被自动打开，可进行程序的编写。

注意：PLC 系列和型号必须与所连接的实际 PLC 一致，否则程序将无法写入 PLC 中。

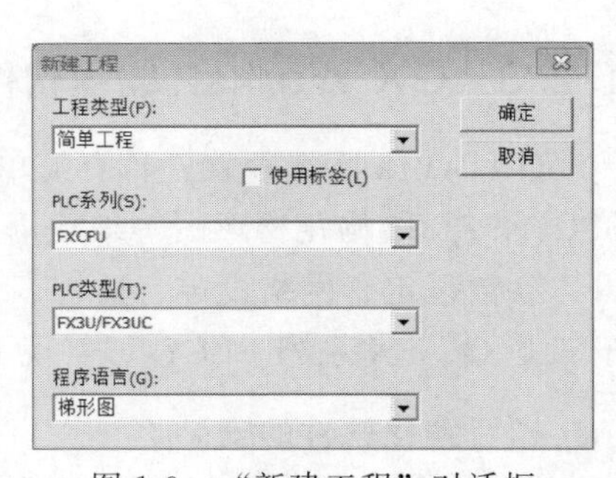

图 1-9　“新建工程”对话框

③ 编辑程序。步骤如图 1-10 所示。如果程序编辑界面不在写入模式，按［F2］键可切换到写入模式。

a. 写入第 1 条指令，蓝色方框光标位于第 1 行第 1 列，用键盘输入指令“LD X0”，回车或者单击“确定”按钮，将指令添加到编辑区光标选定位置，操作如图 1-10(a) 所示。

b. 写入第 2 条指令，蓝色方框光标位于第 1 行第 2 列，用键盘输入指令“OUT Y0”，回车或者单击“确定”按钮，将指令添加到灰色逻辑行的最后位置，操作如图 1-10(b) 所示。

c. 程序转换/编译。没有转换/编译的程序是灰色，如图 1-10(c) 所示。单击快捷工具“转换”按钮，或者按下［F4］键，进行程序转换/编译。转换/编译后的效果如图 1-10(d) 所示。

用键盘输入指令时，输入法建议切换到大写状态。每输入一个完整的逻辑行，转换/编译程序一次。

笔 记

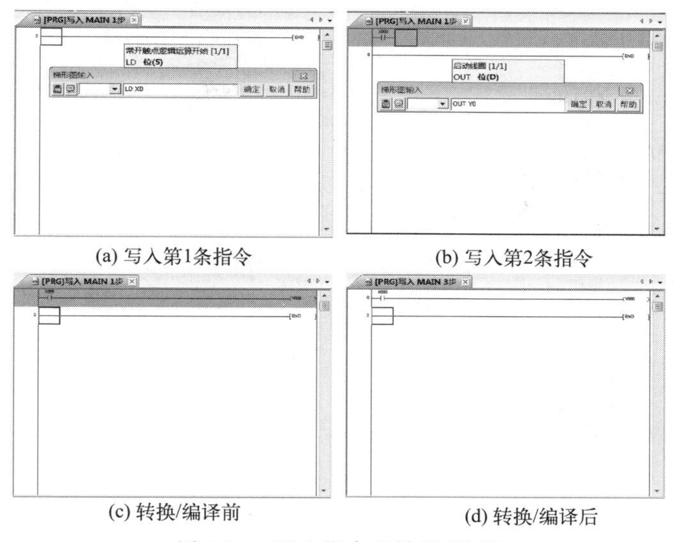

图 1-10 写入指令及转换/编译

(3) 程序仿真调试

① 仿真下载及运行。程序编写完成后，单击快捷工具“模拟开始/结束”按钮，弹出如图 1-11 所示窗口，执行 PLC 写入操作，将程序下载到仿真软件 GX Simulator2 中。GX Simulator2 运行窗口如图 1-12 所示，选择开关 RUN。

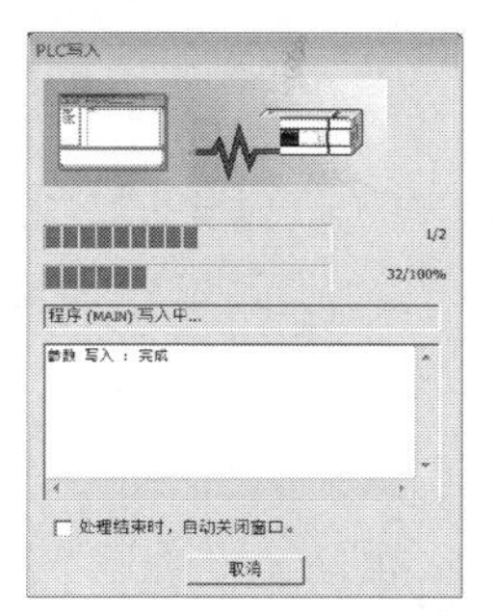

图 1-11 执行 PLC 写入

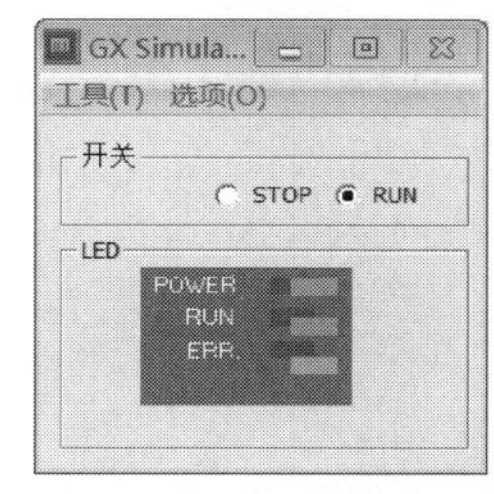

图 1-12 GX Simulator2 窗口

② 改变触点 X0 的当前值。执行“调试”→“当前值更改（M）…”菜单命令，如图 1-13(a) 所示。打开“当前值更改”对话框，在“软元件/标签”栏输入要改变的软元件，如 X0，单击“ON”按钮，将 X0 的当前值更改为 ON 状态，如图 1-13(b) 所示。

也可以用鼠标选中梯形图的触点 X000，同时按下［Shift＋Enter］键，接通或断开触点 X0。

③ 观察输出结果。运行监视结果如图 1-14 所示。触点 X000 中间有蓝色方块，表示该触点为接通状态。线圈 Y000 两边有蓝色方块，表示线圈为得电状态。常开触点 X0 接通，线圈 Y0 得电。

单击图 1-13(b)“当前值更改”对话框中的“OFF”按钮，梯形图中 X000 的蓝色方块消失，表示该触点断开，相应的线圈 Y000 也断电。

笔 记

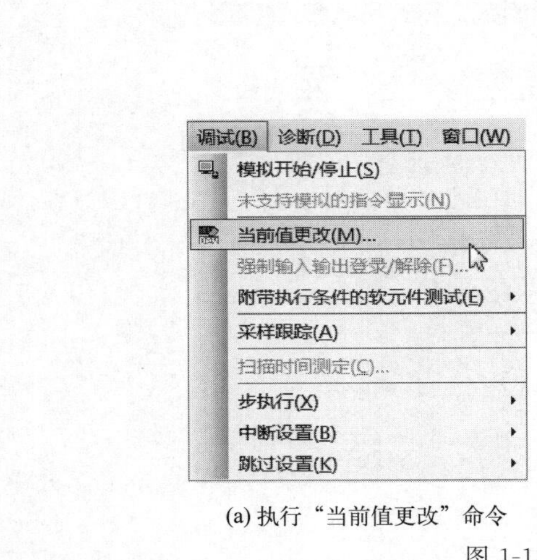

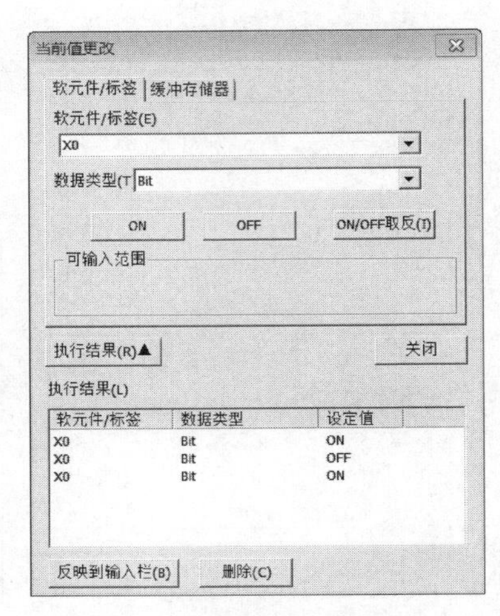

(a) 执行“当前值更改”命令　　(b) 更改X0的当前值

图 1-13　当前值更改

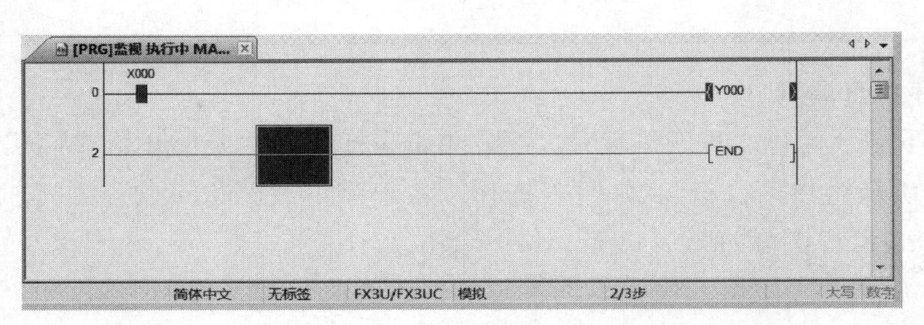

图 1-14　运行监视状态

再次单击工具栏快捷工具“模拟开始/结束”按钮，仿真结束后，需要把编辑状态从监视模式修改为写入模式，才能修改程序。

1.3　任务实施

(1) 流水灯控制任务要求

按下“启动”按钮，8 盏流水灯的第 1 盏点亮，每隔 1s 点亮下一盏灯，同时上一盏灯熄灭。任意时刻按下“停止”按钮，流水灯保持当前的状态不变，直到再次按下“启动”按钮。

本任务假设，“启动”按钮接 PLC 输入地址 X24，“停止”按钮接地址 X25。8 盏流水灯分别接到 PLC 输出地址 Y20～Y27 上。

(2) 安装 GX Word2 编程软件

登录学习通，进入“PLC 应用技术（FX_{3U}）”学习网页。进入“资料→软件资料”，下载“GX WK2-C 1.98C”压缩软件包。按照 1.2.3 节介绍，请自行安装软件。也可以下载“GX Works2 软件安装指南（简称‘指南’）”，根据指南进行安装。

建议课前完成。同时，应先下载“高性能型 PLC 电缆驱动”软件包。

(3) 创建一个新的工程项目

① 启动软件，创建一个新工程。参照图 1-9 所示，选择工程类型为：简单工程；PLC

系列为：FXCPU；PLC 类型为：FX3U/FX3UC；程序语言为：梯形图。

② 单击保存工具图标，将工程命名为“任务 1 流水灯控制”，建议保存在“D：PLC 应用程序”目录下。

笔 记

(4) 编写 PLC 程序

参照 1.2 节介绍的方法，在名为“任务 1 流水灯控制”的工程中，编写图 1-15 所示的程序。

图 1-15 中，指令“LDP　T0”后出现了分支。使用 GX Developer 软件编辑，可以用第 17 步 MPS 进栈指令和第 24 步 MPP 出栈指令实现。在 GX Works2 软件中编辑分支，将光标移动到分支后，同时按下［Shift＋F9］键，或者用快捷工具竖线输入按钮 sF9 生成分支。

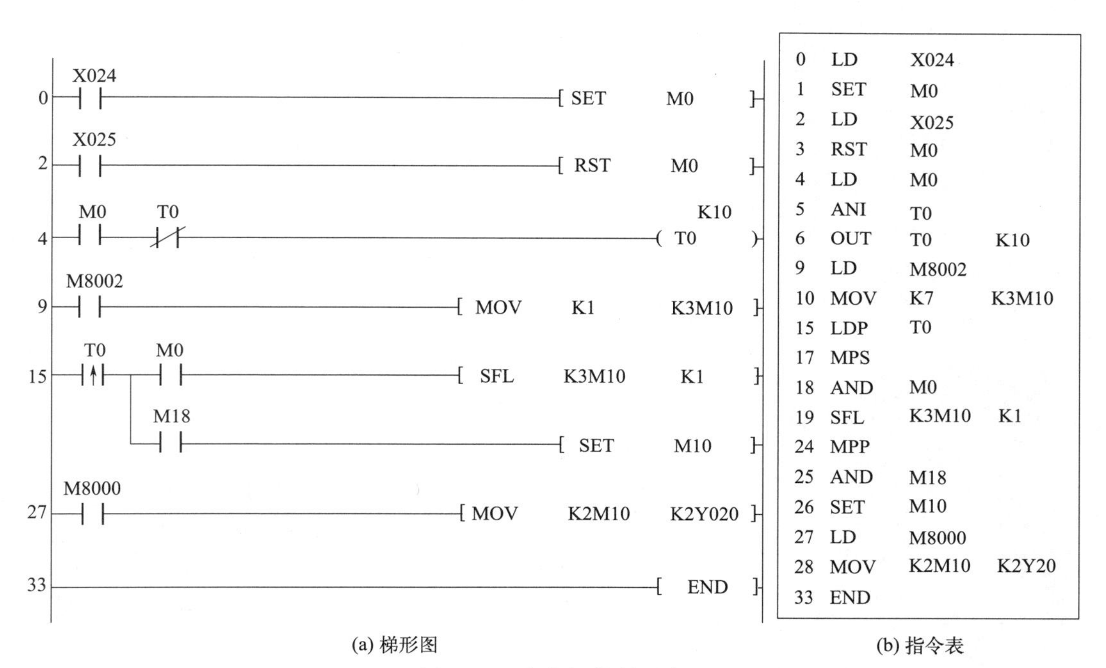

步	指令	操作数	
0	LD	X024	
1	SET	M0	
2	LD	X025	
3	RST	M0	
4	LD	M0	
5	ANI	T0	
6	OUT	T0	K10
9	LD	M8002	
10	MOV	K7	K3M10
15	LDP	T0	
17	MPS		
18	AND	M0	
19	SFL	K3M10	K1
24	MPP		
25	AND	M18	
26	SET	M10	
27	LD	M8000	
28	MOV	K2M10	K2Y20
33	END		

(a) 梯形图　　(b) 指令表

图 1-15　流水灯控制程序

(5) 连接 FX 编程通信电缆

PLC 与上位机 PC（即编程器）通信的端口有 2 个，一是 RS-422 通信口，二是功能扩展板（特殊适配器）通信口。采用 RS-422 通信口连接 PC 时，编程电缆可选用 USB 电缆（USB-SC09-FX），如图 1-16 所示。USB-SC09-FX 编程电缆需要安装附带的驱动程序才能使用，驱动程序将计算机的 USB 端口仿真为 RS-232 端口（俗称 COM 口）。

图 1-16　USB-SC09-FX 编程电缆

微课视频4
PLC与上位机的
USB通信连接

编程电缆的连接方式如下，RS-422 接 PLC，USB 接口公头接到 PC 机 USB 接口母座上，如图 1-17 所示。正常通信时，电缆转换器上的发送数据指示灯 TXD 和接收数据指示灯 RXD 均会闪亮。

笔 记

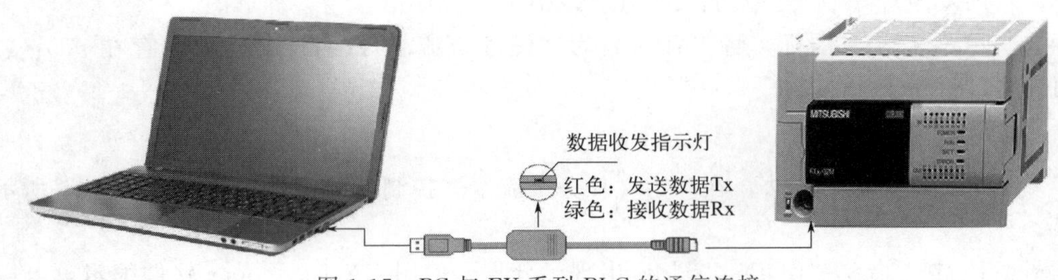

图 1-17 PC 与 FX 系列 PLC 的通信连接

编程电缆连接后，如果弹出如图 1-18 所示对话框，说明计算机需要安装驱动程序。登录学习通，进入 PLC 应用技术（FX_{3U}）学习网页。进入“资料→软件资料”，下载“高性能型 PLC 电缆驱动”压缩软件包。解压后执行应用程序“FT232RL Driver. exe”。

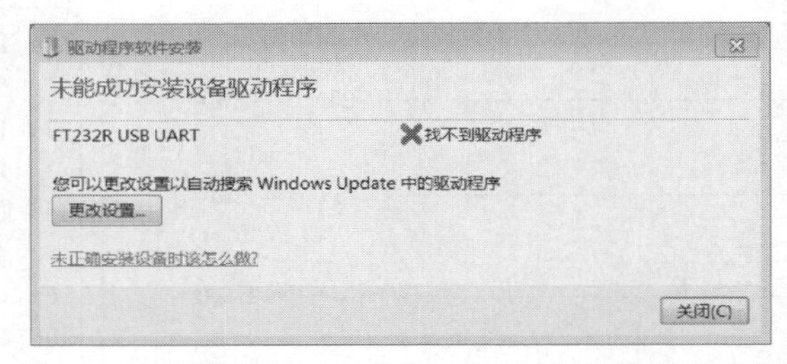

图 1-18 未能安装 USB-SC09-FX 编程电缆驱动程序

微课视频5
编程电缆通信设置及测试

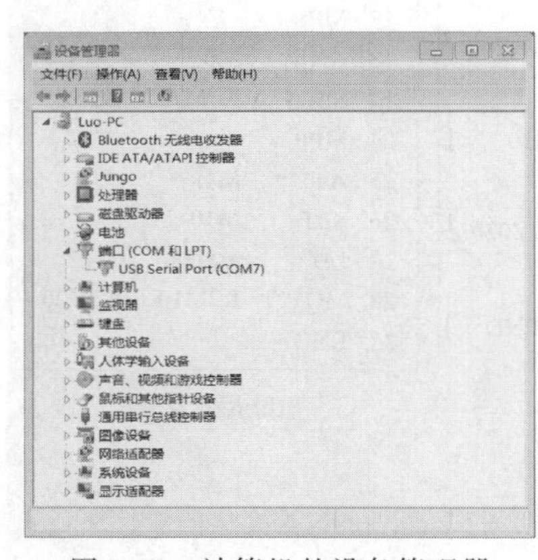

图 1-19 计算机的设备管理器

(6) 通信设置及测试

① 读取编程电缆 COM 口编号。计算机安装了 USB-SC09-FX 编程电缆驱动程序，且连接好编程电缆后，用鼠标右键单击桌面“计算机”图标，在弹出的菜单中执行命令：“属性”→“设备管理器”，打开“设备管理器”窗口，如图 1-19 所示。在“端口（COM 和 LPT）”设备列表中，如果显示 USB Serial Port（COM7），即可以正常使用编程电缆了。读取此时的 COM 口编号，如 COM7。编程电缆使用的计算机 USB 端口不同，COM 口编号也不一样。

② 设置连接目标。打开“任务 1 流水灯控制”的工程，单击“导航”栏下面的“连接目标”按钮，再双击“当前连接目标”文件夹的“Connection1”，打开“连接目标设置 Connection1”对话框，如图 1-20 所示。

双击“计算机侧 I/F”行最左边的“Serial USB”按钮，在弹出的对话框中选择“RS-232C”，“COM 端口”设置为图 1-19 中读取的 COM7，FX_{3U} 系列 PLC 的“传送速度”可以在 9. 6～115. 2kbit/s 的几个选项中选择。选择好后，单击“确定”按钮确认。

双击“可编程控制器侧 I/F”行最左边的“PLC Module”按钮，采用默认的设置，“CPU 模式”为 FXCPU。

③ 通信测试。设置好后，单击图 1-20 右下角的“通信测试”按钮，检查计算机与

笔 记

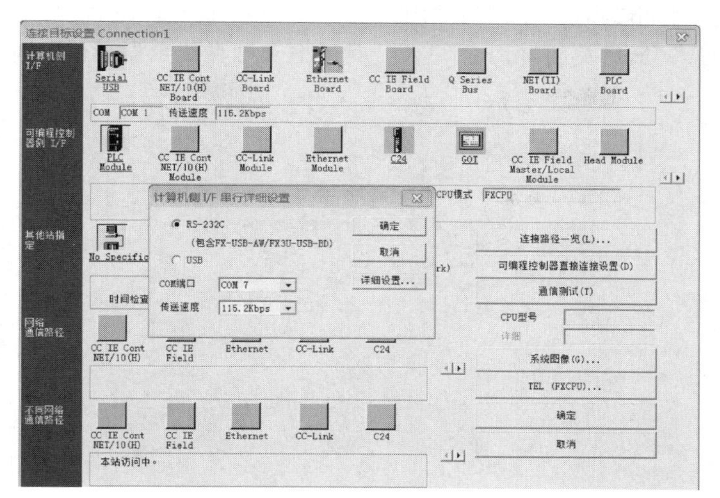

图 1-20　“连接目标设置 Connection1”对话框

PLC 是否连接成功。如果弹出图 1-21(a) 所示对话框，说明 PC 与 FX_{3U} 连接成功了；若弹出图 1-21(b) 所示对话框，说明连接失败。

连接失败的原因主要有：参数设置错误，PLC 选型错误，PLC 没通电，通信电缆没连接上，通信电缆损坏等。

(a) 连接成功

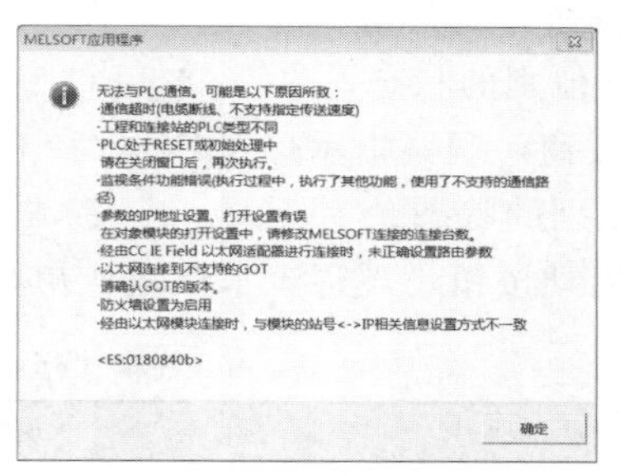

(b) 无法通信

图 1-21　通信测试结果

(7) 写入程序及运行调试

微课视频6
写入程序及
运行调试

① 写入程序。执行菜单命令“在线”→“PLC 写入”，或者单击快捷工具“PLC 写入”，弹出“在线数据操作”对话框，如图 1-22 所示，默认选中为“写入”，选中 MAIN（主程序）或其他要写入的数据。

单击“执行”按钮，弹出“PLC 写入”对话框，写入完成后，单击“关闭”按钮，关闭“在线数据操作”对话框。

如果 PLC 当时处于 RUN 模式，在写入之前会显示“执行远程 STOP 后，是否执行 PLC 写入”对话框，单击“是”按钮确认。

单击图 1-22 左下角的“关联功能”按钮，打开关联功能。可以进行远程操作、时钟设置和 PLC 存储器清除等操作。

在 PLC 处于 RUN 模式下，用“远程操作”可以切换 PLC 的工作模式。

建议下载程序前，先执行“PLC 存储器清除”操作。

笔 记

下载结束后，弹出的对话框询问“PLC 处于 STOP 状态，是否执行远程 RUN?”，单击“是”按钮确认。最后关闭“PLC 写入”对话框和“在线数据操作”对话框。

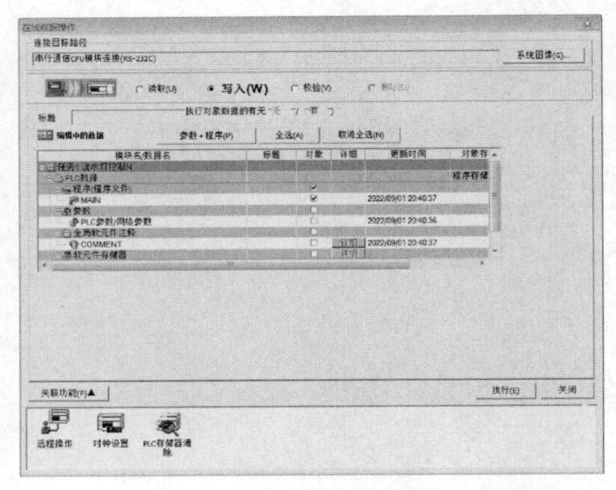

图 1-22 “在线数据操作”对话框

② 运行调试。

a. PLC 程序已经下载且 PLC 处于运行模式下，观察 RUN 指示灯是否亮，以及其他指示灯的亮灭情况，将观察结果填入表 1-5 中。

b. 观察 PLC 的输出指示灯 Y20～Y27 的状态，看哪几个指示灯亮。

c. 按下启动按钮，观察指示灯 Y20～Y27 的工作状态，是向左循环移动？向右循环移动？停止？还是其他别的状态。

d. 按下停止按钮，观察指示灯 Y20～Y27 的工作状态，是原方向移动？反向移动？停止移动？还是其他别的状态。

e. 再次按下启动按钮，观察流水灯是从初始状态开始移动还是从当前状态开始移动。

表 1-5 任务 1 运行调试小卡片

序号	检查调试项目	观察结果	是否正常
1	初次通电后，PLC 状态指示	POWER 灯：________； RUN 灯：________； ERROR 灯：________	
2	Y20～Y27 输出 LED 灯	只有________亮	
3	初次按下启动按钮	Y20～Y27 指示灯________	
4	初次按下停止按钮	Y20～Y27 指示灯________	
5	再次按下启动按钮	Y20～Y27 指示灯________	

(8) 任务拓展

训练 1：用 PLC 实现一个 8 盏流水灯的控制，从头到尾循环，每隔 1s 点亮连续两盏灯。请修改图 1-15 的程序，并下载调试。

训练 2：用 PLC 实现一个 8 盏流水灯的控制，从头到尾循环，每隔 1s 点亮间隔两盏灯。请修改图 1-15 的程序，并下载调试。

素养训练视频1 整理实训工位

训练 3：完成国产 PLC 的应用现状调研报告一份，内容不少于 2000 字。

(9) 整理实训工位

实训结束后，请按以下要求整理实训工位。

笔 记

① 在实训工位本上登记本次实训。
② 将实训桌面收拾整齐。
③ 将实训凳子排放整齐。
④ 关闭实训设备电源。

1.4 任务评价

“附录A PLC操作技能考核评分表（一）”从职业素养与安全意识、控制电路设计、接线工艺、通电运行四个方面进行考核评分。请各小组参照附录A的要求，对任务1的完成情况进行小组自我评价。

1.5 习题

请扫码完成习题1测试。

习题1

任务2

皮带输送机全压启动控制

【知识目标】

① 了解 FX_{3U} 的基本位软元件 X、Y、M 等；
② 了解梯形图和指令语句表等编程语言；
③ 掌握 LD、LDI、AND、ANI、OR、ORI、OUT 等基本指令；
④ 掌握 SET、RST 等基本指令。

【能力目标】

① 能通过打点判断按钮、开关等输入接线是否正确；
② 会使用 GX Works2 编程软件编辑和调试启保停梯形图；
③ 能根据 LED 指示分析判断电动机启停控制是否满足要求。

【素质目标】

① 培养安全使用螺钉旋具等电工工具的工作责任感；
② 养成自觉整理实训工具箱等专注负责的工作习惯。

2.1 任务引入

胶带输送机又称皮带输送机，输送带根据摩擦传动原理而运动，适用于输送易于掏取的粉状、粒状、小块状的低磨琢性物料及袋装物料，如煤、碎石、砂、水泥、化肥、粮食等。外观如图 2-1 所示。皮带输送机除进行纯粹的物料输送外，还可以与各工业企业生产

图 2-1 皮带输送机外观示意图

流程中的工艺过程的要求相配合，形成有节奏的流水作业运输线。本任务用 PLC 实现皮带输送机全压启动控制，皮带由一台三相异步电动机拖动单方向运行，将物料从供料点输送到卸料点。

笔 记

2.2 知识准备

2.2.1 FX 基本位软元件

微课视频7 FX_{3U}的基本位软元件

FX 系列 PLC 的位软元件有输入继电器 X、输出继电器 Y、辅助继电器 M、特殊辅助继电器和状态寄存器 S 等。本任务先介绍前三种。

(1) 输入继电器 X

输入继电器与 PLC 的输入端子相连，是 PLC 接收外部开关信号的窗口。PLC 通过输入端子将外部信号的状态读入并存储在输入映像寄存器中。输入端可以外接一个常开触点或常闭触点，也可以接多个触点组成的电路。在梯形图中，每个 X 点可以提供无数的常开触点和常闭触点。输入继电器的状态唯一地取决于外部输入信号的状态，不受用户程序的控制，不能用程序驱动。输入继电器采用八进制编号，如 X000～X007，X010～X017 等，不使用 8 和 9 这两个数字符号。

如图 2-2 所示，是一个 PLC 输入控制的示意图。当按钮 1 没有操作，端子 X24 外接的输入电路没有接通时，它对应的输入映像寄存器 X024 状态为“0”，内部常开软触点 X024 断开，常闭软触点 X024 接通。当按钮 1 按下，端子 X24 外接的输入电路接通时，它对应的输入映像寄存器 X024 状态为“1”，内部常开软触点 X024 接通，常闭软触点 X024 断开。

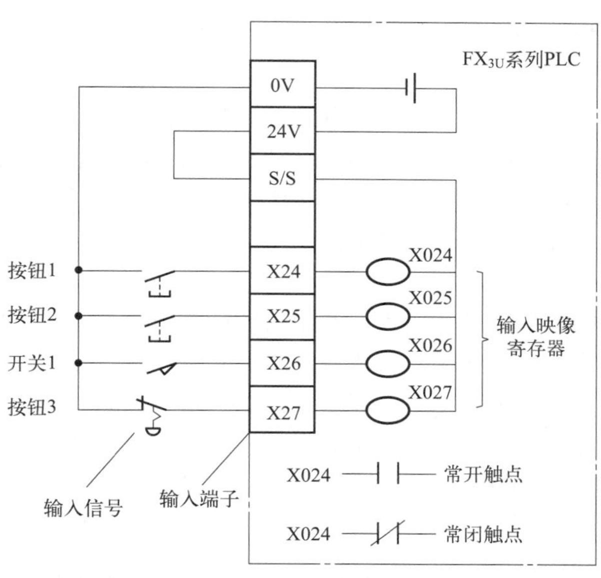

图 2-2　PLC 输入控制示意图

(2) 输出继电器 Y

输出继电器与 PLC 的输出端子相连，是 PLC 向外部负载发送信号的窗口。输出继电

笔记

器Y用来将PLC的输出信号传送给输出单元，再由后者驱动外部负载。输出单元中的每一个硬件继电器仅有一对常开触点，但在梯形图中，每一个输出继电器Y的常开触点和常闭触点都可以多次使用。输出继电器的状态只能由程序驱动，不受外部输出电路的控制。FX系列PLC的输出继电器采用八进制地址编号，如Y000～Y007，Y010～Y017等。

如图2-3所示，是一个PLC输出控制的示意图。当输出继电器Y007的状态为“0”时，通过输出锁存器，使输出模块中对应的常开触点断开，相应的外部负载指示灯HL2熄灭。当输出继电器Y007的状态为“1”时，通过输出锁存器，使输出模块中对应的常开触点接通，相应的外部负载指示灯HL2点亮。

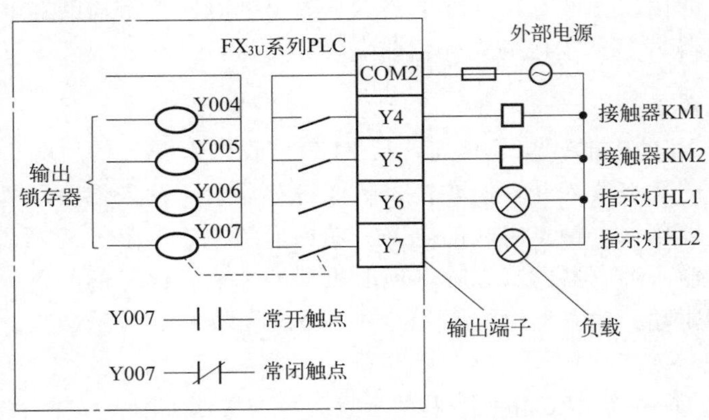

图2-3 PLC输出控制示意图

FX系列PLC基本单元的输入继电器和输出继电器的软元件号从0开始，扩展单元和扩展模块接着它左边的模块编号自动分配，但首地址的个位数必须是0。输入输出合计最多256点。图2-4所示是一个输入输出地址分配的例子。

（3）辅助继电器M

PLC内部有很多辅助继电器，它是一种内部的状态标志，相当于继电器控制系统中的中间继电器。它的常开常闭触点在PLC的梯形图内可以无限制地自由使用，但是这些触点不能直接驱动外部负载，也不能直接接收外部输入信号。FX系列PLC的辅助继电器采用十进制地址编号，如M0～M499，M500～M1023等。

FX的辅助继电器有三种。

① 通用型。M0～M499，共500点。通用辅助继电器没有断电保持功能。如果在PLC运行时电源突然中断，则输出继电器和通用辅助继电器全部变为OFF。

② 掉电保持型。可变掉电保持型M500～M1023，共524点；固定掉电保持型M1024～M7679，共6656点。在电源中断时用锂电池保存软元件的内容。在某些控制系统要求保存记忆电源中断瞬间的状态，重新通电后再现其状态时，可以用掉电保持型辅助继电器。

③ 特殊辅助继电器。M8000～M8511，共512点，它们用来表示PLC的某些状态，提供时钟脉冲和标志，设定PLC的运行方式，或者用于步进顺控、禁止中断、设定计数器是加计数还是减计数等。常用的特殊辅助继电器如下。

M8000——运行监视，PLC运行时接通；

M8002——初始化脉冲，仅在运行开始瞬间接通一个PLC扫描周期，常用于给某些

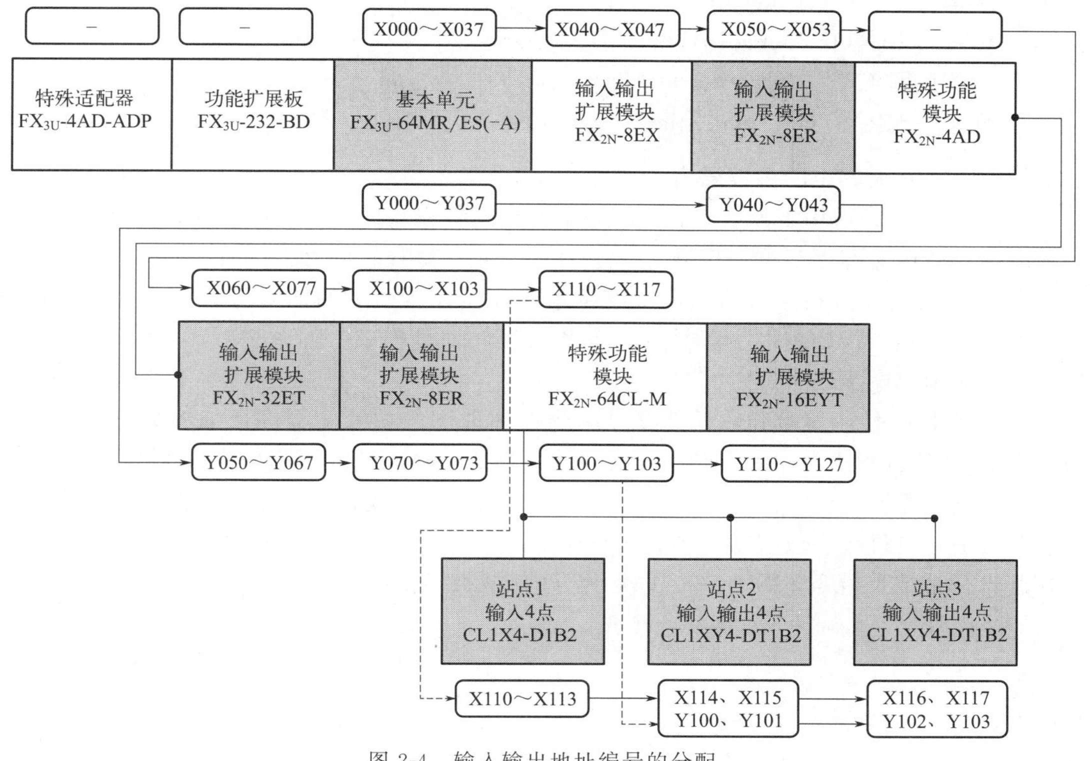

图 2-4　输入输出地址编号的分配

软元件置初值；

M8004——错误发生，如果运算出错，M8004 变为 ON；

M8005——电池电压降低，锂电池电压下降至规定值时变为 ON；

M8011～M8014——时钟脉冲序列，分别是 10ms、100ms、1s 和 1min 的时钟脉冲序列；

M8030——电池 LED 灭灯指示，通电后，即使电池电压低，面板上的 LED 也不亮灯；

M8033——通电后，即使 PLC 停止时，映像寄存器和数据存储区的内容也能保持；

M8034——禁止输出；

M8039——恒定扫描模式，PLC 以 D8039 中指定的扫描时间执行循环运算。

2.2.2　PLC 的编程语言

(1) PLC 编程语言的标准

国际标准：IEC 61131-1/2/3/4/5，国际电工委员会（IEC）于 1992～1995 年发布。

国家标准：GB/T 15969-1/2/3/4/5/6/7/8/9，2002～2021 年发布。

IEC 61131-3 广泛地应用于 PLC、DCS、工控机（IPC）、软 PLC、数控系统（CNC）和远程终端单元（RTU）等产品。

IEC 61131-3 标准中定义了 5 种编程语言。

① 指令表 IL（Instruction list）；

笔 记

② 结构文本 ST（Structured text）；

③ 梯形图 LD（Ladder diagram）；

④ 功能块图 FBD（Function block diagram）；

⑤ 顺序功能图 SFC（Sequential function chart）。

（2）GX Works2 中的编程语言

GX Works2 是适用于三菱 Q、FX 系列 PLC 的编程软件。它支持指令表、梯形图、顺序功能图、结构文本等多种编程语言。GX Developer 编程软件仅支持前三种。

① 指令表。通过指令语言输入顺控指令的方式，是基本的输入方式。功能比梯形图和顺序功能图强。指令表由步序号、指令和软元件编号构成，如图 2-5(a) 所示。编程软件会自动管理程序步序号。

② 梯形图。使用符号和软元件编号画顺控梯形图的方式，程序更加容易理解，是使用最多的 PLC 编程语言。梯形图由左右母线、梯级、触点、线圈等构成，如图 2-5(b) 所示。左母线，逻辑行的起点，一般由触点开始。右母线，逻辑的结束，只能连接线圈或功能指令方框。右母线一般省略不画。在程序中，左母线的左边还有步序号或跳转编号。最后的逻辑行是结束指令。图 2-5 的（a）和（b）是相互转换的关系。

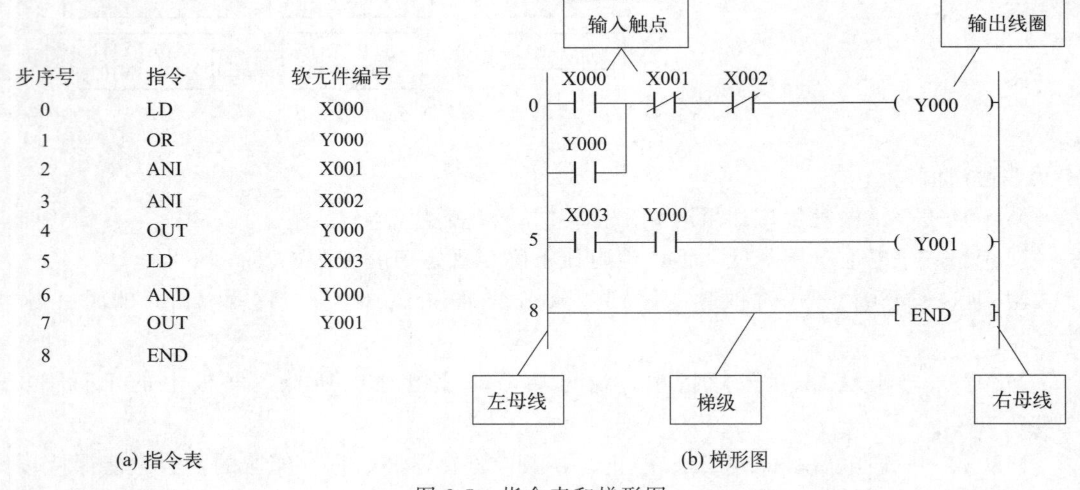

步序号	指令	软元件编号
0	LD	X000
1	OR	Y000
2	ANI	X001
3	ANI	X002
4	OUT	Y000
5	LD	X003
6	AND	Y000
7	OUT	Y001
8	END	

(a) 指令表 (b) 梯形图

图 2-5 指令表和梯形图

③ 顺序功能图（SFC）。根据机械的动作流程设计顺控的方式，是一种位于其他编程语言之上的图形语言，用来编制顺序控制程序。

微课视频9
逻辑取及线圈驱动指令

2.2.3 逻辑取及线圈驱动指令

LD：取指令，用于常开触点逻辑运算起始。

LDI：取反指令，用于常闭触点逻辑运算起始。

LD 和 LDI 指令可用于 X、Y、M、T、C、S 和 D□. b，可以用变址寄存器（V、Z）修饰软元件 X、Y、M。

OUT：输出指令，用于驱动一个线圈。可用于 Y、M、T、C、S 和 D□. b，可以用变址寄存器（V、Z）修饰软元件 X、Y、M。

笔记

逻辑取及线圈驱动指令的应用如图 2-6 所示。

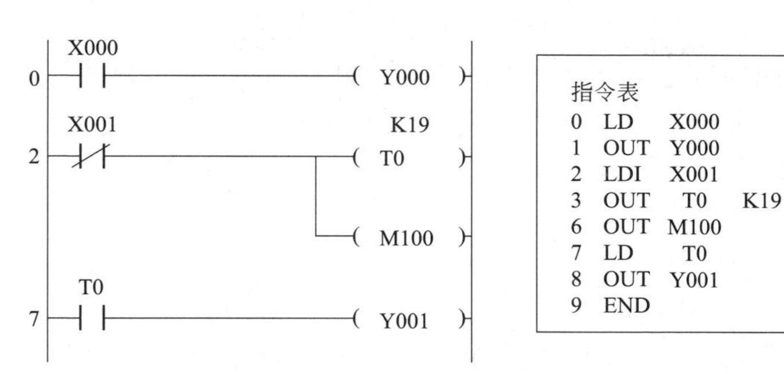

图 2-6　LD、LDI 和 OUT 指令的应用

【学生练习】请在编程软件中练习输入图 2-6 所示的程序，仿真程序并修改输入触点的当前值，使输出线圈 Y000、M100 得电。分析如何使输出线圈 Y001 断电？

使用注意事项：

① LD 与 LDI 指令一般用于与左母线相连的触点，也可用于电路块的起始触点。

② OUT 指令可以多次连续输出，如“OUT　T0　K19”和“OUT　M100”。

③ 定时器或计数器的线圈，必须在 OUT 指令后设定常数。

④ 对同一软元件，使用多个 OUT 指令时，称之为“双线圈输出”。双线圈输出容易引起逻辑错误，要避免。

2.2.4　触点串、并联指令

微课视频10 触点串、并联指令

AND：与指令，常开触点串联连接。

ANI：与反指令，常闭触点串联连接。

OR：或指令，常开触点并联连接。

ORI：或反指令，常闭触点并联连接。

这四条指令均可用于 X、Y、M、T、C、S 和 D□. b，可以用变址寄存器（V、Z）修饰软元件 X、Y、M。

触点串联指令的应用如图 2-7 所示。

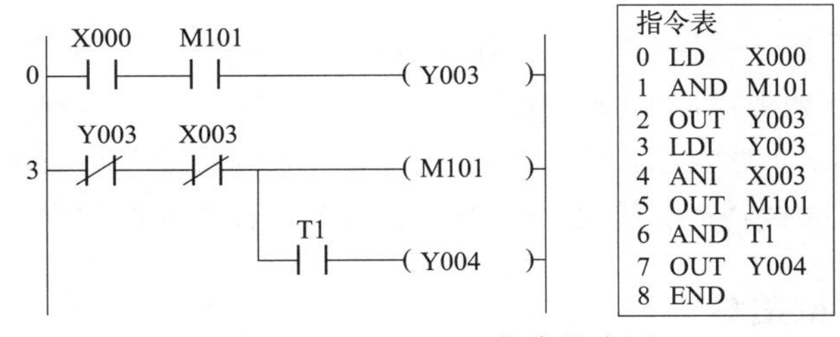

图 2-7　AND、ANI 指令的应用

笔 记

【学生练习】请在编程软件中练习输入图 2-7 所示的程序，仿真程序。初始通电时，观察输出线圈的得电情况。分析修改输入触点 X000 的当前值为 ON，观察输出线圈的得电情况。分析如何使输出线圈 Y004 得电？

触点并联指令的应用如图 2-8 所示。

注意：用 GX Works2 软件输入程序时，第 7 步指令“OR　Y001”和第 9 步指令“ORI　M120”只能用逻辑取（LD/LDI）指令或触点串联（AND/ANI）指令输入，然后用“横线输入指令［F9］”和“竖线输入指令［Shift＋F9］”实现分支汇合。

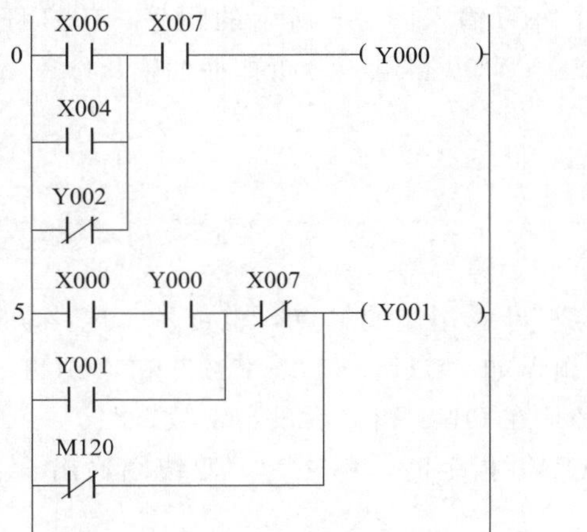

指令表		
0	LD	X006
1	OR	X004
2	ORI	Y002
3	AND	X007
4	OUT	Y000
5	LD	X000
6	AND	Y000
7	OR	Y001
8	ANI	X007
9	ORI	M120
10	OUT	Y001
11	END	

图 2-8　OR、ORI 指令的应用

【学生练习】请在编程软件中练习输入图 2-8 所示的程序，仿真程序，初始通电时，观察输出线圈的得电情况。分析使输出线圈 Y000 得电的条件是什么？分析使输出线圈 Y001 断电的条件是什么？

使用注意事项：

① 单个触点与左边的电路串联，使用 AND 和 ANI 指令，串联触点的个数没有限制。

② 单个触点与前面的电路并联，使用 OR 和 ORI 指令，并联触点的左端接到前面电路块的起始点（LD/LDI 点）上，右端与前一条指令对应的触点右端相连。

③ OUT 指令后通过触点去驱动另一线圈的情况，称为连续输出。

微课视频11
置位与复位指令

2.2.5　置位与复位指令

SET：置位指令，令元件自保持 ON。可用于 Y、M、S 和 D□. b，可以用变址寄存

笔 记

器（V、Z）修饰软元件。

RST：复位指令，令元件自保持 OFF 或清除数据寄存器的内容。可用于位软元件 Y、M、S、T、C 和 D□. b，以及字软元件 T、C、D、R、V 和 Z。不能对特殊辅助继电器 M 和 32 位计数器 C 进行变址修饰。

置位与复位指令的应用如图 2-9 所示。

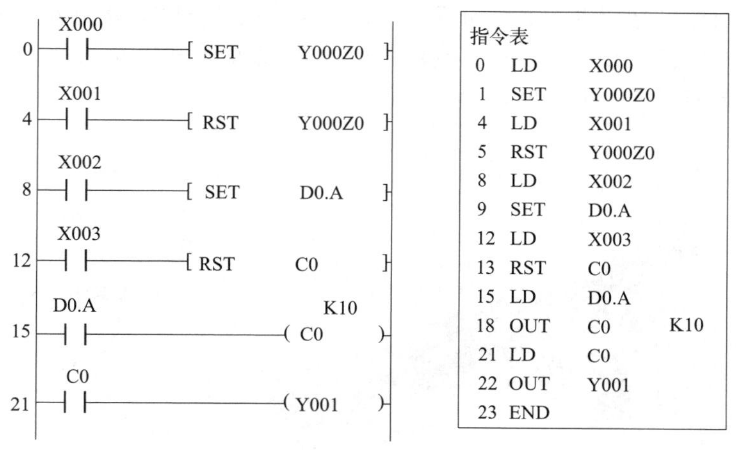

指令表

0	LD	X000	
1	SET	Y000Z0	
4	LD	X001	
5	RST	Y000Z0	
8	LD	X002	
9	SET	D0.A	
12	LD	X003	
13	RST	C0	
15	LD	D0.A	
18	OUT	C0	K10
21	LD	C0	
22	OUT	Y001	
23	END		

图 2-9　SET/RST 指令的应用

【学生练习】请在编程软件中练习输入图 2-9 所示的程序，仿真程序，初始通电时。①仅仅使触点 X000 闭合，观察 Y000 的状态。②复位 X000 后，观察 Y000 是否保持得电。③同时使 X000 和 X001 得电，观察 Y000 的状态是得电还是断电。④打开“当前值更改”对话框，修改变址寄存器 Z0 的当前值为 10，数据类型选择“Word [Signed]”，单击“设置”按钮确认；仅使触点 X000 闭合，执行“在线”→“监视”指令，打开“软件/缓冲存储器批量监视”对话框，观察软元件 Y010～Y017，看是哪个继电器得电。⑤用上述同样方法，在“当前值更改”对话框，设置 D0＝0，然后使触点 X002 闭合，观察软元件 D0，分析 D0 的哪位被置成 1，此时 D0 等于多少？X002 断开后，D0 的值变不变？

使用注意事项：

① 对同一元件可以多次使用 SET、RST 指令。

② 要使定时器 T、计数器 C、数据寄存器 D、扩展寄存器 R、变址寄存器 V 和 Z 的内容清零，也可用 RST 指令。

笔 记

2.3　任务实施

(1) 皮带输送机全压启动控制任务要求

皮带输送机外观及全压启动控制主电路如图 2-10 所示。按下启动按钮 SB1，接触器 KM1 得电，三相异步电动机 M1 启动运行。按下停止按钮 SB2，接触器 KM1 断电，三相异步电动机 M1 停止运行。另外还有运行指示 HL1(绿灯) 和停止指示 HL2(红灯)。注：SB1 与 SB2 并未在图 2-10 中示出，可参考图 2-11。

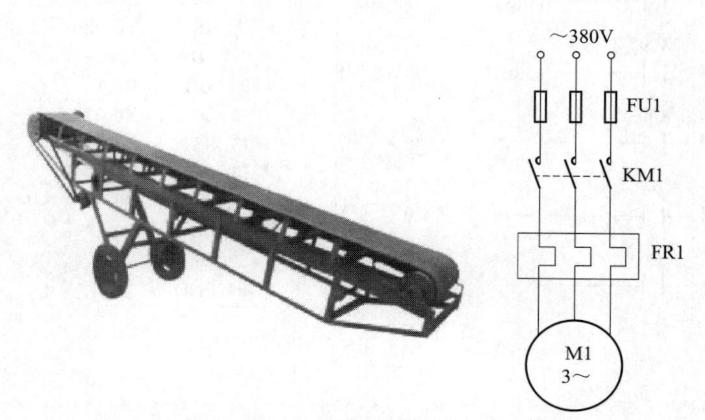

图 2-10　皮带输送机外观及全压启动控制主电路

(2) 分析全压启动控制对象并确定 I/O 地址分配表

① 分析控制对象。主令信号有启动按钮和停止按钮各 1 个，现场信号有 KM1 反馈 1 个，共 3 个输入信号，均由 DC 24V 电源供电。热继电器 FR1 的触点可以不进 PLC 控制系统。

指示类信号有运行指示 HL1(绿灯) 和停止指示 HL2(红灯)，计 2 个，由 DC 24V 电源供电；现场执行机构有 220V 交流接触器 KM1，计 1 个。共 3 个输出信号。

② 选择 PLC 型号。控制对象共 6 个输入输出点，均为开关量信号。因此，选用任何一款 FX 系列的 PLC 均可满足控制要求。考虑今后机械手定位控制的需要，统一选择 FX_{3U}-48MT/ES-A 型 PLC。它采用 AC 220V 电源供电，可以提供 24 点直流输入、24 点晶体管输出，内置独立 3 轴 100kHz 定位功能。考虑 KM1 是 AC 220V 驱动的接触器，增加一个 I/O 扩展模块 FX_{2N}-8ER。以后的任务，不再对 PLC 的选型进行详细说明。

③ I/O 地址分配。根据上述分析确定任务 2 的 I/O 地址分配，并将分配结果填入表 2-1 中。

表 2-1　任务 2 的 I/O 地址分配表

输入地址	输入信号	软元件注释	说明	输出地址	输出信号	软元件注释	说明
	SB1	启动按钮	常开型		HL1	运行指示	绿色,DC 24V
	SB2	停止按钮	常开型		HL2	停止指示	红色,DC 24V
	KM1	KM1 反馈	KM1 辅助常开		KM1	KM1 线圈	AC 220V 接触器

注：一般输入地址 X0～X3 留给高速计数器输入，输出地址 Y0～Y3 留给高速脉冲输出。

笔 记

(3) 全压启动控制硬件设计

① I/O 接线原理图。I/O 接线原理图如图 2-11 所示，在图中完成地址分配部分。

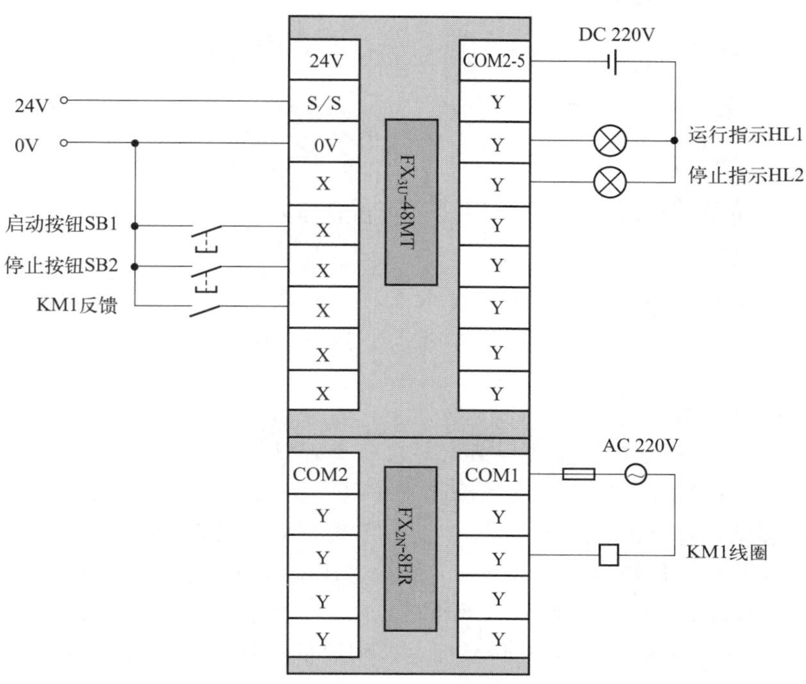

图 2-11 任务 2 的 I/O 接线原理图（部分）

② 交流接触器。本任务选用德力西 $CJX2_S$-09 系列接触器，电压为 AC 220V，其外观与接线端子布局如图 2-12 所示。图中，A1 和 A2 是交流线圈端子，1-2、3-4、5-6 是主触点，其余如 13-14、21-22 等是辅助触点，NO 表示常开触点，NC 表示常闭触点。

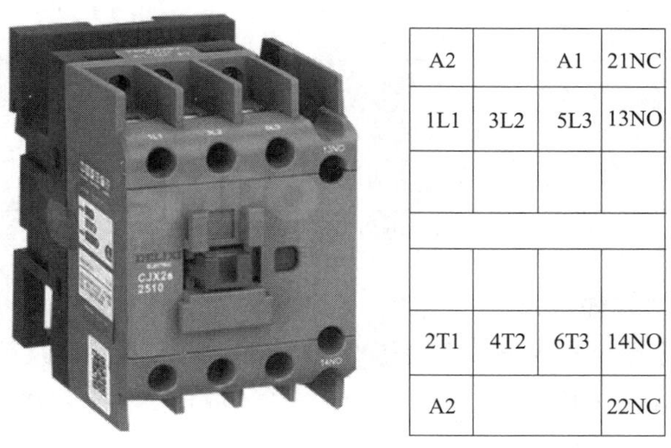

图 2-12 AC 220V 交流接触器及其端子布局图

③ I/O 接线图。本次任务的 I/O 接线图（部分）如图 2-13 所示。图 2-13(a) 是输入信号接线图，图中略画了 24V 电源正端。图 2-13(b) 是直流负载接线图，图 2-13(c) 是交流负载接线图。注意：直流负载和交流负载的电路千万不能混接。在图 2-13 的括号中补充地址编号，然后按接线图完成实物电路接线。所有电源线和控制线建议选用 1.5mm^2

笔记

多股铜导线，接线需压接线鼻子。

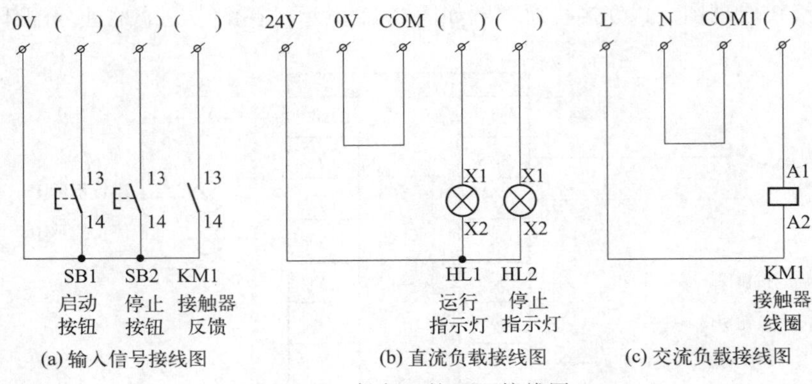

图 2-13　任务 2 的 I/O 接线图

微课视频12 输入打点

(4) 输入打点检测

打点是PLC设计和维护的重要环节，通过打点可以判断输入或输出电路的好坏。

输入打点，即检测外部输入信号的动作与PLC上对应的输入LED指示灯状态是否一致。为了安全起见，打点前，必须将PLC工作方式开关拨到STOP位置。

本任务有3个输入信号，请按表2-2的提示完成输入打点，并记录打点结果。

如果按下启动按钮SB1，对应输入地址的LED指示灯点亮，松开启动按钮SB1，对应的LED灯熄灭，说明该输入电路正确。反之，则可能是该输入电路存在断路、按钮损坏或输入点损坏等故障。如果输入信号指示灯都不亮，则极有可能是电源没通电。

表 2-2　输入打点检测记录表

输入地址	输入信号	输入信号动作情况	对应输入LED指示灯状态	测试结果
	SB1	按下启动按钮SB1		
		松开启动按钮SB1		
	SB2	按下停止按钮SB2		
		松开停止按钮SB2		
	KM1	按下接触器KM1的联动架		
		松开接触器KM1的联动架		

注：打点如果存在问题，请及时检查及维修输入电路。

(5) 全压启动控制软件设计

软件设计也叫程序设计。双击桌面图标进入软件操作界面。执行菜单命令“工程”→“新建工程”，创建一个新工程。选择工程类型为：简单工程；PLC系列为：FXCPU；PLC类型为：FX3U/FX3UC；程序语言为：梯形图。单击快捷工具“保存工程”按钮，设置文件的保存路径（建议保存在D:\MELSEC目录下），输入工程名称，例如“任务2　皮带输送机全压启动控制”。

① 方法一，采用启保停电路设计，控制程序如图2-14所示。

② 方法二，采用置位与复位电路设计，控制程序如图2-15所示。

在图2-14和图2-15中补充完整I/O地址。

笔 记

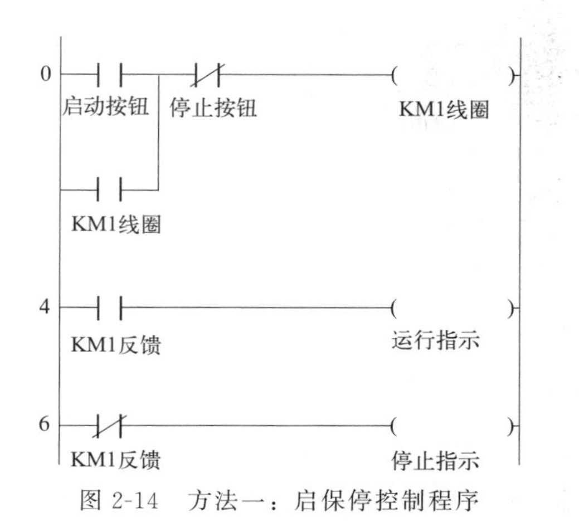

图 2-14 方法一：启保停控制程序

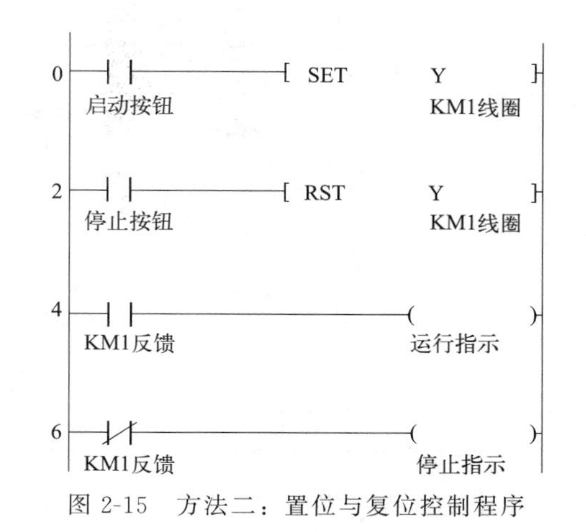

图 2-15 方法二：置位与复位控制程序

(6) 运行调试

① 调试准备工作。

a. 观察 PLC 的电源是否正常。

b. 检查输出设备电源是否正常。

c. 观察 PLC 工作状态指示灯是否正常。

d. 完成输入打点。

e. 检查输出接线，导线颜色、线头压接、走线布局、端子位置等是否符合规范，接线是否正确。建议小组互相检查。

② 写入程序。上述基本项目检查完后，可进行运行调试。

a. PLC 工作方式开关拨到“STOP”位置，下载工程名称为“任务 2 皮带输送机全压启动控制”的程序。可打开图 1-22 所示“在线数据操作”对话框，用“远程操作”设置 PLC 工作方式，以及 PLC 存储器清除。

b. PLC 工作方式开关拨到“RUN”位置，观察 RUN 运行灯是否正常。

③ 运行调试。

a. 运行测试。按下启动按钮 SB1，观察 KM1 是否得电吸合，运行指示灯 HL1 是否点亮，PLC 上相应的输出 LED 灯是否点亮。

b. 停止测试。按下停止按钮 SB2，观察 KM1 是否断电释放，停止指示灯 HL2 是否点亮，PLC 上相应的输出 LED 灯是否点亮。

c. 再次启动及停止测试。

每一项检查调试项目的观察结果，请如实记录在表 2-3 中，与控制要求进行比较，判断结果是否正确。如果出现异常情况，请小组讨论分析，找到解决办法，并排除故障，直到满足全压启动控制要求。

表 2-3 任务 2 运行调试小卡片

序号	检查调试项目	观察结果	是否正常
1	初次通电后，PLC 状态指示	POWER 灯：________； RUN 灯：________； ERROR 灯：________	

笔 记

续表

序号	检查调试项目	观察结果	是否正常
2	运行测试：按下启动按钮SB1	KM1线圈：________； 指示灯HL1：________； 指示灯HL2：________； 输出LED灯：________	
3	停止测试：按下停止按钮SB2	KM1线圈：________； 指示灯HL1：________； 指示灯HL2：________； 输出LED灯：________	
4	再次操作启动和停止按钮	KM1得失电情况：________； 指示灯工作情况：________	

④ 补充说明。生产现场调试时，除了要完成上述控制电路调试外，还必须进行主电路空载调试（不接输送带）和负载调试（接上输送带）。

(7) 任务拓展

训练1：用PLC实现某输送带两地启停控制，试画出I/O接线原理图并完成控制程序。

训练2：当S1动作且S2不动作时，图2-16所示的灯HL应该点亮，试分别完成图2-16(a)～(c)所对应的控制程序。

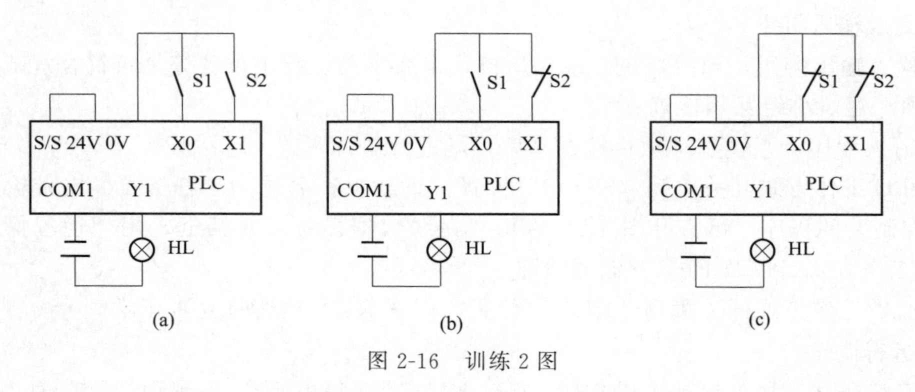

图2-16 训练2图

素养训练视频2 螺钉旋具使用方法

(8) 螺钉旋具的使用方法

① 使用时，不可用螺钉旋具当撬棒或凿子使用。

② 使用前应先擦净螺钉旋具柄和口端的油污，以免工作时滑脱而发生意外，使用后也要擦拭干净。

③ 正确的方法是以右手把持螺钉旋具，手心抵住柄端，让螺钉旋具口端与螺栓或螺钉槽口处于垂直吻合状态。

④ 当开始拧松或最后拧紧时，应用力将螺钉旋具压紧后再用手腕力扭转螺钉旋具，防止打滑而损坏槽口；当螺栓松动后，即可使用手心轻压螺钉旋具柄，用拇指、中指和食指快速转动螺钉旋具。

⑤ 选用的螺钉旋具口端应与螺栓或螺钉上的槽口相吻合，如口端太薄易折断，太厚则不能完全嵌入槽内，易使刀口或螺栓槽口损坏。

⑥ 螺钉旋具等电工工具使用完毕要放回工具箱，不要随手乱放。

笔 记

2.4　任务评价

“附录 A　PLC 操作技能考核评分表（一）”从职业素养与安全意识、控制电路设计、接线工艺、通电运行四个方面进行考核评分。请各小组参照附录 A 的要求，对任务 2 的完成情况进行小组自我评价。

2.5　习题

请扫码完成习题 2 测试。

习题 2

任务3

皮带输送机正反转控制

【知识目标】

① 熟悉 INV、END、NOP 等基本指令；
② 熟悉简单 PLC 控制系统的基本设计方法；
③ 熟悉 PLC 程序的运行监视方法。

【能力目标】

① 会统计控制对象的 I/O 信号并分配 PLC 地址；
② 能绘制正反转控制电路的 I/O 接线图并完成接线；
③ 能打点判断指示灯、接触器等输出接线是否正确；
④ 学会互锁电路和急停电路的编程与接线；
⑤ 能根据现场动作分析判断正反转控制是否满足要求。

【素质目标】

培养安全使用剥线钳等电工工具的工作责任感和电气技术员的职业认同感。

3.1 任务引入

堆取料机是一种连续、高效的散状物料输送设备，广泛运用于矿山、建材水泥、钢铁冶金、煤炭焦化、火力发电、化工以及港口码头等原料储存场，可实现矿石、煤炭、化工原料等散状物料的堆取、转运、装卸、中和混匀的连续作业。皮带输送机是堆取料机的主要设备，在进行堆料输送时，要求皮带正转运行，而在取料输送时，要求皮带能够反转运行。

图 3-1 所示是中联重科 DQL3600/1800.35 斗轮堆取料机。堆料能力：3600t/h；取料能力：1800t/h；回转半径：35m。

本任务用 PLC 实现皮带输送机正反转控制，皮带由一台三相异步电动机拖动正反向运行，实现矿石、煤炭等散状物料的堆取作业。

笔 记

图 3-1　中联重科斗轮堆取料机

3.2　知识准备

3.2.1　取反、空操作和结束指令

微课视频13 取反、空操作和结束指令

INV：取反指令。在梯形图中用一条 45°的短斜线表示，它将该指令之前的运算结果取反，如之前运算结果为 0，使用该指令后运算结果为 1；如之前运算结果为 1，则只用该指令后运算结果为 0。取反指令不能直接与左母线连接。

NOP：空操作指令。使该步序进行空操作，在梯形图中无显示。清除 PLC 内存后，在线程序显示为 NOP。

END：结束指令。放置在主程序的结束处，当生成新的工程时，编程软件自动生成一条 END 指令，即每个工程项目都必须有一条 END 指令。

取反、空操作和结束指令的应用如图 3-2 所示。图中，如果 X024 和 X025 取值相异时，输出 Y007 为 OFF；相同时，输出 Y007 为 ON。

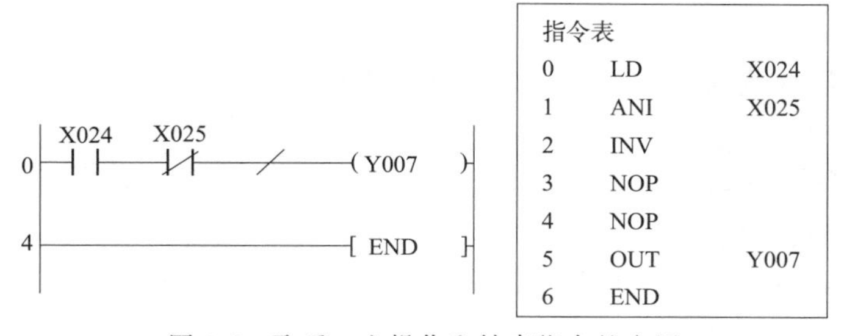

指令表

0	LD	X024
1	ANI	X025
2	INV	
3	NOP	
4	NOP	
5	OUT	Y007
6	END	

图 3-2　取反、空操作和结束指令的应用

【学生练习】请在编程软件中输入图 3-2 所示的程序，仿真程序。初始通电时，观察输出线圈 Y007 的得电情况。分析使输出线圈 Y007 断电的条件是什么？

笔 记

微课视频14
PLC程序运行
监视

3.3.2 PLC程序运行监视

打开要监视的PLC程序，写入PLC或者仿真软件中，单击快捷工具“监视模式”，或者执行菜单命令“在线”→“监视”→“监视模式”，进入监视模式。

图3-2所示程序的监视状态如图3-3所示，蓝色表示触点接通或线圈得电。图3-3(a)为X024＝X025＝OFF的监视结果，X024的常开触点断开，X025的常闭触点接通，取反运算后，线圈Y007＝ON。图3-3(b)为X024＝ON、X025＝OFF的监视结果，X024的常开触点接通，X025的常闭触点接通，取反运算后，线圈Y007＝OFF。

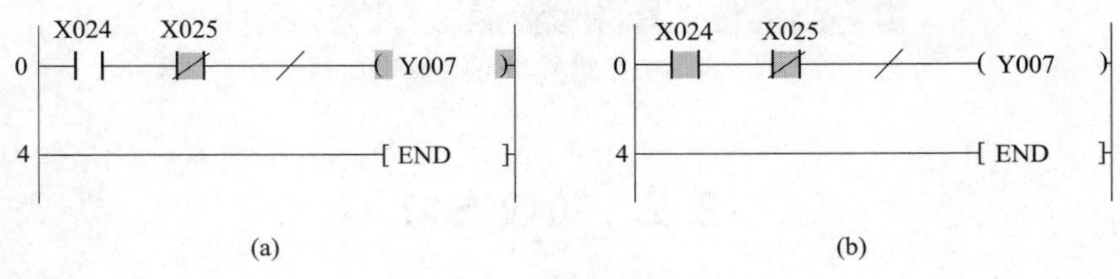

图3-3 运行监视状态

使用注意事项：

① 只能监视PLC中的运行程序。所以，上位机PC上打开的程序必须与PLC中的程序一致。

② 若修改了要监视的程序，必须重新下载到PLC中，才能正确监视。

3.3 任务实施

(1) 皮带输送机正反转控制任务要求

皮带输送机外观及正反转控制主电路如图3-4所示。控制要求如下。

① 按下正转启动按钮SB1，接触器KM1得电，三相异步电动机正转运行，指示灯HL1亮（绿灯）；

② 按下反转启动按钮SB2，接触器KM2得电，三相异步电动机反转运行，指示灯HL2亮（绿灯）。

③ 按下停止按钮SB3，接触器KM1和KM2均断电，三相异步电动机停止运行，指示灯HL3亮（红灯）。

④ 为了安全，需要急停控制，并保留必要的联锁控制。按下急停按钮SB4，指示灯HL3闪烁。

(2) 分析正反转控制对象并确定I/O地址分配表

① 分析控制对象。输入信号共6个。主令信号有正转启动、反转启动、停止和急停按钮，计4个；现场接触器运行反馈信号2个。上述输入信号均由DC 24V供电。热继电器FR1的触点可以不进PLC控制系统。

输出信号共5个。指示类信号有正转指示灯HL1、反转指示灯HL2和停止/急停指示灯HL3，计3个，由DC 24V电源供电；现场执行机构有交流接触器KM1和KM2，计2个，由AC 220V电源供电。

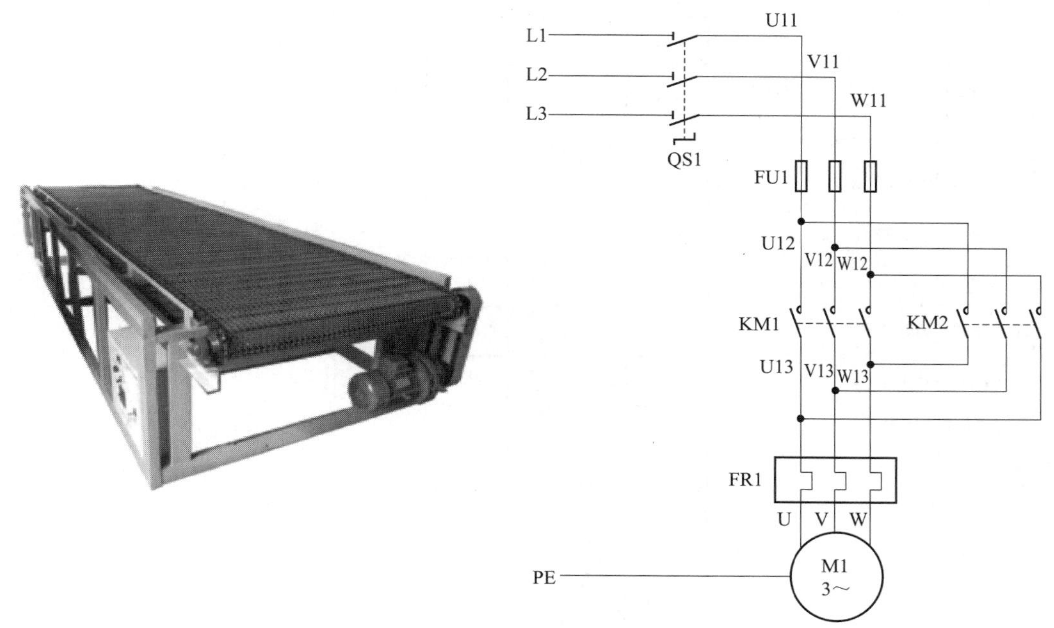

图 3-4　皮带输送机外观及正反转控制主电路

选择 FX_{3U}-48MT/ES-A 型 PLC 和 1 块 I/O 扩展模块 FX_{2N}-8ER。

② I/O 地址分配。根据上述分析确定任务 3 的 I/O 地址分配，并将分配结果填入表 3-1 中。

表 3-1　任务 3 的 I/O 地址分配表

输入地址	输入信号	软元件注释	说明	输出地址	输出信号	软元件注释	说明
	SB1	正转启动	常开型		HL1	正转指示	绿色，DC 24V
	SB2	反转启动	常开型		HL2	反转指示	绿色，DC 24V
	SB3	停止按钮	常开型		HL3	停/急指示	红色，DC 24V
	SB4	急停按钮	常闭型		KM1	正转线圈	AC 220V 接触器
	KM1	正转反馈	KM1 辅助常开		KM2	反转线圈	AC 220V 接触器
	KM2	反转反馈	KM2 辅助常开	—	—	—	

注：一般输入地址 X0～X3 留给高速计数器输入，输出地址 Y0～Y3 留给高速脉冲输出。

(3) 正反转控制硬件设计

① I/O 接线原理图。I/O 接线原理图如图 3-5 所示。需要读者在对应位置绘制正确的元器件图形符号并填写正确的输入输出地址编号。为了避免接触器触点故障造成的相线短路事故，或正反转频繁切换造成的电弧短路事故，图中必须保留接触器的触点互锁。

② I/O 接线图。输入信号接线图如图 3-6 所示（图中略画了 24V 电源正端，接线参考图 3-5）。需要读者补充相应的元器件图形符号和输入地址编号。

输出信号接线图如图 3-7 所示，图 3-7(a) 是直流负载接线图，图 3-7(b) 是交流负载接线图。千万不要将交直流负载混接。需要读者补充相应的元器件图形符号和输出地址编号，并连接到电源上。

笔 记

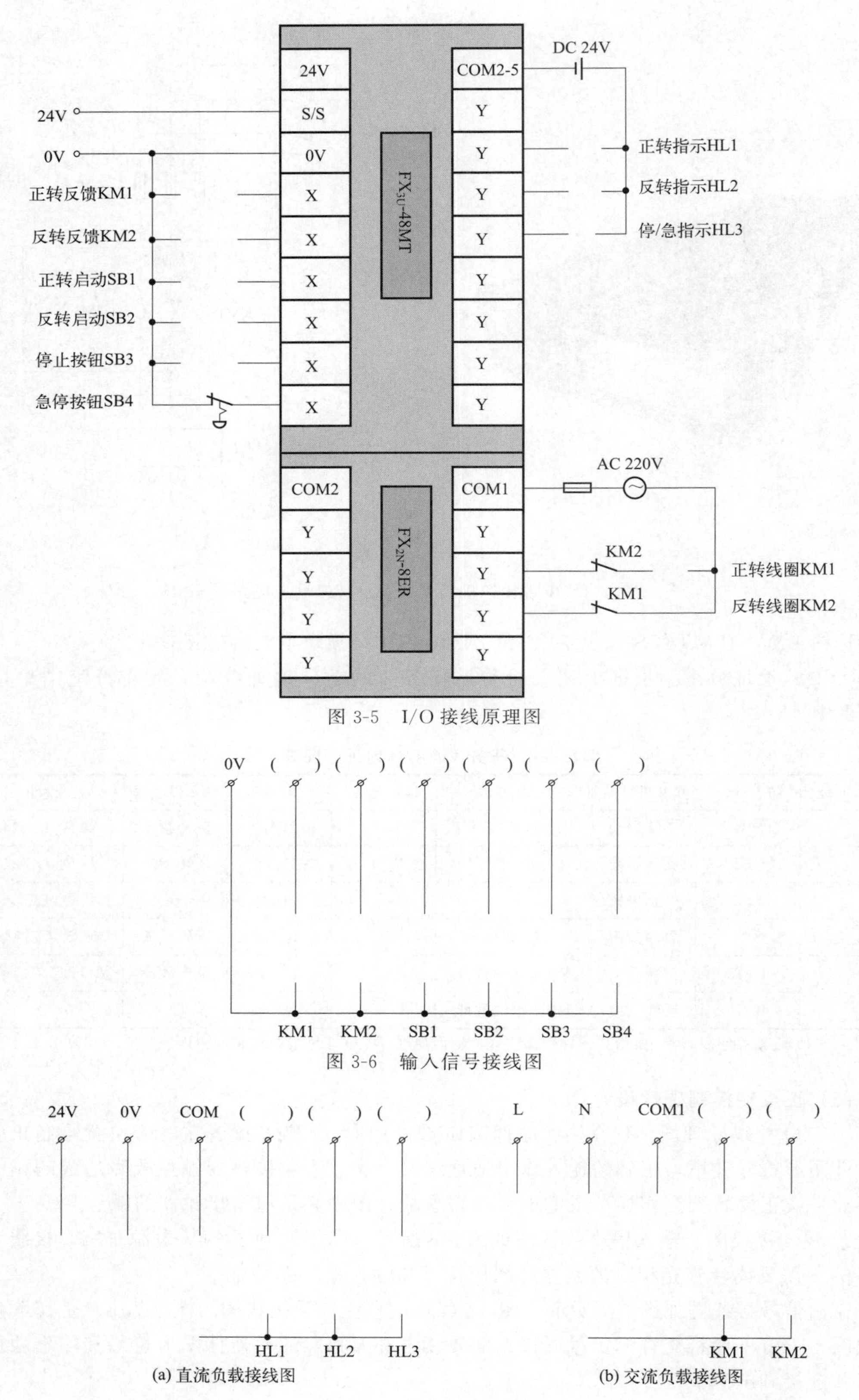

图 3-5 I/O 接线原理图

图 3-6 输入信号接线图

(a) 直流负载接线图

(b) 交流负载接线图

图 3-7 输出信号接线图

笔 记

接线图补充完整后，按接线图完成实物电路接线。所有电源线和控制线建议选用 1.5mm² 多股铜导线，接线需压接线鼻子。

考虑安全问题，本任务不接主电路。

(4) 输出打点检测

微课视频15
输出打点

打点是 PLC 设计和维护的重要环节，通过打点可以判断输入或输出电路的好坏。

输出打点，即检测 PLC 上输出 LED 指示灯的状态与外部输出设备的工作状态是否一致。为了安全可见，打点前，必须将 PLC 工作方式开关拨到 STOP 位置。建议对外部输出信号应逐一打点检查。

任务 3 有 5 个输出信号，请按以下提示完成输出打点，并记录打点结果到表 3-2 中。

例如对正转指示灯 HL1 进行输出打点。执行“调试”→“当前值更改（M）...”菜单命令，打开“当前值更改”对话框，如图 1-13 所示。在“软元件/标签”栏输入输出信号 HL1 的地址，单击“ON”按钮，将 HL1 的软元件当前值更改为 ON，观察外部对应的指示灯 HL1 是否点亮。然后再单击“OFF”按钮，将 HL1 的软元件当前值更改为 OFF，观察外部对应的指示灯 HL1 是否熄灭。

如果 HL1 的软元件为 ON 时，指示灯 HL1 点亮，为 OFF 时，HL1 熄灭，说明该输出电路正确。反之，则可能是该输出电路存在短路、断路、元件损坏或输出点损坏等故障。如果外部输出设备都不动作，则极有可能是电源没通电。

表 3-2　输出打点检测记录表

输出地址	输出信号	输出信号当前值状态	对应输出设备工作状态	测试结果
	HL1	ON		
		OFF		
	HL2	ON		
		OFF		
	HL3	ON		
		OFF		
	KM1	ON		
		OFF		
	KM2	ON		
		OFF		

注：打点如果存在问题，请及时检查及维修输出电路。

(5) 正反转控制软件设计

双击桌面图标，启动编程软件，创建一个新工程。选择工程类型为：简单工程；PLC 系列为：FXCPU；PLC 类型为：FX3U/FX3UC；程序语言为：梯形图。命名并保存新工程，例如“任务 3　皮带输送机正反转控制”。

本任务采用启保停电路设计，控制程序如图 3-8 所示。

在图 3-8 中补充完整 I/O 地址。

程序中注释为“1Hz”的触点，请参考“2.2.1 FX 基本位软元件”内容，选用符合要求的特殊辅助继电器实现。

笔 记

图 3-8 正反转控制程序

(6) 运行调试

① 调试准备工作。

a. 观察PLC的电源是否正常。

b. 检查输出设备电源是否正常。

c. 观察PLC工作状态指示灯是否正常。

d. 完成输入打点。打点结果填入表3-3中。

表 3-3 输入打点检测记录表

输入地址	输入信号	输入信号动作情况	对应输入LED指示灯状态	测试结果
	SB1	按下正转启动按钮SB1		
		松开正转启动按钮SB1		
	SB2	按下反转启动按钮SB2		
		松开反转启动按钮SB2		
	SB3	按下停止按钮SB3		
		松开停止按钮SB3		
	SB4	按下急停按钮SB4		
		松开急停按钮SB4		

续表

输入地址	输入信号	输入信号动作情况	对应输入 LED 指示灯状态	测试结果
	KM1	按下正转接触器 KM1 的联动架		
		松开正转接触器 KM1 的联动架		
	KM2	按下反转接触器 KM2 的联动架		
		松开反转接触器 KM1 的联动架		

e. 完成输出打点，结果填入表 3-2 中。

② 写入程序。上述基本项目检查完后，可进行运行调试。

a. PLC 工作方式开关拨到 STOP 位置，先清除 PLC 存储器，然后再下载工程名称为“任务 3　皮带输送机正反转控制”的程序。

b. PLC 工作方式开关拨到 RUN 位置，观察 RUN 运行灯是否正常。

③ 运行调试。

a. 正转测试。按下正转启动按钮 SB1，观察接触器 KM1 是否得电吸合，正转指示灯 HL1 是否点亮，PLC 上相应的输出 LED 灯是否点亮。按下停止按钮 SB3，观察接触器 KM1 是否断电释放，指示灯 HL1 是否熄灭，停止指示灯 HL3 是否点亮。

b. 反转测试。按下反转启动按钮 SB2，观察接触器 KM2 是否得电吸合，反转指示灯 HL2 是否点亮，PLC 上相应的输出 LED 灯是否点亮。按下停止按钮 SB3，观察接触器 KM2 是否断电释放，指示灯 HL2 是否熄灭，停止指示灯 HL3 是否点亮。

c. 正转到反转测试。先按下正转启动按钮 SB1，观察接触器 KM1 是否得电吸合；再按下反转启动按钮 SB2，观察接触器 KM1 是否先断电，然后接触器 KM2 再得电吸合。

d. 反转到正转测试。接触器 KM2 得电吸合时，按下正转启动按钮 SB1，观察接触器 KM2 是否先断电，然后接触器 KM1 再得电吸合。

正反转之间的切换，可以多测试几次。

e. 急停测试。接触器 KM1 或者 KM2 吸合时，按下急停按钮 SB4，观察接触器 KM1 或者 KM2 是否断电释放，急停指示灯 HL3 是否闪烁。

f. 重启测试。

将观察结果如实记录在表 3-4 中，与控制要求进行比较，判断结果是否正确。如果出现异常情况，请小组讨论分析，找到解决办法，并排除故障，直到满足正反转控制要求。

表 3-4　任务 3 运行调试小卡片

序号	检查调试项目		观察结果	是否正常
1	正转测试	按下正转启动按钮 SB1	接触器：__________； 指示灯：__________	
		按下停止按钮 SB3	接触器：__________； 指示灯：__________	
2	反转测试	按下反转启动按钮 SB2	接触器：__________； 指示灯：__________	
		按下停止按钮 SB3	接触器：__________； 指示灯：__________	

笔记

笔 记

续表

序号	检查调试项目		观察结果	是否正常
3	正转到反转测试	按下正转启动按钮 SB1	接触器：____； 指示灯：____	
		按下反转启动按钮 SB2	接触器：____； 指示灯：____	
4	反转到正转测试	按下正转启动按钮 SB1	接触器：____； 指示灯：____	
5	急停测试	按下急停按钮 SB4	接触器：____； 指示灯：____	
6	重启测试	再次正转启动及停止	接触器：____； 指示灯：____	

④ 运行监视。打开正反转控制程序，单击快捷工具“监视模式”，进入监视模式。按照表 3-4 过程再操作一遍，观察程序中相应的软元件状态，其逻辑动作是否符合正反转控制要求。

(7) 任务拓展

训练 1：如果将正反转控制主电路的热继电器保护信号（FR1 常开触点）引入 PLC 中，一旦发生过载时，其他所有输出停止，同时停止指示灯 HL3 闪烁。图 3-5 所示的 I/O 接线原理图应该如何修改？

训练 2：用 PLC 对双重互锁正反转控制线路进行改造（中级电工 PLC 实操题）。依据图 3-9 所示电路，正确绘制 I/O 接线原理图，完成 PLC 控制系统的 I/O 接线，编制 PLC 控制程序并下载，通电调试达到控制要求。

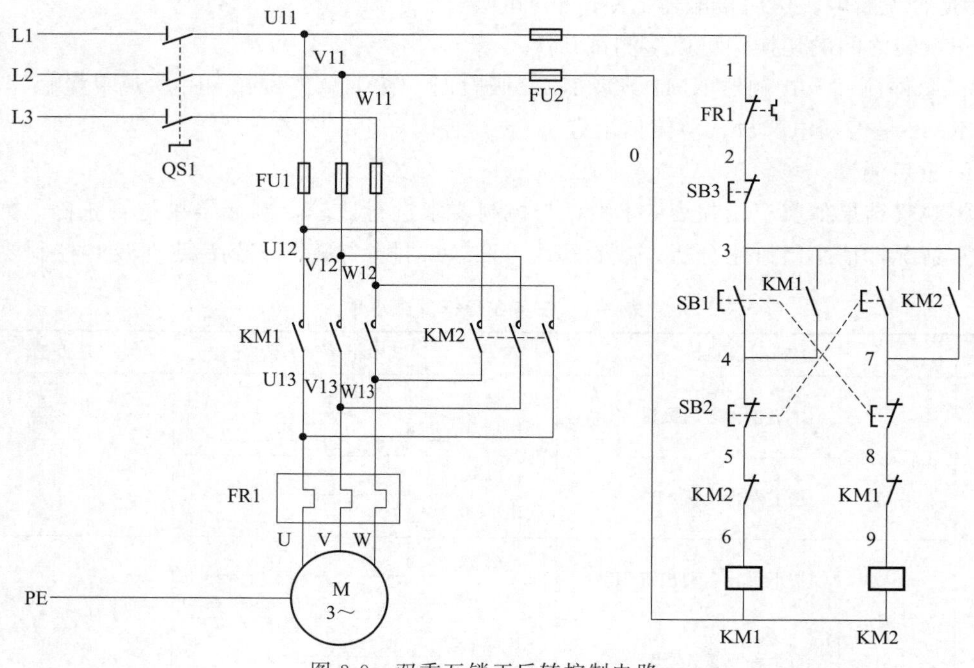

图 3-9 双重互锁正反转控制电路

笔 记

(8) 剥线钳的使用方法

① 根据电缆的粗细型号，选择相应的剥线刀口。

② 将电缆放在剥线钳的刀刃中间，选择好要剥线的长度。

③ 握住剥线钳手柄，将电缆夹住，缓缓用力使电缆外表皮慢慢剥落。

④ 松开剥线钳手柄，取出电缆。

⑤ 操作时，请确认碎线头飞溅方向，避免伤及周围的人和物。

⑥ 电工工具使用完毕要放回工具箱，不要随手乱放。

素养训练视频3 剥线钳使用方法

3.4 任务评价

“附录 A　PLC 操作技能考核评分表（一）”从职业素养与安全意识、控制电路设计、接线工艺、通电运行四个方面进行考核评分。请各小组参照附录 A 的要求，对任务 3 的完成情况进行小组自我评价。

3.5 习题

请扫码完成习题 3 测试。

习题 3

任务4

运料小车自动往返控制

【知识目标】

① 了解主控触点指令 MC、MCR 等基本指令；

② 熟悉脉冲式触点指令 LDP、LDF、ANDP、ANDF、ORP、ORF 等基本指令；

③ 掌握通用计数器 C 的编程及使用方法；

④ 熟悉接近开关的基本工作原理。

【能力目标】

① 会统计控制对象的 I/O 信号并分配 PLC 地址；

② 能绘制自动往返控制电路的 I/O 接线图并完成接线；

③ 能通过打点判断接近开关的接线是否正确；

④ 能完成自动往返控制电路的编程与调试。

【素质目标】

培养安全使用压线钳等电工工具的工作责任感和电气技术员的职业认同感。

4.1 任务引入

运料小车是工厂工业运料的主要设备之一，在煤矿、仓库、港口车站、矿井、冶炼等领域中被广泛应用。图 4-1 所示是某石灰竖窑炉自动上料系统。

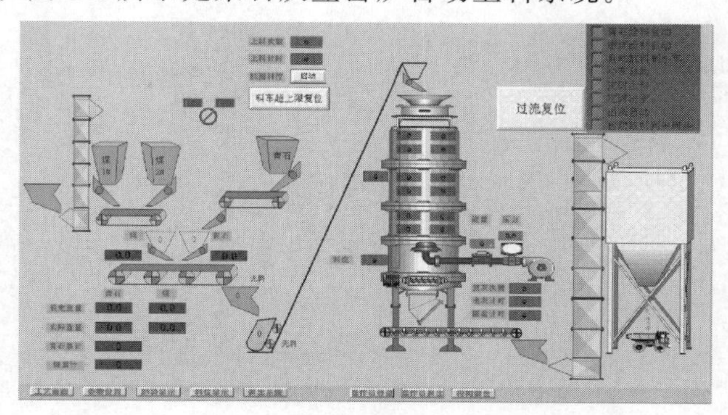

图 4-1　某石灰竖窑炉自动上料系统

本系统采用三菱 FX_{3U} 系列 PLC 进行控制，用一台三相异步电动机作为传动装置，驱动运料小车来回往返。电动机正转，小车上升至卸料位。电动机反转，小车下降至装料位。

笔 记

4.2　知识准备

4.2.1　主控指令

微课视频16
主控触点指令

MC 主控，主控电路块起点。

MCR 主控复位，主控电路块终点。

主控触点指令的应用如图 4-2 所示。主控指令一般用得不多。

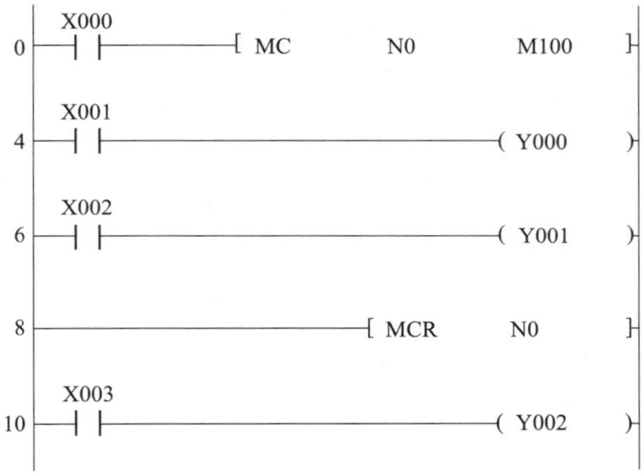

```
      X000
0  ───┤ ├────────[ MC      N0       M100  ]
      X001
4  ───┤ ├──────────────────────( Y000     )
      X002
6  ───┤ ├──────────────────────( Y001     )
8  ──────────────────[ MCR     N0         ]
      X003
10 ───┤ ├──────────────────────( Y002     )
```

指令表

步	指令	操作数	
0	LD	X000	
1	MC	N0	M100
4	LD	X001	
5	OUT	Y000	
6	LD	X002	
7	OUT	Y001	
8	MCR	N0	
10	LD	X003	
11	OUT	Y002	
12	END		

图 4-2　MC、MCR 指令的应用

【学生练习】请在编程软件中输入图 4-2 所示的程序，仿真程序。①当 X000 断开时，接通或断开触点 X001 和 X003，观察 Y000 和 Y002 的状态变化情况。②当 X000 闭合时，接通或断开触点 X001 和 X003，观察 Y000 和 Y002 的状态变化情况。③将指令“OUT Y001”改为“SET Y001”，接通 X000 后置位 Y001，再断开 X000 使主控无效，观察 Y001 的状态变化情况。

使用注意事项：

① MC 是主控起点，操作数 *N*（0～14 层）为嵌套层数，操作元件为 M、Y。

② MC 与 MCR 必须成对使用。

③ 执行 MC 指令后，母线移动到 MC 触点之后，必须用 LD 或 LDI 指令开始。

④ 可以多次使用 MC 指令，但软元件 M、Y 的编号不能相同。

⑤ 主控无效（如图 4-2 所示的触点 X0 断开）时，其中的积算定时器、计数器和用 SET/RST 指令驱动的软元件保持当时的状态，其余的软元件被复位。

笔 记

4.2.2 脉冲式触点指令

微课视频17
脉冲式触点指令

LDP：取上升沿脉冲。

LDF：取下降沿脉冲。

ANDP：与上升沿脉冲。

ANDF：与下降沿脉冲。

ORP：或上升沿脉冲。

ORF：或下降沿脉冲。

这六条指令均可用于 X、Y、M、T、C、S 和 D□.b，在指定位软元件的上升沿（OFF→ON）或者下降沿（ON→OFF）时，接通一个 PLC 运算周期。脉冲式触点指令的应用如图 4-3 所示，图中只绘制了第 1 梯级的时序图（设 M0＝OFF）。

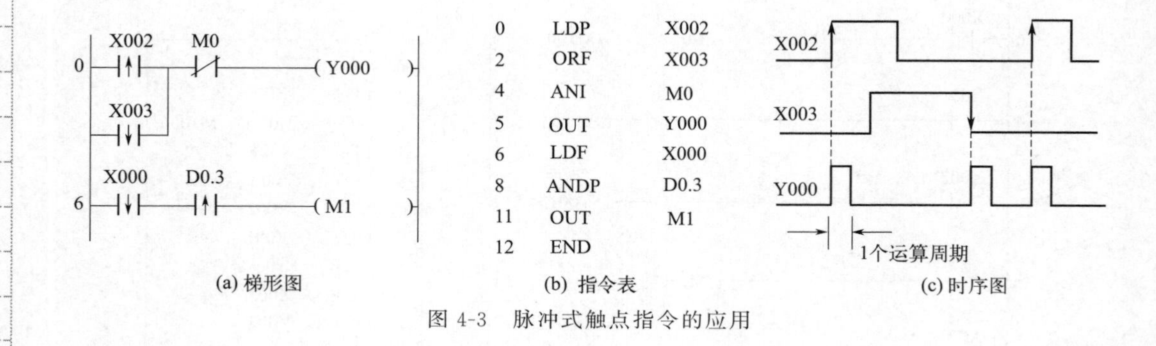

(a) 梯形图 (b) 指令表 (c) 时序图

图 4-3 脉冲式触点指令的应用

微课视频18
计数器C

4.2.3 计数器 C

内部计数器 C 用来对 PLC 的软元件（X、Y、M 和 S）提供的信号进行计数，计数信号持续时间应大于 PLC 的扫描时间。计数器的类型与软元件编号见表 4-1。

表 4-1 计数器的类型与软元件编号

类型	地址	计数范围
16 位通用型	100(C0～C99)	1～32767
16 位掉电保持型	100(C100～C199)	
32 位通用双向型	20(C200～C219)	－2147483648～＋2147483647
32 位掉电保持双向型	15(C220～C234)	
高速计数器	21(C235～C255)	

(1) 16 位加计数器

图 4-4 给出了 16 位加计数器的工作过程，图中 X10 接通后，C0 被复位，它对应的位存储单元被清 0，其常开触点断开、常闭触点接通，同时计数当前值被清 0。X11 用来提供计数脉冲，当复位输入信号断开，计数输入电路每接通一次，计数器的当前值加 1，在 5 个计数脉冲之后，C0 的当前值等于设定值 5，它对应的位存储单元被置 1，其常开触点接通。再来计数脉冲，当前值不变。

笔 记

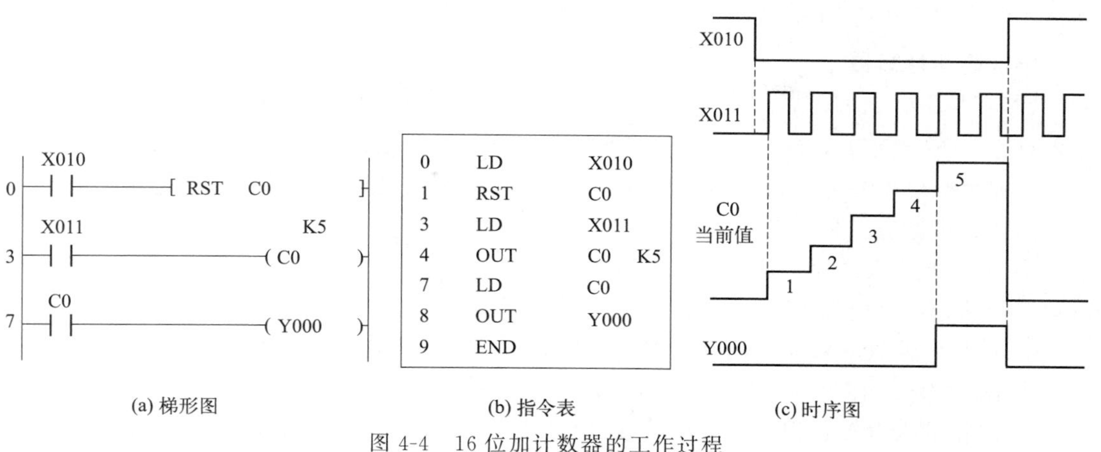

图 4-4　16 位加计数器的工作过程

【学生练习】请在编程软件中输入图 4-4 所示的程序，仿真程序。①当 X010 断开时，通断触点 X011，观察计数器 C0 的当前值变化情况，分析线圈 Y000 的状态与 C0 当前值的关系。②当 X010 接通时，通断触点 X011，观察计数器 C0 的当前值变化情况。

(2) 32 位加/减计数器

计数方式由特殊辅助继电器 M8200～M8234 设定。对于 Cxx，当 M82xx 接通时为减计数器，当 M82xx 断开时为加计数器。

图 4-5 给出了 32 位加/减计数器的工作过程，当 X12 断开时，C200 为加计数器，X14 每来一个脉冲，计数器当前值加 1。当 X12 接通时，C200 为减计数器，X14 每来一个脉冲，计数器当前值减 1。若计数器的当前值由－3 跳变到－4，计数器的输出触点复位；若

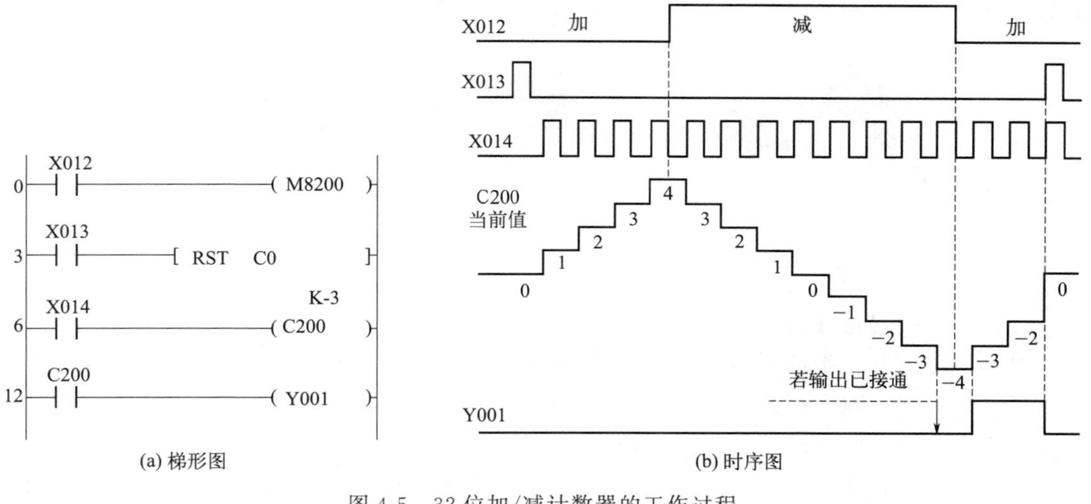

图 4-5　32 位加/减计数器的工作过程

笔 记

计数器的当前值由－4跳变到－3时，计数器的输出触点置位。

(3) 高速计数器

FX_{3U}型PLC有21点高速计数器（HSC），为32位加/减计数器。所有高速计数器的输入点都在X0～X7(X0～X5为5μs，X6～X7为50μs)，输入点不能重复使用。

高速计数以中断方式运行。计数器的当前值等于设定值时，其输出点立即接通。

高速计数器有三种类型。

① 单相单输入高速计数器C235～C245。计数器占用1个高速计数输入点；计数方向取决于特殊辅助继电器M8□□□的状态，得电为增序计数。

② 单相双输入（双向）高速计数器C246～C250。计数器占用2个高速计数输入点，一个为增计数输入，另一个为减计数输入。

③ 双相输入（A-B相型）高速计数器C251～C255。C251占用X0和X1，编码器的A相接到X0点，相差90°的B相接到X1点。C252占用X0～X2，C253占用X3～X5。

微课视频19
接近开关

4.2.4 接近开关

接近开关又称无触点行程开关。它能在一定的距离（几毫米至几十毫米）内检测有无物体靠近。接近开关的核心部分是"感辨头"，它对正在接近的物体有很高的感辨能力。

接近开关与被测物不接触，不会产生机械磨损和疲劳损伤，工作寿命长、响应快、无触点、无火花、无噪声、防潮、防尘、防爆性能较好、输出信号负载能力强、体积小、安装、调整方便。缺点是：触点容量较小、输出短路时易烧毁。

常用的接近开关有电感式（电涡流式）、电容式、干簧式、霍尔式、光电式、微波式、超声波式等。

(1) 电感式接近开关

电感式接近开关由LC高频振荡器、开关电路和放大输出电路组成。利用金属物体在接近产生电磁场的振荡感应头时，物体内部产生涡流，反作用于接近开关，进而控制开关的通或断。所能检测的物体必须是金属物体，检测距离1～50mm。常见电感式接近开关实物外观如图4-6(a) 所示，图形符号如图4-6(b) 所示。

(a) 外观　　(b) 图形符号

图4-6　电感式接近开关

(2) 电容式接近开关

电容式接近开关由高频振荡器和放大器等组成。传感器的检测面与大地间构成一个电容器，参与振荡回路工作。当物体接近检测面时，回路的电容量发生变化，使高频振荡器振荡。振荡与停振状态转化成开关信号。所能检测的物体并不限于金属导体，也可以是绝缘的液体或粉状物体，检测距离2～20mm，超长可达35mm。在检测较低介电常数ε的物

笔 记

体时，可以顺时针调节多圈电位器（位于开关后部）来增加感应灵敏度。常见电容式接近开关实物外观如图 4-7(a) 所示，图形符号如图 4-7(b) 所示。

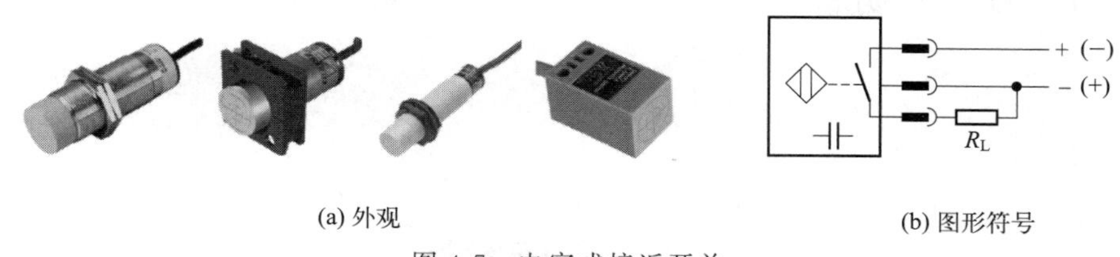

(a) 外观　　(b) 图形符号

图 4-7 电容式接近开关

(3) 接近开关的安装

电感式接近开关有两种安装方式：齐平安装和非齐平安装。

齐平安装：接近开关头部可以和金属安装支架相平安装，如图 4-8(a) 所示。

非齐平安装：接近开关头部不能和金属安装支架相平安装，如图 4-8(b) 所示。

检测距离（s_n）的 3 倍内，不能有任何金属材料。一般，可以齐平安装的接近开关也可以非齐平安装，反之不行。

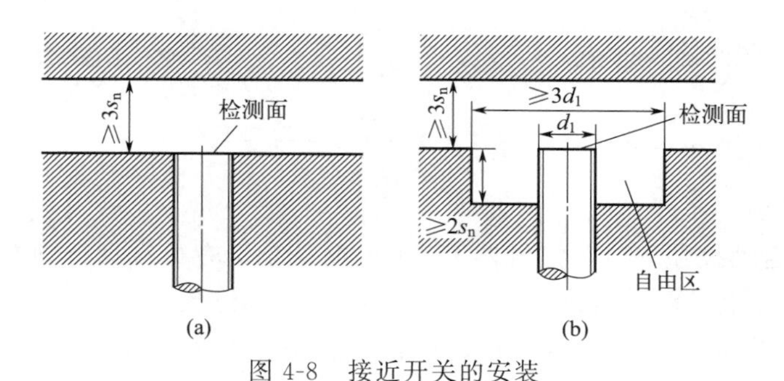

图 4-8 接近开关的安装

(4) 接近开关的接线

接近开关的负载 R_L 可以是信号灯、继电器线圈或者 PLC 的数字量输入模块。

接近开关输出电路有 PNP 和 NPN 两种，对于 PNP 型输出来说，负载 R_L 应接在输出端（黑色线）和电源负端（蓝）之间；对于 NPN 型输出来说，负载 R_L 应接在输出端（黑色线）和电源正端（棕色线）之间。NPN 型输出接近开关接线原理如图 4-9 所示。接近开关的电源正端（棕色线）接到 PLC 的 24V 的端子上，电源负端（蓝色线）接到 PLC 的 0V 端子上，信号线（黑色线）接到 PLC 输入端子上（比如 X0）。

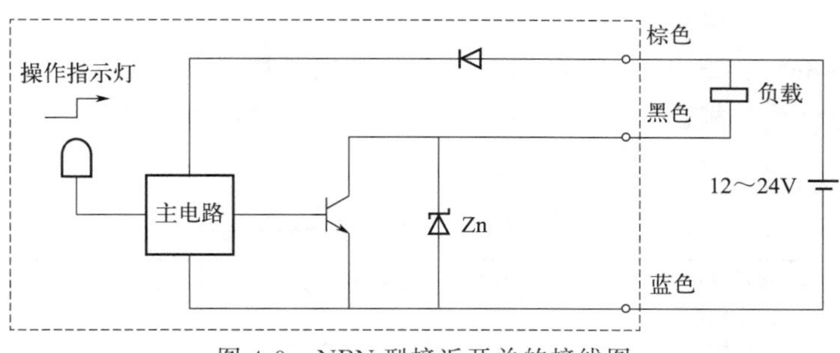

图 4-9 NPN 型接近开关的接线图

笔 记

【学生练习】请观察实训室的接近开关，并判断各接近开关是电感式还是电容式，是 NPN 型还是 PNP 型。

4.3 任务实施

(1) 运料小车自动往返控制任务要求

送料小车由一台三相异步电动机 M1 拖动，主电路与任务 3 的相同（如图 3-4 所示）。小车自动往返控制运动示意如图 4-10 所示。

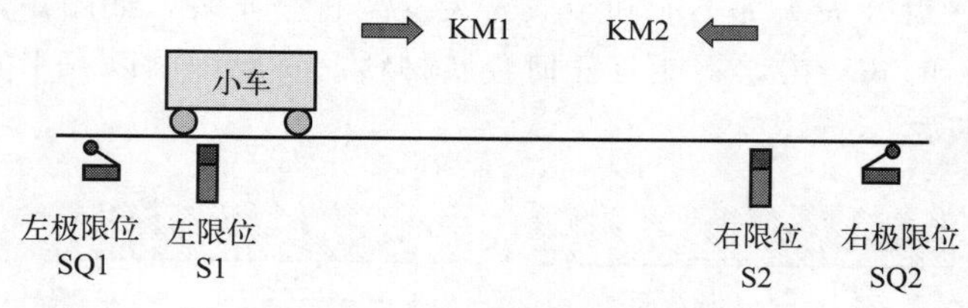

图 4-10 运料小车自动往返控制示意图

控制要求如下：

① 按下右行启动按钮 SB1，接触器 KM1 得电，小车右行；运行到右限位接近开关 S2 处，接触器 KM1 失电，KM2 得电，小车自动左行；运行到左限位接近开关 S1 处，接触器 KM2 失电，KM1 得电，小车又自动右行；如此循环 2 次后自动停止。

② 为了调试方便，保留了左行启动功能，启动按钮 SB2。

③ 按下停止按钮 SB3，接触器 KM1 和 KM2 均断电，小车停止运行。

④ 有必要的运行、停止和急停指示。为了安全，需要急停、极限位保护等措施。

(2) 分析自动往返控制对象并确定 I/O 地址分配表

① 分析控制对象。输入信号共 6 个。主令信号有正转启动、反转启动、停止和急停按钮，计 4 个；现场接触器运行反馈信号 2 个。上述输入信号均由 DC 24V 供电。

输出信号共 5 个。指示类信号有正转指示灯 HL1、反转指示灯 HL2 和停止/急停指示灯 HL3，计 3 个，由 DC 24V 电源供电；现场执行机构有交流接触器 KM1 和 KM2，计 2 个，由 AC 220V 电源供电。

选择 FX_{3U}-48MT/ES-A 型 PLC 和 1 块 I/O 扩展模块 FX_{2N}-8ER。

② I/O 地址分配。根据上述分析确定任务 4 的 I/O 地址分配，并将分配结果填入表 4-2 中。

表 4-2 任务 4 的 I/O 地址分配表

输入地址	输入信号	软元件注释	功能说明	输出地址	输出信号	软元件注释	功能说明
	S1	左限位	接近开关		HL1	右行指示	绿色，DC 24V
	S2	右限位	接近开关		HL2	左行指示	绿色，DC 24V

续表

输入地址	输入信号	软元件注释	功能说明	输出地址	输出信号	软元件注释	功能说明
	SQ1	左极限位	行程开关		HL3	停/急指示	红色,DC 24V
	SQ2	右极限位	行程开关		KM1	右行线圈	AC 220V 接触器
	KM1	右行反馈	KM1 辅助常开		KM2	左行线圈	AC 220V 接触器
	KM2	左行反馈	KM2 辅助常开	—	—	—	
	SB1	右行启动	常开型	—	—	—	
	SB2	左行启动	常开型	—	—	—	
	SB3	停止按钮	常开型	—	—	—	
	SB4	急停按钮	常闭型	—	—	—	

注：一般输入地址 X0～X3 留给高速计数器输入，输出地址 Y0～Y3 留给高速脉冲输出。

(3) 自动往返控制硬件设计

① I/O 接线原理图。根据表 4-2 补充完成 I/O 接线原理图，图 4-11(a) 是基本模块的接线原理图。图 4-11(b) 是扩展模块的接线原理图。

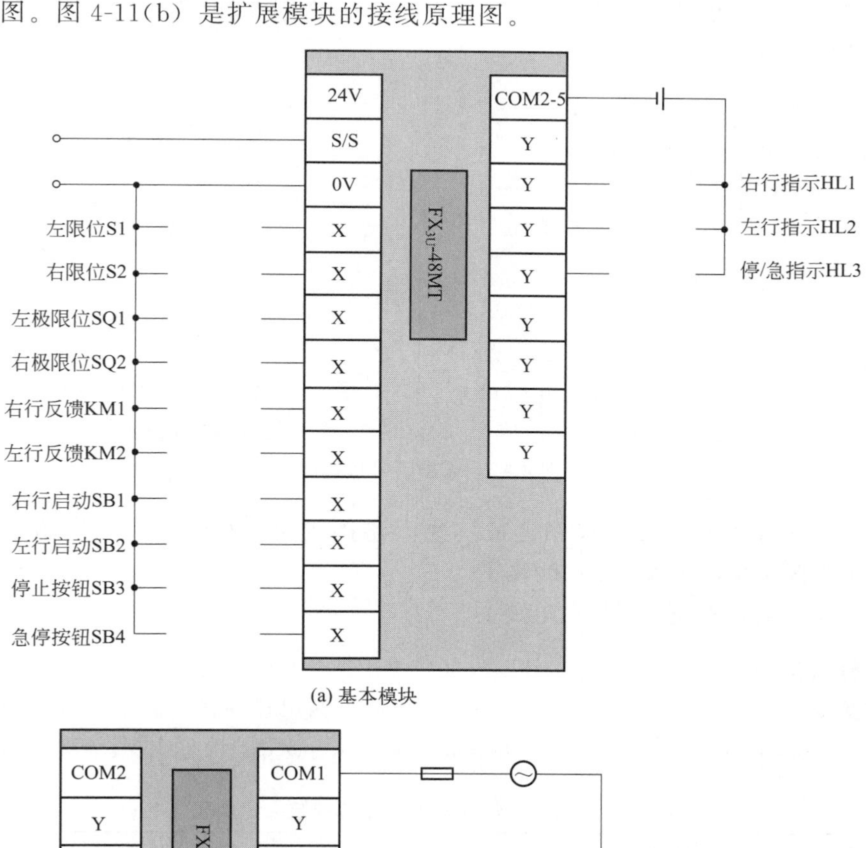

(a) 基本模块

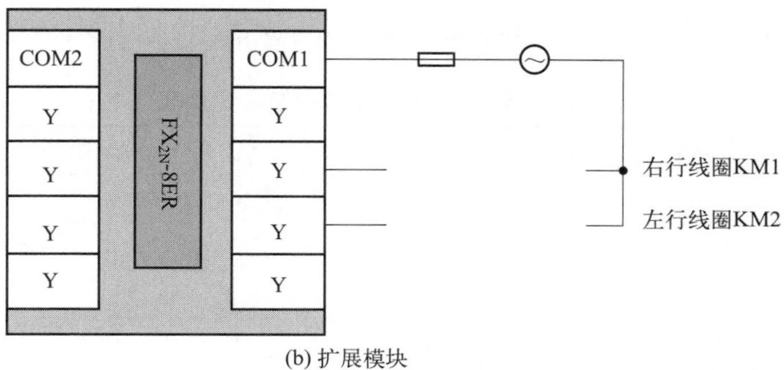

(b) 扩展模块

图 4-11　I/O 接线原理图

笔记

② I/O接线图。输入信号接线图如图4-12所示（图中略画了24V电源正端）。需要读者补充相应的元器件图形符号和输入地址编号。

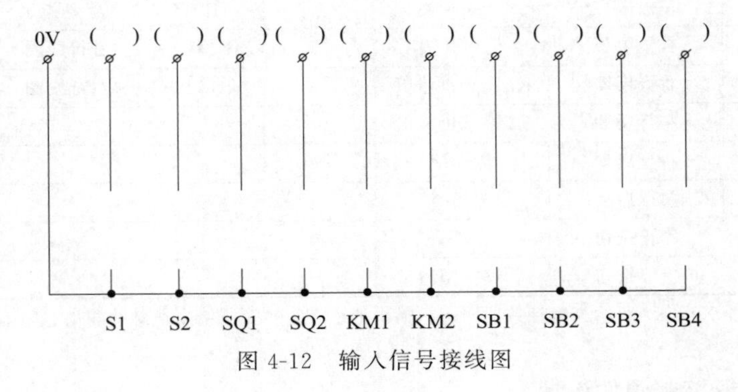

图4-12　输入信号接线图

输出信号接线图如图4-13所示，图4-13(a)是直流负载接线图，图4-13(b)是交流负载接线图。千万不要将交直流负载混接。需要读者补充相应的元器件图形符号和输出地址编号，并连接到电源上。

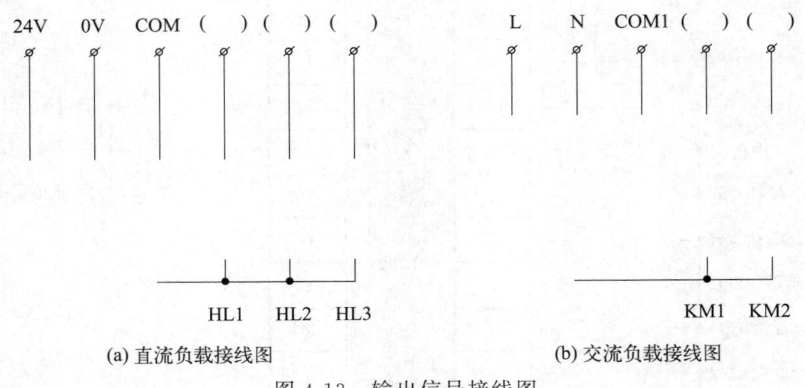

(a) 直流负载接线图　　(b) 交流负载接线图

图4-13　输出信号接线图

接线图补充完整后，按接线图完成实物电路接线。所有电源线和控制线建议选用1.5mm^2多股铜导线，接线需压接线鼻子。

微课视频20 接近开关打点

考虑安全问题，本任务不接主电路。

(4) 打点检测

完成接线后必须进行输入和输出打点，检测输入输出接线是否正确，元器件质量是否合格，PLC的端子是否良好。打点检测结果，填入表4-3中。

表4-3　任务4输入输出打点检测结果记录表

输入地址	输入信号	测试结果	故障处理	输出地址	输出信号	测试结果	故障处理
	S1				HL1		
	S2				HL2		
	SQ1				HL3		
	SQ2				KM1		
	KM1				KM2		

续表

输入地址	输入信号	测试结果	故障处理	输出地址	输出信号	测试结果	故障处理
	KM2			—	—	—	
	SB1			—	—	—	
	SB2			—	—	—	
	SB3			—	—	—	
	SB4			—	—	—	

注：打点如果存在问题，请及时检查及维修输入和输出电路。

笔记

(5) 自动往返控制软件设计

双击桌面图标，启动编程软件，创建一个新工程。选择工程类型为：简单工程；PLC系列为：FXCPU；PLC类型为：FX3U/FX3UC；程序语言为：梯形图。命名并保存新工程，例如“任务4 运料小车自动往返控制”。

本任务采用启保停电路设计，控制程序如图4-14所示。

在图4-14中补充完整的I/O地址。

程序中注释为“初始化脉冲”和“1Hz”的触点，请参考“2.2.1 FX基本位软元件”内容，选用符合要求的特殊辅助继电器实现。

请为“往返计数”分配合适的计数器并设置计数值。

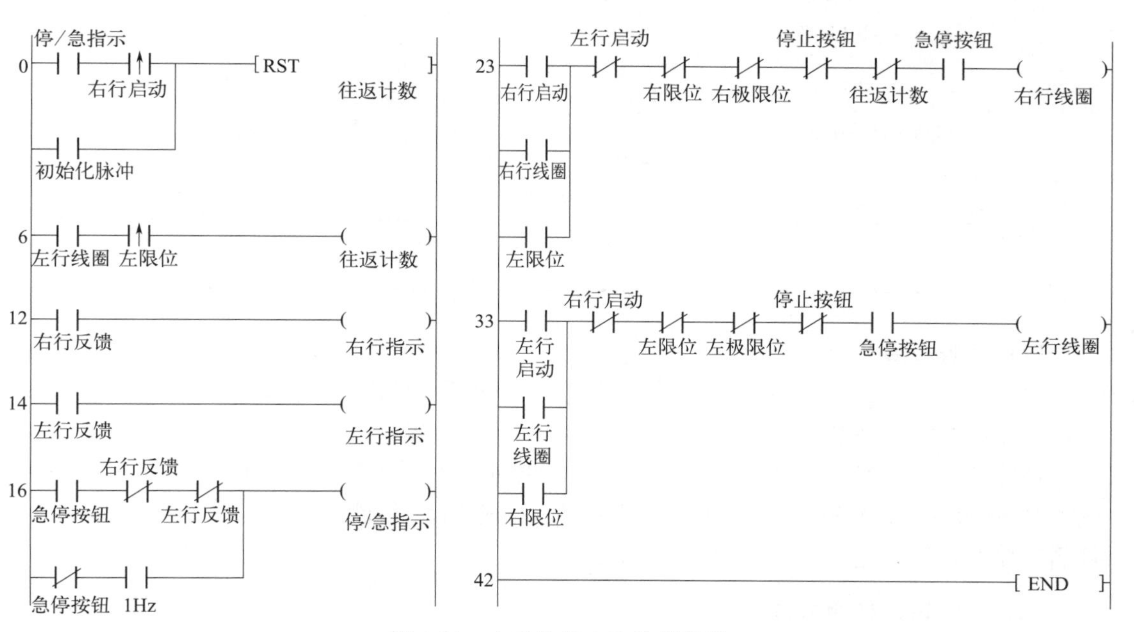

图4-14 自动往返2次控制程序

(6) 运行调试

① 调试准备工作。

a. 观察PLC的电源是否正常。

b. 检查输出设备电源是否正常。

c. 观察PLC工作状态指示灯是否正常。

笔记

d. 完成输入输出打点检测。

② 写入程序。上述基本项目检查完后，可进行运行调试。

a. PLC工作方式开关拨到STOP位置，先清除PLC存储器，然后再下载工程名称为“任务4　运料小车自动往返控制”的程序。

b. PLC工作方式开关拨到RUN位置，观察RUN运行灯是否正常。

③ 运行调试。参照表4-4所列的调试项目和过程，进行运行调试。将观察结果如实记录在表4-4中，与控制要求进行比较，判断结果是否正确。如果出现异常情况，请小组讨论分析，找到解决办法，并排除故障，直到满足自动往返控制要求。

表4-4　任务4运行调试小卡片

序号	检查调试项目	观察接触器和指示灯状态	是否正常
1	右行启动→停止	接触器KM1______； 指示灯HL1______； 指示灯HL3______	
2	左行启动→停止	接触器KM2______； 指示灯HL2______； 指示灯HL3______	
3	右行启动→右极限位	接触器KM1______； 指示灯HL1______； 指示灯HL3______	
4	左行启动→左极限位	接触器KM2______； 指示灯HL2______； 指示灯HL3______	
5	右行启动→自动往返2次	接触器KM1______；到右限位，接触器KM1先____，KM2再______；到左限位，接触器KM2先____，KM2再____；如此循环__次后自动____，指示灯HL3______	
6	再次右行启动运行	能（否）______循环往返	
7	急停	接触器KM1和KM2均______； 指示灯HL3______	

(7) 任务拓展

训练1：运料小车自动往返2次控制程序中，第6步的逻辑行移动到第42步的逻辑行前，程序能否正确计数？试分析原因。

训练2：用PLC对工作台自动往返控制线路进行改造（中级电工PLC实操题）。依据图4-15所示电路，正确绘制I/O接线原理图，完成PLC控制系统的I/O接线，编制PLC控制程序并下载，通电调试达到控制要求。

(8) 压线钳的使用方法

① 首先检查线鼻子与电缆规格是否匹配；

② 将导线进行剥线处理，裸线长度约10mm，与线鼻子的深度大致相等；

③ 将芯线捻紧，插入线鼻子内；

④ 用压线钳子压紧线鼻子；

⑤ 将导线取出，观察压线的效果，压接应在两道以上，不得压坏线鼻子；

⑥ 剪掉露出线鼻子部分的线头。

笔 记

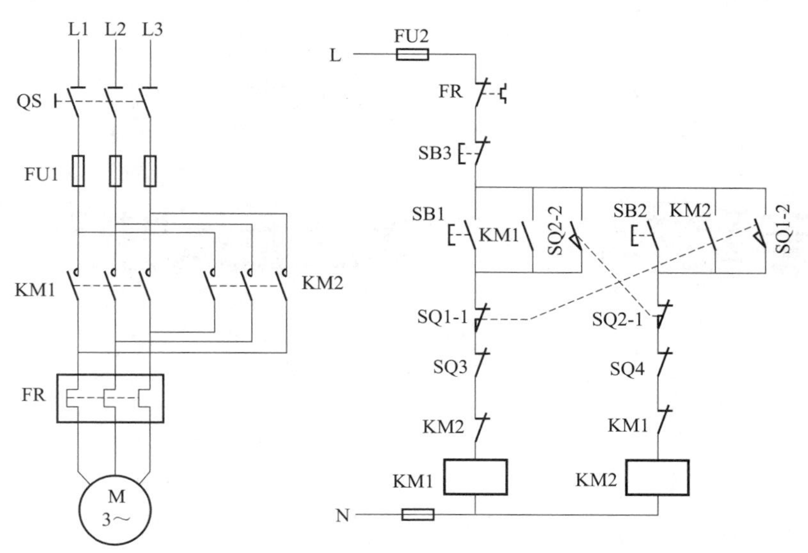

图 4-15　工作台自动往返控制电路

4.4　任务评价

素养训练视频4
压线钳使用方法

“附录 A　PLC 操作技能考核评分表（一）”从职业素养与安全意识、控制电路设计、接线工艺、通电运行等四个方面进行考核评分。请各小组参照附录 A 的要求，对任务 4 的完成情况进行小组自我评价。

4.5　习题

请扫码完成习题 4 测试。

习题 4

任务5

水泵电动机Y-△降压启动控制

【知识目标】

① 掌握定时器 T 的编程及使用方法；
② 了解断电延时电路的工作原理；
③ 了解梯形图能流的概念及梯形图绘制规则。

【能力目标】

① 会分析 Y-△降压启动电路的 I/O 信号并分配 PLC 地址；
② 能绘制 Y-△降压启动电路的 I/O 接线图并完成接线；
③ 会用定时器编写延时电路的程序；
④ 能根据现场动作分析判断 Y-△降压启动控制电路是否满足要求。

【素质目标】

① 培养处理问题严谨细致的工作态度；
② 树立电气技术员的职业认同感。

5.1 任务引入

水泵房是放置生活水泵的设备房，通过抽升方式，为生活、生产提供所需的水压，而且还能为消防提供高压水源。此外，水泵房还能输送油、酸碱液等液体。水泵常用 Y 系异步电动机，功率范围从 0.75kW 到 315kW。

城市供水的电动机功率都比较大，为了避免过大的启动电流对电网电压形成不良的冲击、减小电磁干扰，需要进行降压启动。一般，电动机的容量超过变压器容量的 5%～10%，就需要做降压启动了，否则当大容量电动机启动时会产生非常大的电压降，损坏其他用电设备。一般功率在 15～50kW 之间的△接运行笼型电机选用 Y-△降压启动控制，大于这个范围的用自耦变压器降压启动、软启动或变频启动。

某生活水泵房如图 5-1 所示，其主要设备清单如表 5-1 所示。2，3 生活区主泵选用长

笔 记

沙水泵厂的 80DL50-20X4 型立式多级离心泵，流量 $Q=50m^3/h$，扬程 $H=80m$，电动机功率 $P=22kW$。4，5 生活区主泵选用 80DL50-20X7 型立式多级离心泵，流量 $Q=50m^3/h$，扬程 $H=140m$，电动机功率 $P=37kW$。由于主泵电动机功率都比较大，需要进行降压启动。这里选用 Y-△降压启动控制。

图 5-1　某生活水泵房

表 5-1　某生活水泵房主要设备清单

序号	设备代号	名称	型号	性能参数	单位	数量	备注
1	GSB-1	2,3 区生活给水泵组	主泵:80DL50-20X4	$Q=50m^3/h, H=80m$, $P=22kW$	台	3	两备一用
2			副泵:50DL1 2.5-12.5X6	$Q=12.5m^3/h, H=75m$, $P=7.5kW$	台	1	
3	GSB-2	4,5 区生活给水泵组	主泵:80DL50-20X7	$Q=50m^3/h, H=140m$, $P=37kW$	台	3	两备一用
4			副泵:50DL1 2.5-12.5X10	$Q=12.5m^3/h, H=125m$, $P=11kW$	台	1	
5	QSB	潜污泵	65WQ40-10-2.2	$Q=40m^3/h, H=10m$, $P=2.2kW$	台	2	泵房积水坑，一备一用

本任务采用三菱 FX_{3U} 系列 PLC 控制某台主泵启停。

5.2　知识准备

5.2.1　定时器 T

微课视频21 定时器T

PLC 的内部定时器 T 相当于继电器控制系统中的时间继电器。PLC 内部的定时器有 1ms、10ms 和 100ms 三种时基，可以用常数 K 作为设定值，也可以用数据寄存器 D 的内容作为设定值。达到设定值时，定时器的输出触点动作。定时器的类型与软元件编号见表 5-2。

表 5-2　定时器

类型	时基/ms	地址	定时范围/s
通用型	100	200(T0～T199)	0.1～3276.7
	10	46(T200～T245)	0.01～327.67
	1	256(T256～T511)	0.001～32.767

笔 记

续表

类型	时基/ms	地址	定时范围/s
积算型	1	4(T246～T249)	0.001～32.767
	100	6(T250～T255)	0.1～3276.7

(1) 通用型定时器

图 5-2 是通用型定时器的工作原理图，当驱动输入 X0 接通时，定时器 T200 的当前值计数器对 10ms 时钟脉冲进行计数，当前值与设定值 K345(表示 3.45s) 相等时，定时器的常开触点接通，而常闭触点断开。驱动输入 X0 断开或 PLC 发生断电时，当前定时器就复位，定时器的触点也复位。

要领：得电开始定时，延时闭合，断电自动复位。

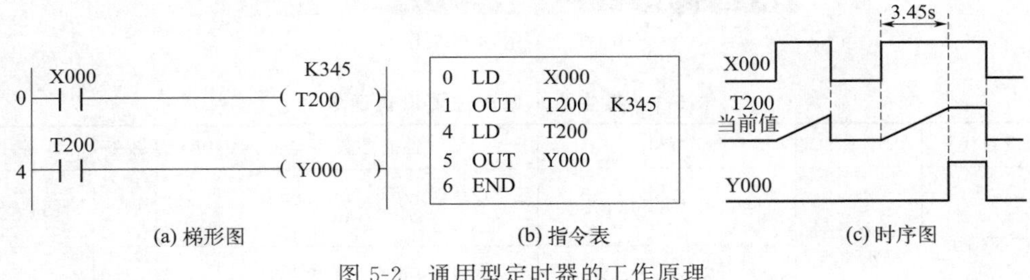

图 5-2 通用型定时器的工作原理

【学生练习】请在编程软件中输入图 5-2 所示的程序，仿真程序。①当 X000 接通后，执行“在线”→“监视”→“软元件/缓冲存储器批量监视”命令，观察定时器 T200 的触点、线圈和当前值的变化情况。②当 T200 的触点接通后，断开 X000，观察定时器 T200 的触点、线圈和当前值的取值情况。

(2) 积算型定时器

图 5-3 是积算型定时器的工作原理图，当定时器线圈 T250 的驱动输入 X1 接通时，

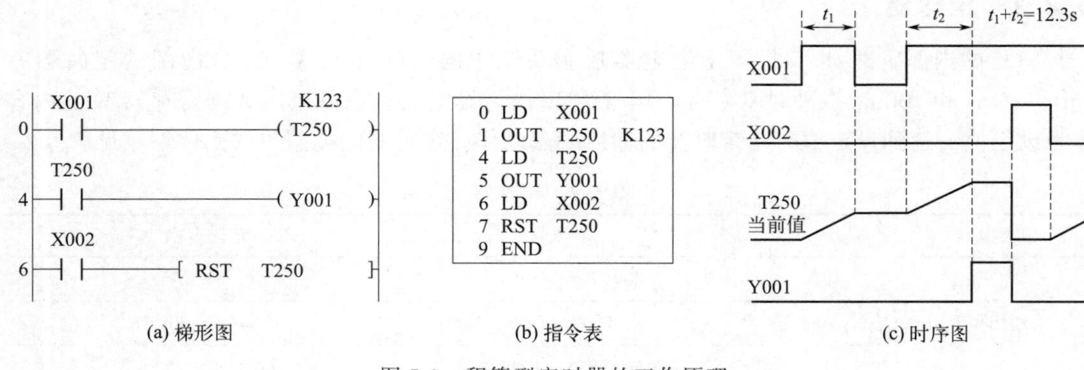

图 5-3 积算型定时器的工作原理

T250 当前值计数器开始累积 100ms 的时钟脉冲的个数，当前值与设定值 K123（表示 12.3s）相等时，定时器的常开触点接通，而常闭触点断开。在定时过程中，驱动输入 X1 断开或停电时，当前值可保持，输入 X1 再接通或复电时，定时继续进行。当复位输入 X2 接通时，当前定时器复位，定时器的触点也复位。

要领：得电开始定时，延时闭合，断电保持，高电平复位。

笔记

5.2.2 定时器的应用

（1）断电延时电路

微课视频22 定时器的应用

FX 系列 PLC 没有专门的断电延时型定时器，可以用图 5-4 的电路来实现断电延时功能。当输入触点 X24 接通时，输出线圈 Y7 得电自锁；当输入触点 X24 断开时，由于线圈 Y7 自保，定时器 T0 开始定时；3s 后，定时器 T0 的常闭触点断开，输出线圈 Y7 断电，解除自保；同时，定时器 T0 断电，定时器 T0 的触点复位。

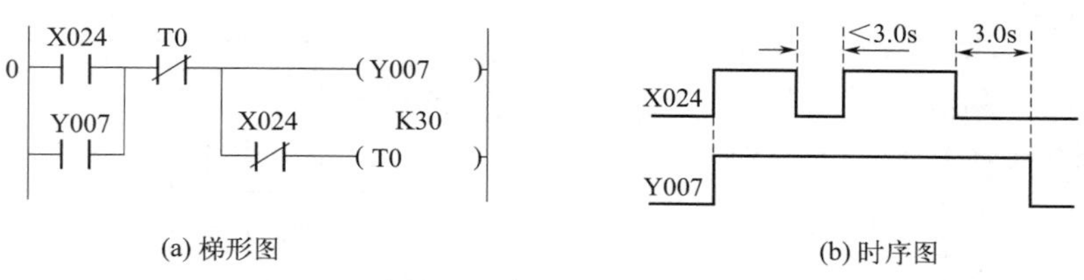

图 5-4　断电延时电路

【学生练习】请在编程软件中输入图 5-4 所示的程序，仿真程序。按照图 5-4(b) 的过程操作触点 X024 的通断，观察线圈 Y007 的工作情况是否与时序图描述的一致。

（2）闪烁电路

图 5-5 是脉冲占空比可调型闪烁电路。控制开关 X24 接通后，T1 常开触点延时 2s 闭合，使线圈 Y7 得电，同时定时器 T2 开始定时。定时器 T2 延时 3s 时间到，T2 常闭断开，定时器 T1 复位；T1 常开触点断开，线圈 Y7 断电；同时定时器 T2 复位；T2 常闭触点接通，定时器 T1 重新定时。如此循环，在输出线圈 Y7 上得到一个脉冲占空比可调的时钟序列，直到开关 X24 断开。显然，T1 的设定值＋T2 的设定值用于设定脉冲周期，

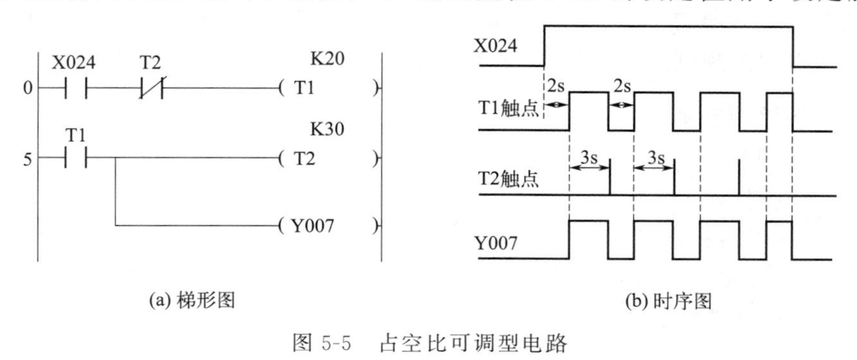

图 5-5　占空比可调型电路

笔 记

T2 的设定值用于设定脉冲宽度。

【学生练习】请在编程软件中输入图 5-5 所示的程序，仿真程序。接通触点 X024，观察线圈 Y007 的工作情况是否与时序图 5-5(b) 描述的一致。

图 5-6 是脉冲占空比固定型闪烁电路。PLC 通电后，定时器 T1 产生一个 2s 的脉冲序列，即每隔 2s，T1 的常开触点接通一个扫描周期。第 1 个脉冲时，T1 常开触点接通，Y7 常闭触点接通，使线圈 Y7 得电；脉冲消失后，通过 T1 常闭触点和 Y7 常开触点，使线圈 Y7 保持得电。第 2 个脉冲时，T1 常闭触点断开，Y7 常闭触点也断开，使线圈 Y7 失电；脉冲消失后，T1 常开触点断开，Y7 常开触点也断开，使线圈 Y7 保持失电。如此循环，在输出线圈 Y7 上输出一个占空比为 50%的脉冲序列。

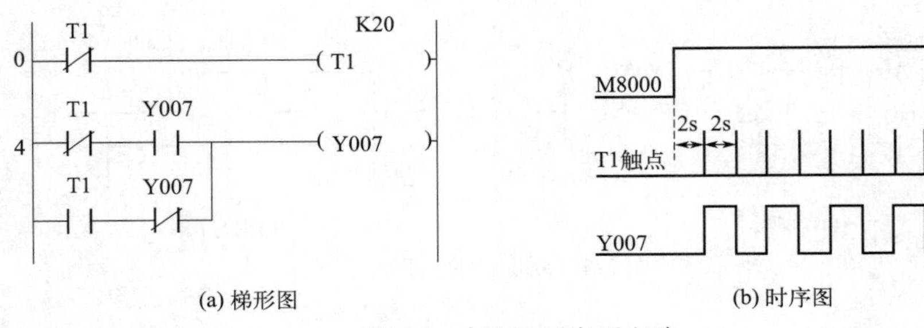

(a) 梯形图　　(b) 时序图

图 5-6　占空比固定型电路

【学生练习】请在编程软件中输入图 5-6 所示的程序，仿真程序。观察线圈 Y007 的工作情况是否与时序图 5-6(b) 描述的一致。

5.2.3 能流和梯形图的绘图规则

微课视频23 能流和梯形图的绘制规则

(1) 能流

假想的能量流动，从左母线流向右母线，能流的方向只能从左到右，从上到下，不能逆向。图 5-7(a) 所示的电路，常开触点 Y032 存在两个方向的能流，既有从左到右方向的，也有从右到左方向的，出现了能流逆向的情况，因此是错误的梯形图。利用软元件的触点可以多次使用的规则，图 5-7(a) 的桥式电路可以改为图 5-7(b) 的形式。

(2) 梯形图绘制规则

梯形图的绘制规则如下。

① 能流不可逆；

② 线圈前面必须有触点；

③ 线圈必须放在梯形图的最后；

④ 不允许双线圈输出。

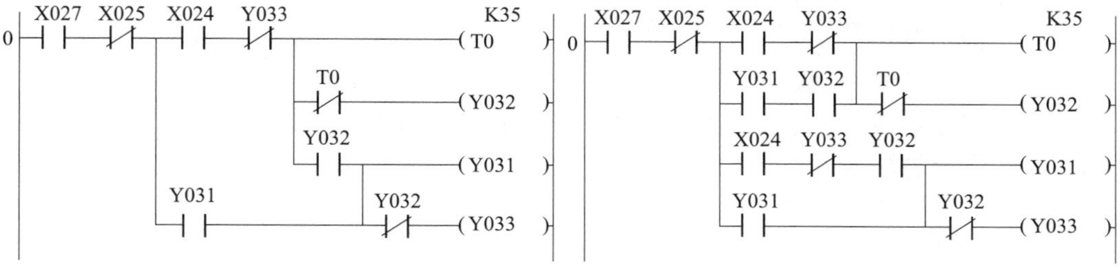

(a) 错误的梯形图

(b) 改正后的梯形图

图 5-7　能流

图 5-8 所示梯形图出现了违反梯形图基本绘制规则的情况。

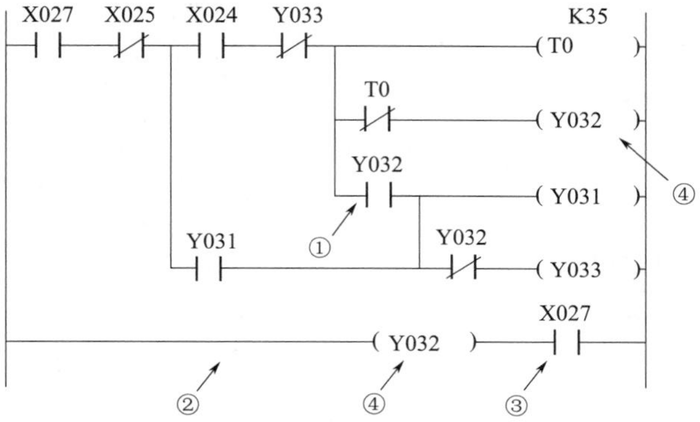

图 5-8　违反绘图规则的梯形图

【学生练习】如图 5-9 所示的桥式电路，试分析哪个触点存在能流逆流情况，改造电路使其符合梯形图编程规则。

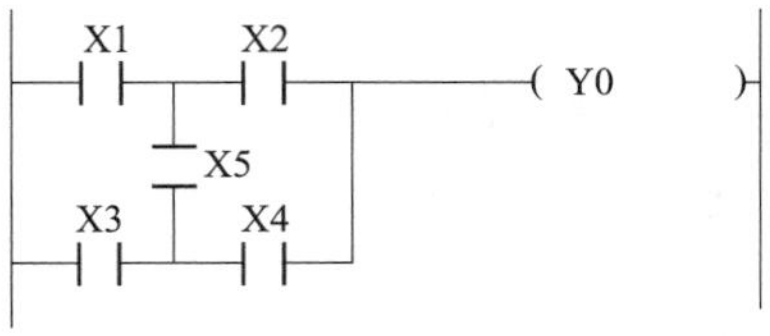

图 5-9　桥式电路

5.3　任务实施

(1) 水泵电动机 Y-△降压启动控制任务要求

某水泵由一台功率 22kW 的三相异步电动机 M1 拖动，其主电路和继电器控制电路如图 5-10 所示。控制要求如下。

① 按下启动按钮 SB1，接触器 KM2 得电，电动机接成 Y 形，然后接触器 KM1 得电自保，Y 接启动，启动指示灯 HL1 亮。延时 3.5s 时间到，KM2 先断开，KM3 后接通，

笔记

电动机接成△形运行，运行指示灯 HL2 亮。

② 按下停止按钮 SB2，接触器 KM1～KM3 均断电，三相异步电动机停止运行，指示灯 HL3 亮。

③ 为了安全，需要有急停控制，并保留必要的联锁控制。

④ 急停时，急停指示灯 HL3 闪烁。

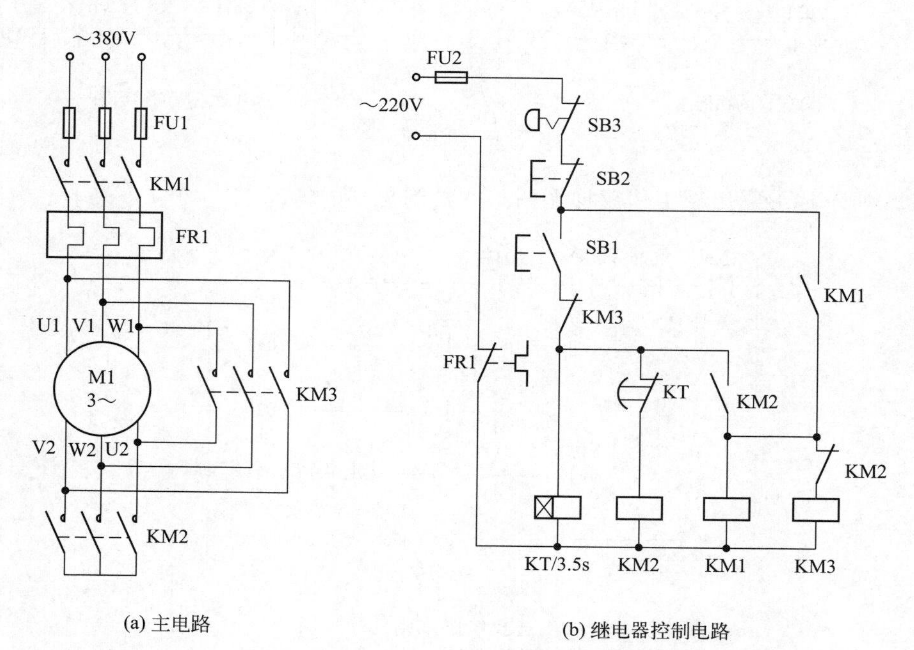

图 5-10　水泵电动机启动控制原理图

（2）分析 Y-△降压启动控制对象并确定 I/O 地址分配表

① 分析控制对象。输入信号共 6 个。主令信号有启动、停止和急停按钮，计 3 个；现场运行反馈信号 3 个。上述输入信号均由 DC 24V 供电。

输出信号共 6 个。指示类信号有启动指示 HL1、运行指示 HL2 和停止指示 HL3，计 3 个，由 DC 24V 电源供电；现场执行机构有交流接触器 KM1、KM2 和 KM3，计 3 个，由 AC 220V 电源供电。

选择 FX_{3U}-48MT/ES-A 型 PLC。扩展模块为 FX_{2N}-8ER。

② I/O 地址分配。根据上述分析确定任务 5 的 I/O 地址分配，并将分配结果填入表 5-3 中。

表 5-3　任务 5 的 I/O 地址分配表

输入地址	输入信号	软元件注释	说明	输出地址	输出信号	软元件注释	说明
	SB1	启动按钮	常开型		HL1	启动指示	绿色，DC 24V
	SB2	停止按钮	常开型		HL2	运行指示	绿色，DC 24V
	SB3	急停按钮	常闭型		HL3	停/急指示	红色，DC 24V
	KM1	主接反馈	KM1 辅助常开		KM1	主接线圈	AC 220V 接触器
	KM2	Y 接反馈	KM2 辅助常开		KM2	Y 接线圈	AC 220V 接触器
	KM3	△接反馈	KM3 辅助常开		KM3	△接线圈	AC 220V 接触器

注：一般输入地址 X0～X3 留给高速计数器输入，输出地址 Y0～Y3 留给高速脉冲输出。

笔 记

(3) Y-△降压启动控制硬件设计

① I/O 接线原理图。在图 5-11 中补充完成的 I/O 接线原理图，包括 S/S 端的电源。图中必须保留 Y 接和△接接触器的触点互锁。

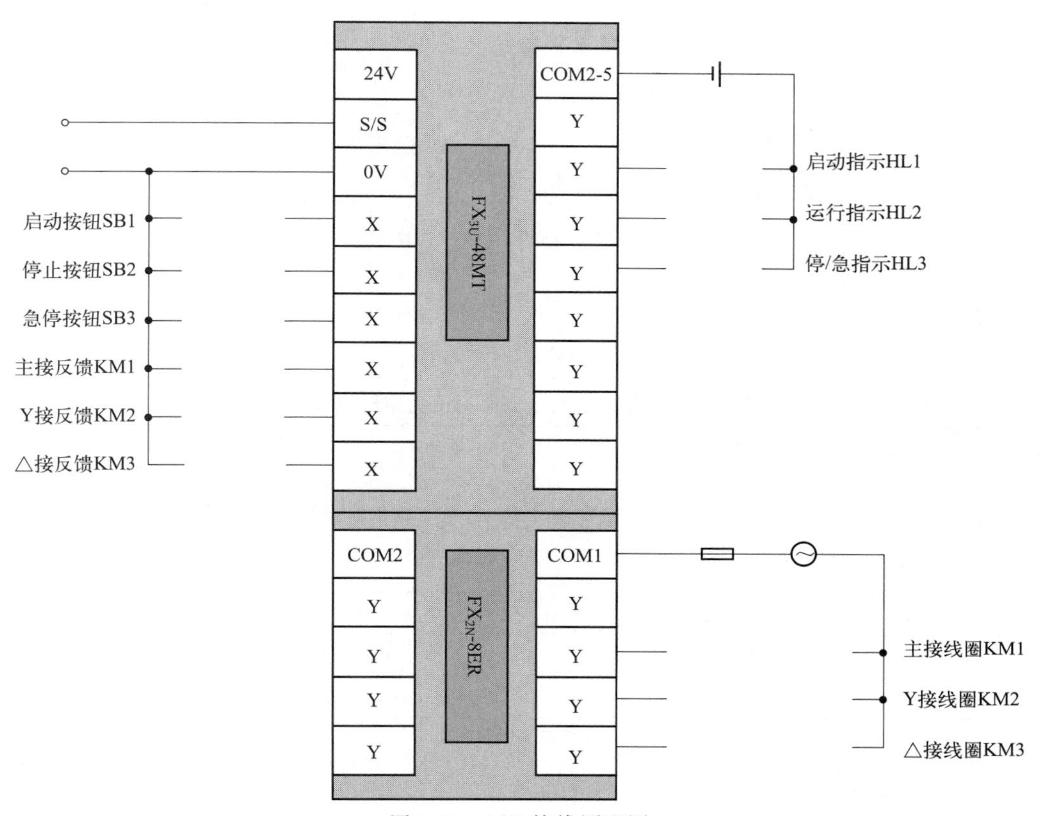

图 5-11 I/O 接线原理图

② I/O 接线图。在图 5-12 中补充完成输入信号接线图，图中略画了 24V 电源正端。在图 5-13 中补充完成输出信号接线图，图 5-13(a) 是直流负载接线图，图 5-13(b) 是交流负载接线图。千万不要将交直流负载混接。

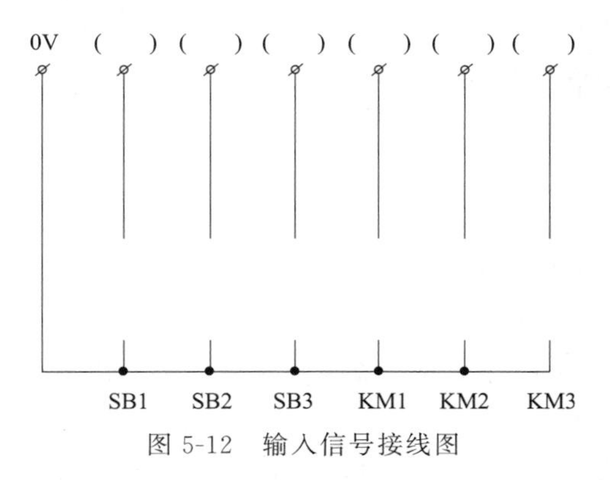

图 5-12 输入信号接线图

接线图补充完整后，按接线图完成实物电路接线。所有电源线和控制线建议选用 1.5mm^2 多股铜导线，接线需压接线鼻子。

笔 记

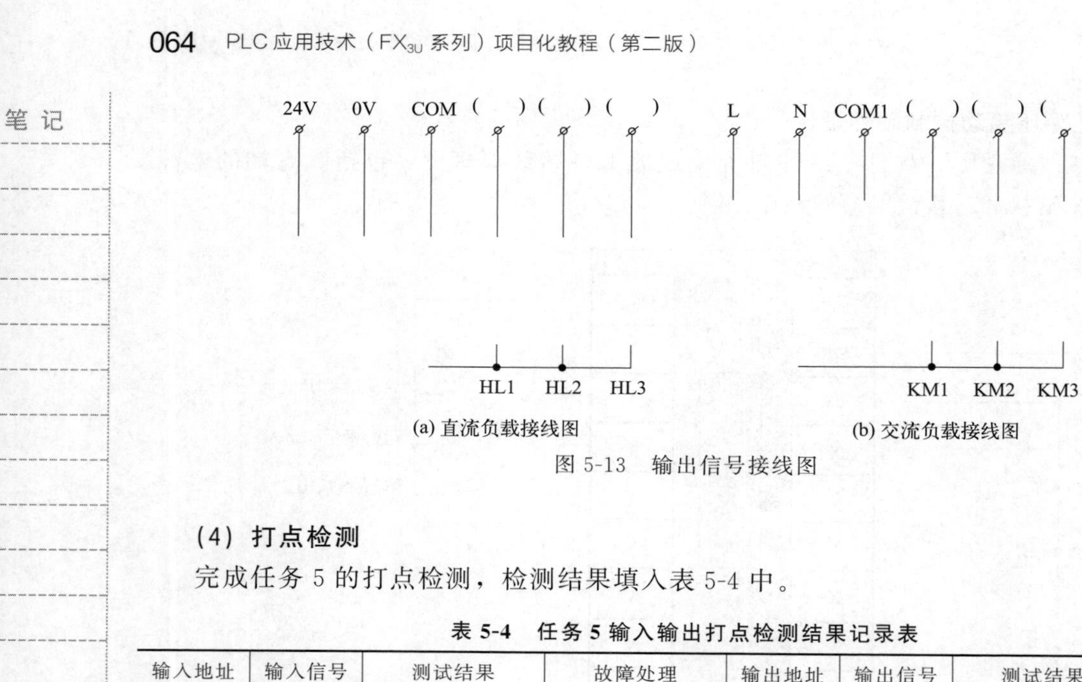

(a) 直流负载接线图　　(b) 交流负载接线图

图 5-13　输出信号接线图

(4) 打点检测

完成任务 5 的打点检测，检测结果填入表 5-4 中。

表 5-4　任务 5 输入输出打点检测结果记录表

输入地址	输入信号	测试结果	故障处理	输出地址	输出信号	测试结果	故障处理
	SB1				HL1		
	SB2				HL2		
	SB3				HL3		
	KM1				KM1		
	KM2				KM2		
	KM3				KM3		

注：打点如果存在问题，请及时检查及维修输入和输出电路。

(5) Y-△降压启动控制软件设计

启动编程软件，创建一个新工程。选择正确的工程类型和 PLC 类型。命名并保存新工程，例如"任务 5　水泵电动机 Y-△降压启动控制"。

参考控制程序如图 5-14 所示，补充完成绝对地址。图中"启动标志"是一个中间信号，用其总控后面的驱动输出电路。请为"启动标志"分配一个合适的中间继电器编号。"启动延时"是一个定时器，请为其分配一个合适的定时器编号并设置参数值。

(6) Y-△降压启动控制运行调试

① 调试准备工作。

a. 观察 PLC 的电源是否正常。

b. 检查输出设备电源是否正常。

c. 观察 PLC 工作状态指示灯是否正常。

d. 完成输入输出打点检测。

② 写入程序。先清除 PLC 存储器，然后再下载工程名称为"任务 5　水泵电动机 Y-△降压启动控制"的程序。

③ 运行调试。参照表 5-5 所列的调试项目和过程，进行运行调试。将观察结果如实记录在表 5-5 中，与控制要求进行比较，判断结果是否正确。如果出现异常情况，请小组讨论分析，找到解决办法，并排除故障，直到满足 Y-△降压启动控制要求。

笔 记

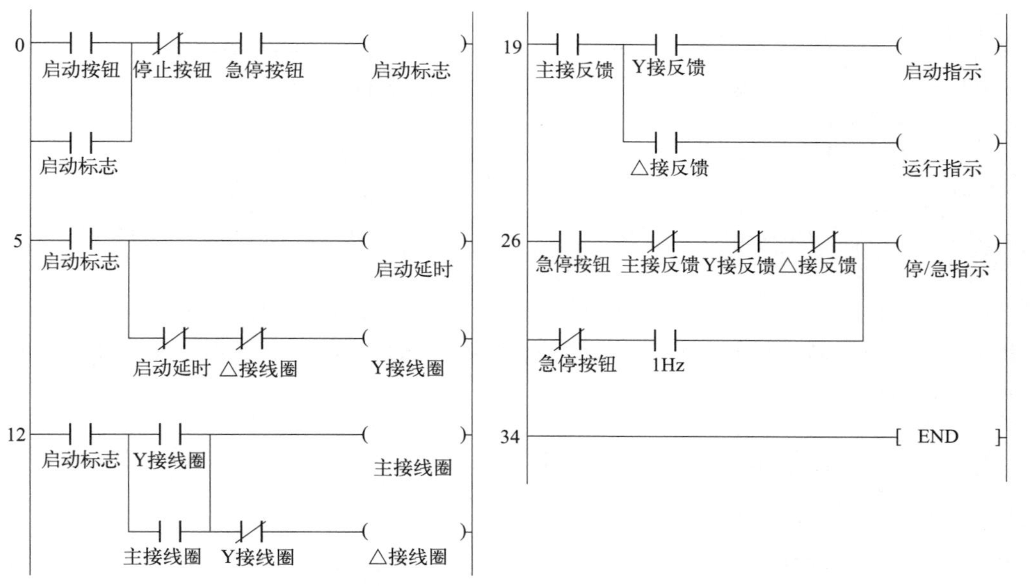

图 5-14 Y-△降压启动控制程序

表 5-5 任务 5 运行调试小卡片

序号	检查调试项目	观察接触器和指示灯状态	是否正常
1	启动→延时未到→停止	接触器 KM1 和 KM2________; 指示灯 HL1________; 其余接触器和指示灯________	
2	启动→延时到	接触器 KM1 和 KM3________; 接触器 KM2________; 指示灯 HL2________	
3	正常运行→停止	接触器 KM1～KM3________; 指示灯 HL2________; 指示灯 HL3________	
4	运行→急停	接触器 KM1～KM3 均________; 指示灯 HL3________	

(7) 任务拓展

训练 1：设计一个具有延时功能的小车正反向点动控制电路。任务要求：为了避免太大的负载变化，小车正反向点动控制只允许在 2s 封锁时间之后运动。例如，小车向右点动运行（Y6），它只能在 2s 封锁时间过后才能向左点动（Y7），如图 5-15 所示。同理，左行结束后 2s，才能允许点动右行。向右点动按钮（X16），向左点动按钮（X17）。提示：要用到断电延时定时器功能。

训练 2：图 5-16 是某卫生间冲水控制时序图。任务要求：X17 是用于检测卫生间有使用者的光电开关信号，Y6 控制冲水电磁阀。X17 闭合（有人使用），延时 3s，启动冲水 4s；X17 断开（使用者离开），启动冲水 5s。试设计一个卫生间冲水控制程序。提示：Y6 得电有两种情况，分别用 2 个中间辅助继电器来处理。

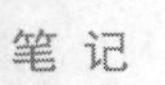

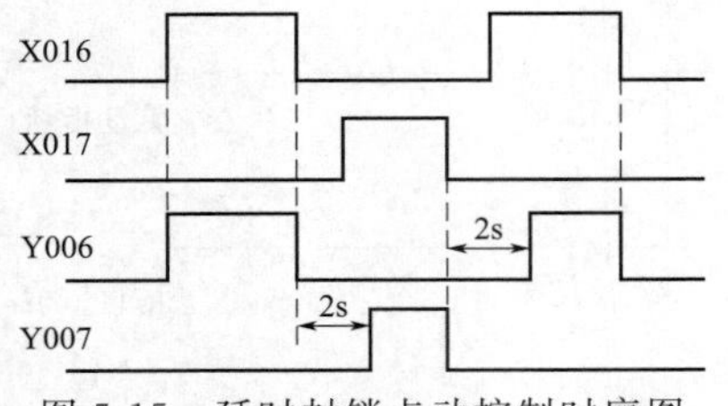

图 5-15 延时封锁点动控制时序图

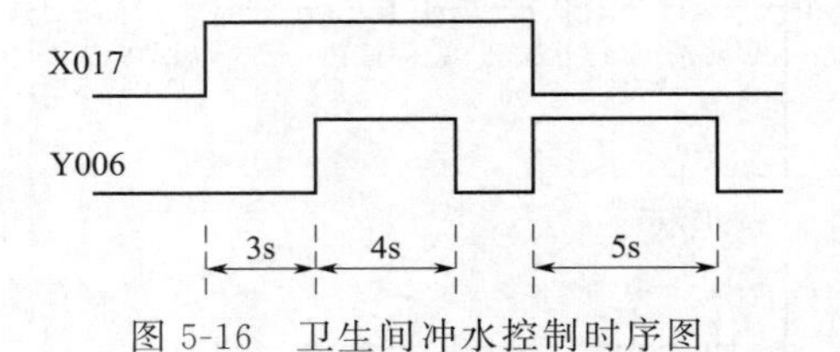

图 5-16 卫生间冲水控制时序图

训练 3：用 PLC 对 Y-△降压启动控制线路改造（中级电工 PLC 实操题）。依据图 5-17 所示电路，正确绘制 I/O 接线原理图，完成 PLC 控制系统的 I/O 接线，编制 PLC 控制程序并下载，通电调试达到控制要求。

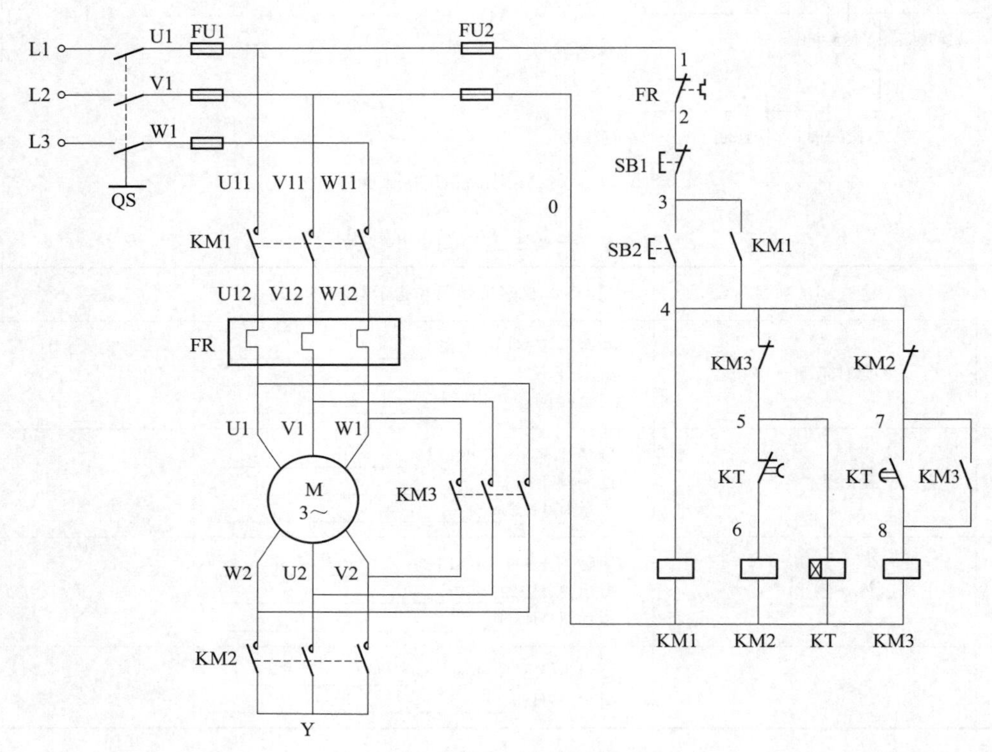

图 5-17 Y-△降压启动控制电路

(8) 十字螺钉凹槽磨圆的处理

TB-25 系列接线端子排，适用于连接 0.5～2.5mm^2 的导线。实训室的接线拆装比较频繁，接线端子排的隔板容易破损，存在导线之间短路的安全隐患。这时需要更换接线端子排。

此外，接线端子排上的螺钉由于使用次数过多，容易造成十字凹槽磨损，无法正常接线。通常可以采用以下方法处理。

① 可以在螺钉上面用一条橡皮筋嵌入螺钉十字凹槽，这样能够增大摩擦力，然后再用螺丝刀对准凹槽去拧，就可以省很多的力气了。

② 可以用刀在螺钉帽上刻十字，刻出一定的深度以后，再用螺丝刀拧，就可以轻松拧出来了。

笔 记

5.4　任务评价

“附录 A　PLC 操作技能考核评分表（一）”从职业素养与安全意识、控制电路设计、接线工艺、通电运行四个方面进行考核评分。请各小组参照附录 A 的要求，对任务 5 的完成情况进行小组自我评价。

5.5　习题

请扫码完成习题 5 测试。

习题 5

任务6

水泵电动机单按钮启停控制

【知识目标】

① 熟悉脉冲输出指令 PLS、PLF 的使用方法；
② 了解交替输出指令 ALT 的使用方法；
③ 掌握二分频电路的原理及应用；
④ 了解梯形图的优化设计；
⑤ 掌握为软元件添加注释的方法。

【能力目标】

① 会为软元件添加注释；
② 会分析电动机单按钮控制电路的 I/O 信号并分配 PLC 地址；
③ 能绘制电动机单按钮控制电路的 I/O 接线图并完成接线；
④ 会单按钮启停控制电路的编程与调试；
⑤ 能根据现场状态分析判断单按钮启停控制是否满足要求。

【素质目标】

① 培养清洁、清扫实训工位的职业素养；
② 培养绿色生产的职业品质。

6.1 任务引入

在 PLC 控制系统设计中，负载的启动与停止控制通常的做法是采用两个按钮作为外部启动与停止的输入器件，在 PLC 内部与两个按钮相对应的输入点数也有两个。这种控制方法，需要的按钮和连接导线较多，PLC 的输入点数也较多。有时为了节省 PLC 输入点，采用单按钮控制负载的启动与停止。这种控制方法配合带灯按钮，效果很好。

本任务采用三菱 FX_{3U} 系列 PLC 实现某台水泵单按钮启停控制。

笔记

6.2　知识准备

6.2.1　脉冲输出指令

微课视频24
脉冲输出指令

PLS（pulse）：上升沿微分输出指令。

PLF：下降沿微分输出指令。

用于输出继电器 Y 和辅助继电器 M，也可用变址寄存器（V、Z）修饰软元件。

脉冲输出指令的应用如图 6-1 所示。

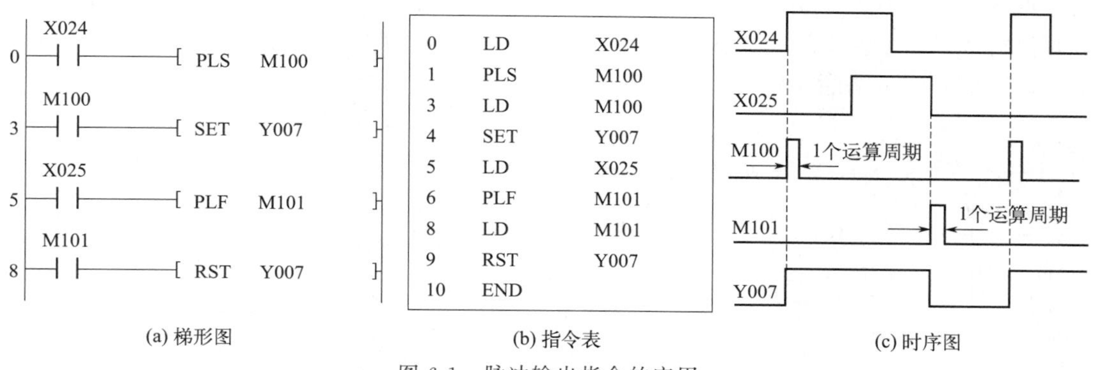

0	LD	X024
1	PLS	M100
3	LD	M100
4	SET	Y007
5	LD	X025
6	PLF	M101
8	LD	M101
9	RST	Y007
10	END	

(a) 梯形图　(b) 指令表　(c) 时序图

图 6-1　脉冲输出指令的应用

使用注意事项：

① 脉冲输出指令仅输出一个 PLC 扫描周期宽的脉冲。

② 一般不用于具有掉电保持功能的辅助继电器 M。

【学生练习】请在编程软件中输入图 6-1 所示的程序，仿真程序。仿真结果如下：

① 当输入 X024 接通后，________接通一个 PLC 扫描周期，得到的脉冲使 Y007 ________。

② 当输入 X025 断开后，________接通一个 PLC 扫描周期，得到的脉冲使 Y007 ________。

6.2.2　交替输出指令

微课视频25
交替输出指令

ALT（P）：交替输出指令。每次驱动输入发生 OFF→ON 的变化时，目标取反。

用于输出继电器 Y、辅助继电器 M 和状态继电器 S。

交替输出指令的应用如图 6-2 所示。

X024
0 ALT Y007

0	LDP	X024
2	ALT	Y007
5	END	

图 6-2　交替输出指令的应用

笔 记

【学生练习】请在编程软件中输入图 6-2 所示的程序，仿真程序。操作 X024 的通断，执行“在线”→“监视”→“软元件/缓冲存储器批量监视”命令，在软元件名中输入 Y000，回车确认后，观察线圈 Y007 的当前值变化情况。

微课视频26
二分频电路

6.2.3 二分频电路

二分频电路如图 6-3 所示，有两种实现方法。无论是图 6-3(a) 还是图 6-3(b)，当输入触点 X26 第 1 次接通时，线圈 Y6 得电并保持；当触点 X26 第 2 次接通时，线圈 Y6 断电并保持；以后依次类推，在输出线圈 Y6 上就得到了周期是输入信号 X26 的 2 倍，而频率是输入信号的 1/2 的信号，波形如图 6-3(c) 所示。

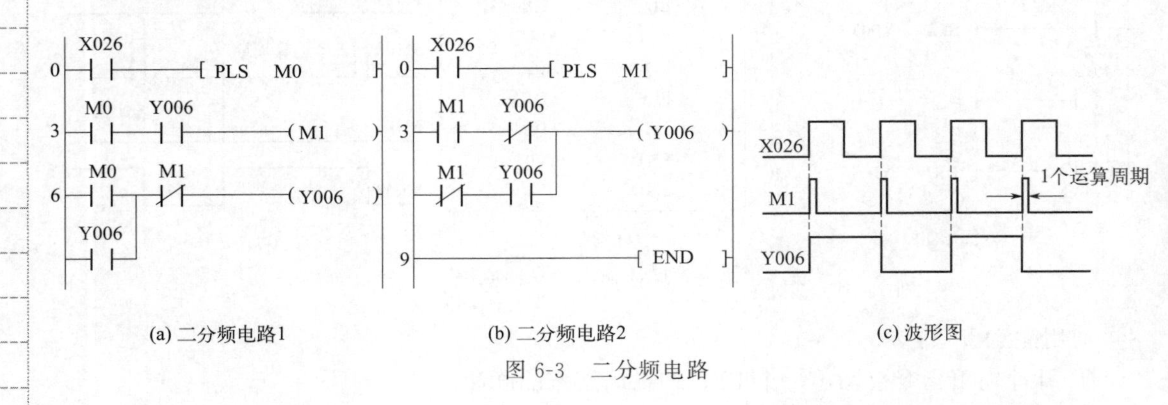

(a) 二分频电路1　(b) 二分频电路2　(c) 波形图

图 6-3 二分频电路

微课视频27
梯形图的优化

6.2.4 梯形图的优化

梯形图的优化原则如下：

① 并联触点多的应放在左边；

② 串联触点多的应放在上边；

③ 尽量使用连续输出线圈。

图 6-4(a) 是没有优化的梯形图，图 6-4(b) 是优化后的梯形图。显然优化后的步数比优化前少了 5 步。优化后执行速度快，占内存少。

微课视频28
软元件注释

6.2.5 软元件注释

为了避免搞混软元件地址，方便程序的阅读和调试，可以用符号来定义软元件的地址。双击“导航栏”中的“全局软元件注释”，打开“软元件注释 COMMENT”标签，如图 6-5 所示。譬如，要编写输入继电器 X 的注释，在“软元件名”后输入“X0”，回车，就可以在需要添加注释的软元件后编辑注释内容了。

一般输入继电器 X、输出继电器 Y 可以根据 I/O 地址表，预先编辑注释表。中间继电器 M、定时器 T 和计数器 C，则可以边编程边添加注释。选中“软元件注释编辑”按钮，然后在程序中双击需要编辑的软元件，弹出该软元件的“注释输入”对话框，添加注释。如图 6-6 所示，给软元件“M8013”添加注释“1Hz”。

笔 记

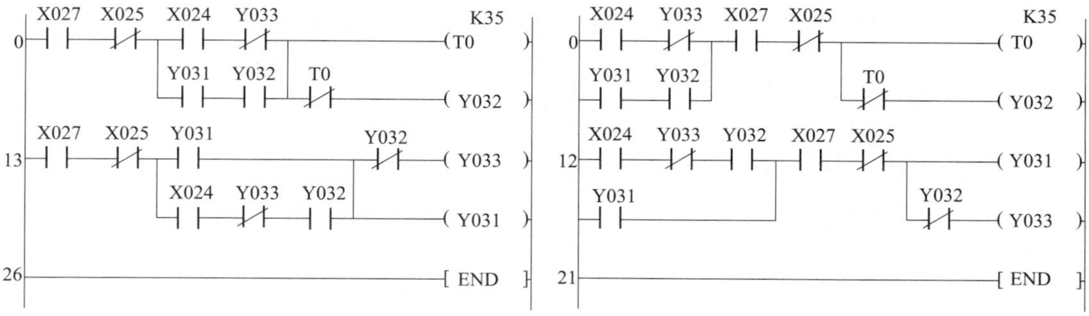

(a) 优化前的梯形图　　(b) 优化后的梯形图

图 6-4　梯形图的优化

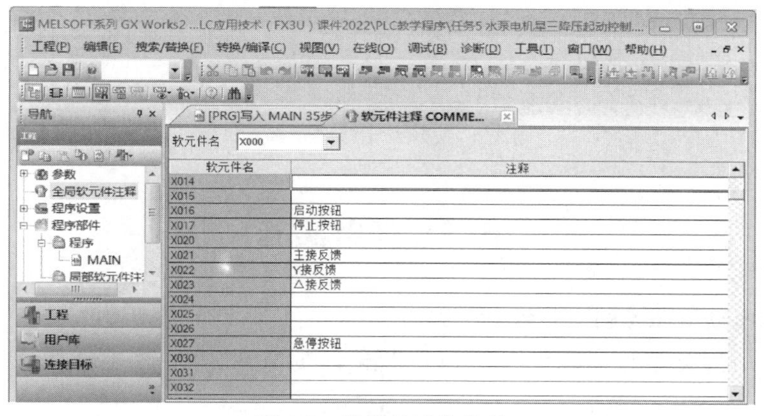

图 6-5　编辑软元件注释

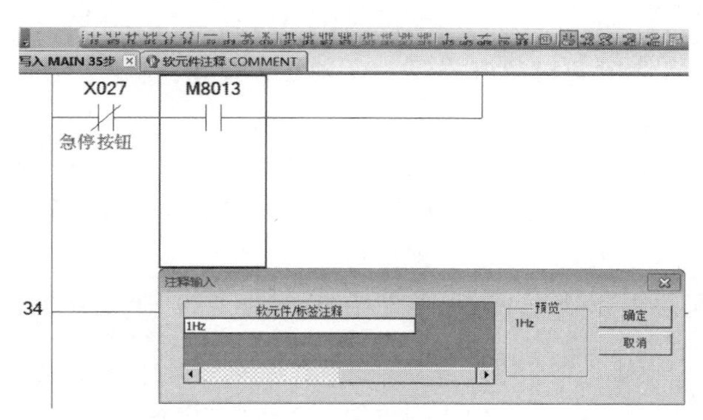

图 6-6　给程序中的软元件添加注释

打开工程项目。然后执行菜单命令“视图”→“注释显示”，就可以显示带注释的程序了，如图 6-7 所示。

【学生练习】打开工程项目“任务 5　水泵电动机 Y-△降压启动控制”，按照表 5-3 的提示，给所有输入继电器、输出继电器、中间继电器和定时器加上注释。

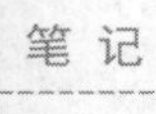

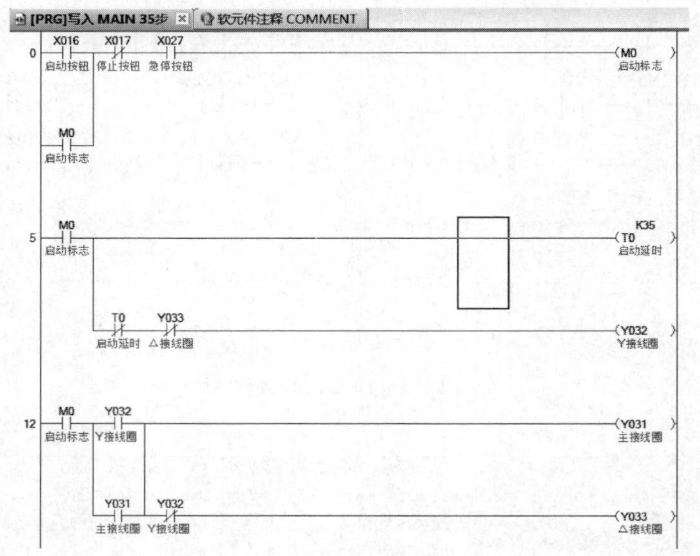

图 6-7　显示注释的主程序

6.3　任务实施

(1) 水泵电动机单按钮启停控制任务要求

某水泵由一台功率为 2.2kW 的三相异步电动机 M1 拖动，主电路如图 2-10 所示。控制要求如下。

第 1 次按下按钮 SB1，接触器 KM1 得电，三相异步电动机启动运行；再次按下按钮 SB1，接触器 KM1 断电，三相异步电动机停止运行。以后均是如此。

(2) 分析单按钮启停控制对象并确定 I/O 地址分配表

① 分析控制对象。

输入信号 2 个。启停按钮 1 个，现场运行反馈信号 1 个，均由 DC 24V 供电。

输出信号 3 个。指示信号 2 个，由 DC 24V 电源供电；现场执行信号 1 个，由 AC 220V 电源供电。

② I/O 地址分配。根据上述分析确定任务 6 的 I/O 地址分配，并将分配结果填入表 6-1 中。

表 6-1　任务 6 的 I/O 地址分配表

输入地址	输入信号	软元件注释	说明	输出地址	输出信号	软元件注释	说明
	SB1	启停按钮	常开型		HL1	运行指示	绿色，DC 24V
	KM1	运行反馈	KM1 辅助常开		HL2	停止指示	红色，DC 24V
					KM1	运行线圈	AC 220V 接触器

注：一般输入地址 X0～X3 留给高速计数器输入，输出地址 Y0～Y3 留给高速脉冲输出。

(3) 单按钮启停控制硬件设计

① I/O 接线原理图。在图 6-8 中补充完成 I/O 接线原理图，包括 S/S 端的电源。

笔 记

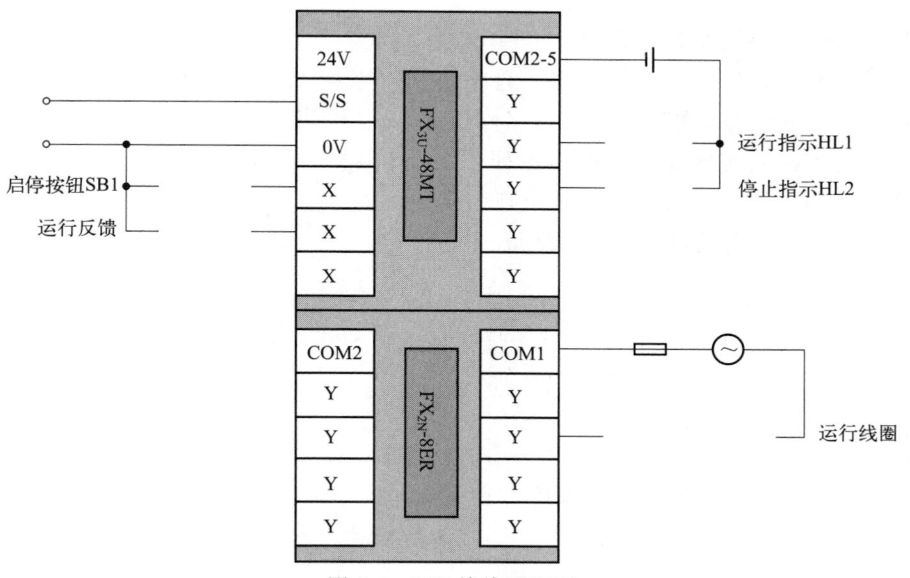

图 6-8　I/O 接线原理图

② I/O 接线图。在图 6-9(a) 中补充完成输入信号接线图，图中略画了 24V 电源正端。在图 6-9(b) 中补充完成直流负载输出信号接线图，在图 6-9(c) 中完成交流负载输出信号接线图。千万不要将交直流负载混接。

接线图补充完整后，按接线图完成实物电路接线。所有电源线和控制线建议选用 1.5mm^2 多股铜导线，接线需压接线鼻子。

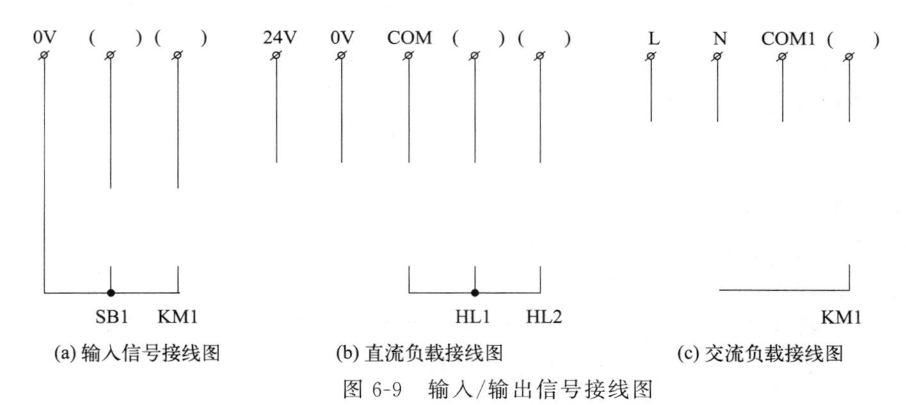

图 6-9　输入/输出信号接线图

(4) 打点检测

完成任务 6 的打点检测，检测结果填入表 6-2 中。

表 6-2　任务 6 输入输出打点检测结果记录表

输入地址	输入信号	测试结果	故障处理	输出地址	输出信号	测试结果	故障处理
	SB1				HL1		
	KM1				HL2		
	—	—			KM1		

注：打点如果存在问题，请及时检查及维修输入和输出电路。

笔 记

(5) 单按钮启停控制软件设计

启动编程软件，创建一个新工程。选择正确的工程类型和PLC类型。命名并保存新工程，如“任务6　水泵电动机单按钮启停控制”。

单按钮启停控制实现的方法有很多种，图6-10给出了两种。图6-10(a)采用脉冲输出指令实现，图6-10(b)采用交替输出指令实现。

参照表6-1补充完成程序的绝对地址。

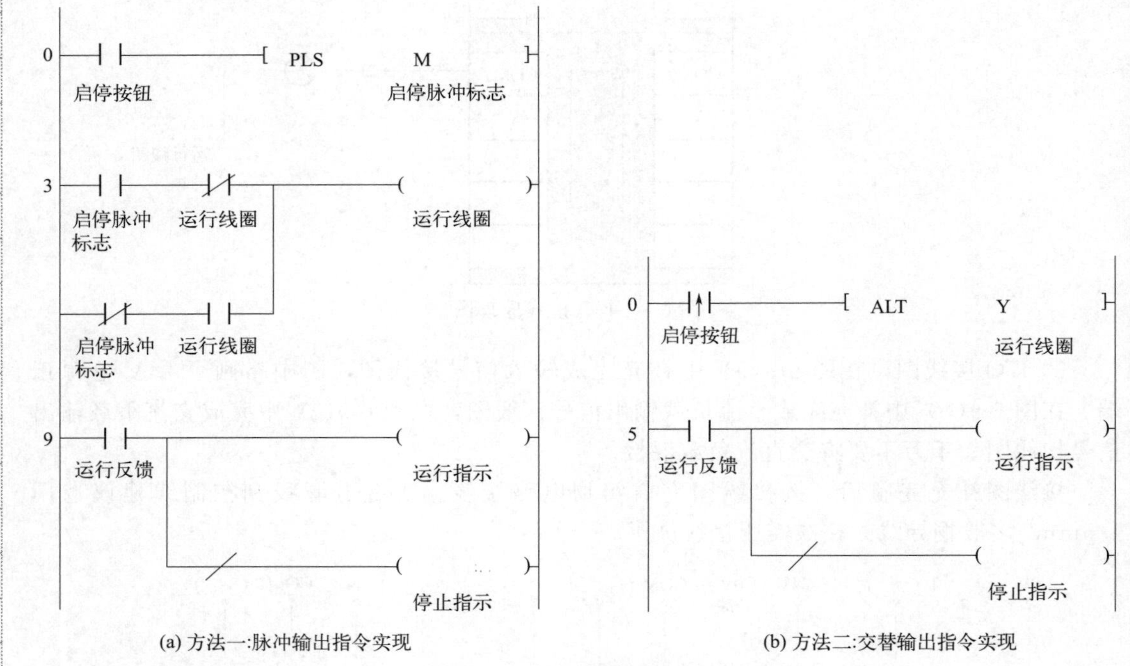

(a) 方法一:脉冲输出指令实现　　(b) 方法二:交替输出指令实现

图6-10　单按钮启停控制程序

(6) 单按钮启停控制运行调试

完成调试前准备工作后，先清除PLC存储器，然后再下载工程名称为“任务6　水泵电动机单按钮启停控制”的程序。

参照表6-3所列的调试项目和过程，进行运行调试，将观察结果如实记录在表6-3中。如果出现异常情况，请小组讨论分析，找到解决办法，并排除故障，直到满足单按钮启停控制要求。

表6-3　任务6运行调试小卡片

序号	检查调试项目	观察接触器和指示灯状态	是否正常
1	第1次按启动按钮SB1	接触器KM1____________； 指示灯HL1______,HL2______	
2	第2次按启动按钮SB1	接触器KM1____________； 指示灯HL1______,HL2______	
3	第3次按启动按钮SB1	接触器KM1____________； 指示灯HL1______,HL2______	
4	第4次按启动按钮SB1	接触器KM1____________； 指示灯HL1______,HL2______	

笔 记

(7) 任务拓展

训练 1：用接在 X16 输入端的接近开关检测传送带上通过的产品，有产品通过时 X16 为 ON，如果在 10s 内没有产品通过，由 Y10 发出报警信号，用 X26 输入端的复位按钮解除报警信号。设计梯形图程序。

训练 2：按钮 X24 按下后，运行 Y7 变为 ON 状态并自保持，当三次运行故障出现后（X17 输入 3 个脉冲后，用 C1 计数），T5 开始定时，5s 后 Y7 变为 OFF 状态。

训练 3：用 PLC 对正反转能耗制动控制线路改造（中级电工 PLC 实操题）。依据图 6-11 所示电路，正确绘制 I/O 接线原理图，完成 PLC 控制系统的 I/O 接线，编制 PLC 控制程序并下载，通电调试达到控制要求。

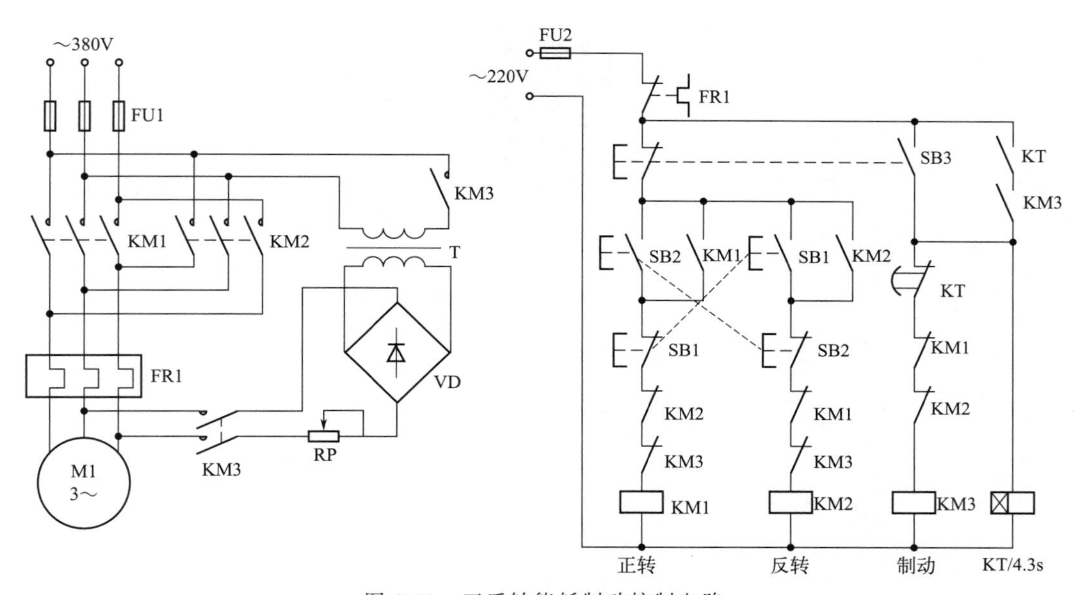

图 6-11　正反转能耗制动控制电路

(8) 文明绿色生产

素养训练视频6 文明绿色生产

① 清洁电气控制柜。实训结束后，需要对实训电气控制柜进行清洁保养，有效地提高电气控制柜的工作寿命和安全性。清洁保养内容如下。

a. 清理控制柜内异物。

b. 清洁控制柜元器件上的灰尘。

c. 整理控制柜内走线，严禁私搭乱接。

d. 线缆连接规范，螺钉无松动，压接紧固。

e. 电气标识齐全，完好清晰。

② 绿色生产。

a. 根据行线方案量材下线，下线要适当留有余量。

b. 节约使用导线，废旧导线不得长于 20cm。

c. 节约使用线鼻子，不得随意浪费材料。

d. 拆下来的导线，请梳理整齐后放入收纳箱。

笔 记

6.4 任务评价

“附录A PLC操作技能考核评分表（一）”从职业素养与安全意识、控制电路设计、接线工艺、通电运行四个方面进行考核评分。请各小组参照附录A的要求，对任务6的完成情况进行小组自我评价。

6.5 习题

请扫码完成习题6测试。

习题6

任务7

传送带顺序启停控制

【知识目标】

① 熟悉顺序控制和顺序功能图 SFC 的基本概念；
② 掌握步进顺控指令 STL、RET 的使用方法；
③ 掌握 ZRST 指令的使用方法；
④ 熟悉 SFC 编程规则。

【能力目标】

① 会分析传送带顺序启停控制电路的 I/O 信号并分配 PLC 地址；
② 能绘制传送带顺序启停控制电路的 I/O 接线图并完成接线；
③ 能绘制选择序列顺序功能图；
④ 能根据现场动作判断传送带顺序启停控制电路是否满足要求。

【素质目标】

① 培养正确使用数字万用表等电工仪表的良好工作习惯；
② 养成检测及处理输出线路故障精雕细琢和精益求精的工作习惯。

7.1 任务引入

传送带是工厂工业运料的主要设备之一，在煤矿、仓库、港口车站、矿井、冶炼等行业中被广泛应用。某矿粉传送带送料系统如图 7-1 所示，料斗中的矿粉等物料从圆盘给料机均匀地卸到 2＃皮带，经 2＃皮带和 1＃皮带输送，卸到重型卸料车中。1＃、2＃皮带分别由功率 5.5kW 的三相异步电动机 M1 和 M2 驱动，圆盘给料机由 1.1kW 的三相异步电动机 M3 驱动。为了避免物料堆积，要求逆物料方向启动和顺物料方向停止。本任务采用三菱 FX_{3U} 系列 PLC 实现控制。

笔 记

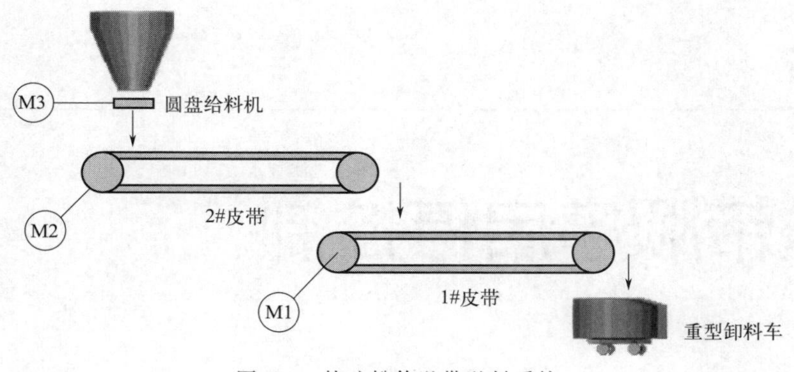

图 7-1 某矿粉传送带送料系统

7.2 知识准备

7.2.1 顺序控制的基本概念

微课视频29
顺序控制的
基本概念

(1) 顺序控制

自动控制系统按被控变量的时间特性可分为连续量控制系统和断续量控制系统两大类。断续量控制系统以顺序控制为主流，包括时间顺序控制系统（如物料输送系统）、逻辑顺序控制系统（如物料混合系统）和条件顺序控制系统（如电梯控制系统）。

所谓顺序控制，就是按照生产工艺预先规定的顺序，在各个输入信号的作用下，根据内部状态和时间的顺序，在生产过程中各个执行机构自动地有秩序地进行操作。

比如某全自动灌装生产线的各个工序，如进瓶、灌装、旋盖、封口、贴标、喷码等，按照工艺和时间的顺序，自动有序地进行，是一种典型的顺序控制，如图 7-2 所示。有的灌装生产线还有杀菌、检验、包装等环节。灌装生产线顺序控制故障率低，前后工序配合紧密，设备间步调一致，进出瓶平稳，可以有效解决中间环节挤瓶、堆瓶等现象，提高了工作效率。

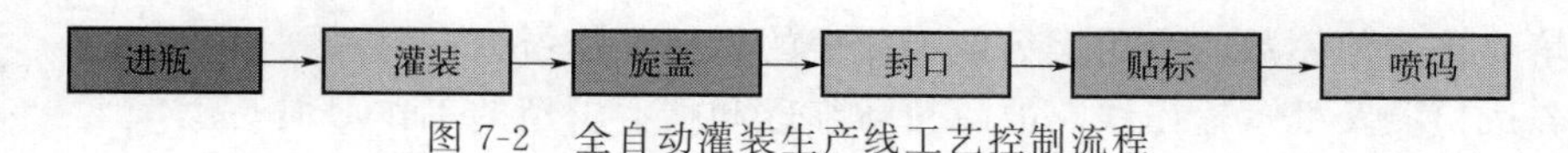

图 7-2 全自动灌装生产线工艺控制流程

(2) 顺序功能图

顺序功能图（Sequential Function Chart，SFC），也叫状态流程图、状态转移图，是描述控制系统的控制过程、功能和特性的一种图形，也是设计 PLC 顺序控制程序的有力工具。顺序功能图是一种通用的技术语言，可以供进一步设计和不同专业的人员之间进行技术交流之用。

一个控制过程可以分为若干个阶段，这些阶段称为步（或者状态）。步与步之间由转换条件分隔。当相邻两步之间的转换条件得到满足时，就实现状态转换。顺序功能图是严格按照预定的顺序进行的顺序控制流程。从程序的执行结果及动作顺序，很容易理解其控制过程。

笔 记

(3) 状态继电器 S

状态继电器 S 是构成状态流程图的重要软元件，它与后面要讲的步进指令配合使用。不用步进指令时，状态继电器 S 可以作为辅助继电器使用。通常状态继电器有 5 种类型，见表 7-1。

表 7-1　状态继电器

类型	地址	用途及特点
初始状态	10(S0～S9)	用作 SFC 图的初始状态
通用状态	500(S0～S499)	用作 SFC 图的中间状态，表示工作状态
掉电保持用	400(S500～S899)	具有停电保持功能，可以更改为非停电保持用
信号报警用	100(S900～S999)	用作报警元件
掉电保持专用	3096(S1000～S4095)	具有停电保持功能，停电恢复后需继续执行的场合，可用这些状态元件

(4) 状态三要素

顺序功能图提供了一种组织程序的图形方法，“步”“转换”和“动作”是顺序功能图的状态三要素，如图 7-3 所示。图中用矩形方框表示“步”，方框中用代表该步的编程元件的地址作为步的编号。当系统正处于某一步所在的阶段时，该步处于活动状态，称该步为“活动步”。一旦后一个步被激活，前一个步就会自动关闭。

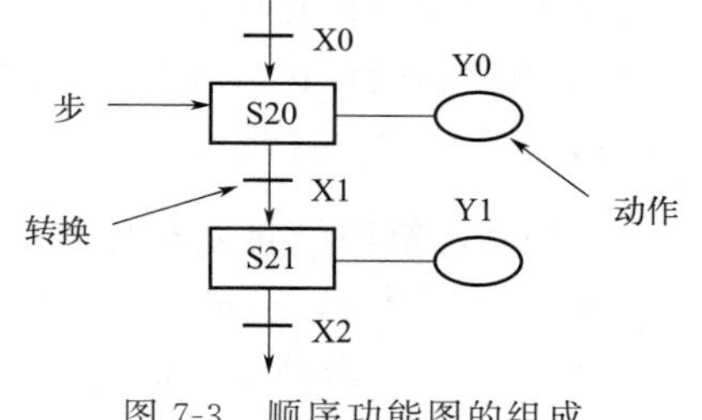

图 7-3　顺序功能图的组成

“转换”包括转换条件和转换目标。活动步的进展是由转换来实现的，步与步之间一定要有转换。

在某一步要向被控系统发出某些“命令”，称为“动作”。与活动步相连的动作被执行；非活动步时，相应的非存储型动作被停止执行。步后也可以不存在动作，如等待步。

自动控制系统应能多次重复执行同一工艺过程，因此在顺序功能图中一般应有由步和转换组成的闭环，即在完成一次工艺过程的全部操作之后，应从最后一步返回初始步，系统停留在初始状态。

(5) 顺序功能图的基本结构

① 单序列。单序列由一系列相继激活的步组成，每一步的后面仅有一个转换，每个转换的后面只有一个步，如图 7-4(a) 所示。

② 选择序列。选择序列的开始称为分支，转换符号只能标在水平连线之下。选择的结束称为合并，转换符号只允许标在水平连线之上。同一时刻只允许选择一个序列，如图 7-4(b)、(c) 所示。

③ 并行序列。转换的实现导致几个序列同时激活，水平连线用双线表示。分支的转换符号在水平连线之上；合并的转换符号在水平连线之下，如图 7-4(d) 所示。图中，当步 24 和步 34 都处于活动步，并且转换条件 c=1 时，才会进展到步 3。

笔 记

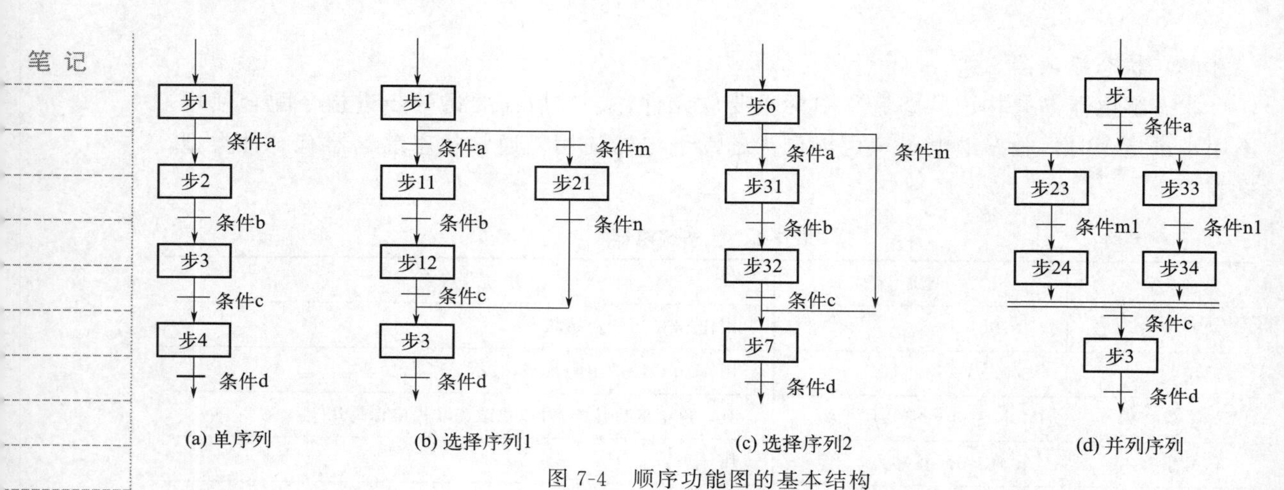

图 7-4 顺序功能图的基本结构

(6) 顺序功能图的绘制原则

① 两个步不能直接相连，必须用一个转换条件将二者隔开。

② 两个转换条件也不能直接相连，必须用一个步将二者隔开。

③ 初始步是与系统的初始状态相对应的步，它非常重要，是进入顺序控制的入口，必不可少。

④ 可以用初始化脉冲 M8002 将初始步预置为当前步。

⑤ 单周期和循环运行方式下，结束步返回的方式不同。单周期运行方式下，返回初始步，而循环运行方式则返回本循环的第 1 步。

(7) 顺序功能图的转换规则

在顺序功能图中，从前一步转换到当前步的转换条件为：

① 转换的前一步必须是活动步；

② 相应的转换条件得到满足。

从当前步转换到后一步，应满足的条件为：

① 当前步是活动步；

② 满足转换的条件。

7.2.2 步进指令

微课视频30 步进指令

(1) 步进指令说明

FX 系列 PLC 有两条步进指令。

STL：步进触点指令。用于激活某个状态（步），产生一个 STL 程序块。STL 指令有自动将前级步复位的功能（在状态转换成功的第二个扫描周期自动将前级步复位），因此使用 STL 指令编程时不考虑前级步的复位问题。

RET：步进返回指令。用于步进梯形图的结束。RET 指令是用来复位 STL 指令的，执行 RET 指令后，将退出步进梯形图，重回主母线。在步进程序的结尾处必须使用 RET 指令。

(2) 步进梯形图的编程方法

某组合机床的动力头在初始状态时停在最左边原点位，限位开关 X1 为 ON 状态，差动电磁阀 Y24、工进电磁阀 Y25、快退电磁阀 Y26 均断电。差动电磁阀 Y24 和工进电磁阀 Y25 同时得电，执行快进动作。按下启动按钮 X24，动力头的进给运动过程如图 7-5 所示，动力头顺序执行快进、工进、暂停、快退四个工步，完成一个工作循环后，返回并停在原点位置。

机床动力头状态流程如图 7-6 所示。流程图共分有 5 步，包括 1 个初始步和 4 个工作步。各工步的顺序、步与步之间的转换和转换条件以及各步的动作等严格按照工艺流程要求编写。

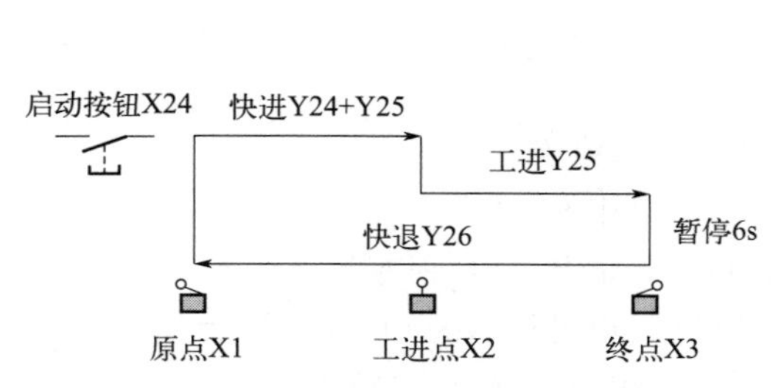

图 7-5　机床动力头进给示意图

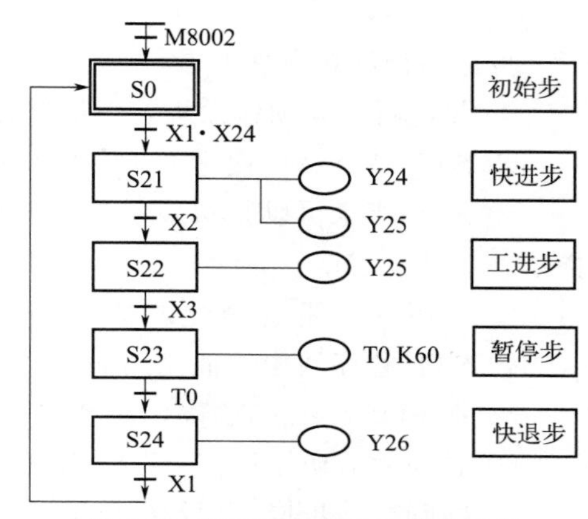

图 7-6　机床动力头进给状态流程

根据图 7-6 所示的状态流程图编写程序，如图 7-7 所示。初始步 S0 的置位条件是“LD M8002”。最后一步“快进步”的动作编写完毕后，用命令“LD X1”和“SET S0”返回初始步 S0。顺序控制编写完毕后，要用指令“RET”结束步进。

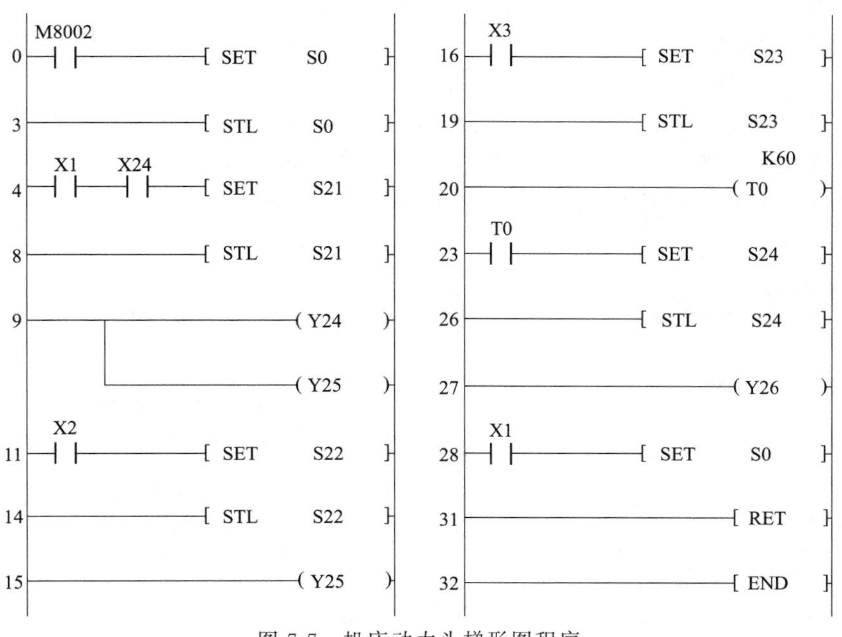

图 7-7　机床动力头梯形图程序

笔记

【学生练习】请在编程软件中输入图7-7所示的程序，仿真程序。①启动X024，执行“在线”→“监视”→“软元件/缓冲存储器批量监视”命令，在软元件名中输入S0，回车确认后，观察状态继电器S0的状态。②按照X1→X2→X3→X1的顺序，依次操作触点通断，观察状态继电器S21～S24的状态。

步进编程注意事项如下。

① 先进行驱动动作处理，然后进行状态转移处理，不能颠倒。

② STL指令后应使用LD或LDI指令。

③ STL指令可以直接驱动或通过别的触点驱动Y、M、S、T等元件的线圈和应用指令。

④ 使用STL指令时允许双线圈输出，不会引起逻辑错误。

⑤ STL程序块中不能使用MC/MCR指令，但可以用CJ指令。

⑥ 在FOR/NEXT结构、子程序和中断程序中，不能有STL程序块。

⑦ 必须激活初始步。一般用控制系统的初始条件，也可用M8002激活初始步。

⑧ 回到初始步构成闭环的跳转，也可以使用OUT指令进行状态转移。

⑨ 当步进指令后用脉冲式触点作转换条件时，只要存在过脉冲，步进就可能会误动作。可将脉冲式触点放在步进梯形图外，借助辅助继电器来存放脉冲。

微课视频31
区间复位指令

7.2.3 区间复位指令

ZRST指令可将［D1.］、［D2.］指定的元件号范围内的同类元件成批复位。目标操作数可取字元件（T、C、D）或位元件（Y、M、S）。［D1.］和［D2.］指定的应为同一类元件，［D1.］的元件号应小于［D2.］的元件号。

图7-8是ZRST应用的例子，第一行将M500～M600共101个具有掉电保持功能的中间继电器全部清0，第二行将S0～S199共200个状态继电器全部清0，第三行将D200～D220共21个具有掉电保持功能的16位数据寄存器全部清0。

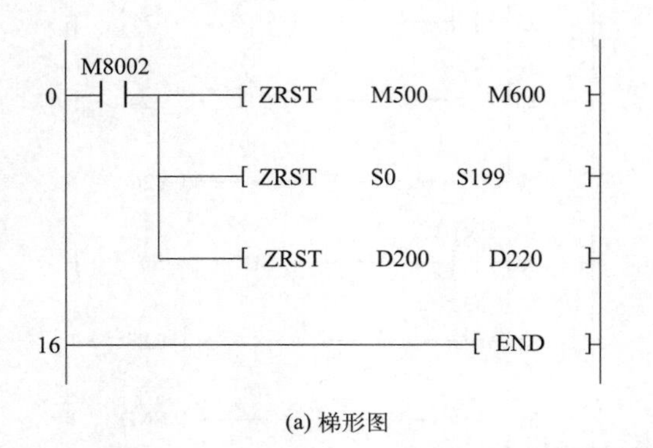

(a) 梯形图

0	LD	M8002	
1	ZRST	M500	M600
6	ZRST	S0	S199
11	ZRST	D200	D220
16	END		

(b) 指令表

图7-8 ZRST指令的应用

笔 记

【学生练习】请在编程软件中输入图 7-8 所示的程序，仿真程序。①执行“在线”→“监视”→“软元件/缓冲存储器批量监视”命令，在软元件名中输入 S0，回车确认后，随机置位 S0～S199 范围内的几个状态继电器，然后执行一次仿真器“GX Simulator2” STOP→RUN 操作，观察随机置位的状态继电器的值并记录。②在软元件名中输入 D200，回车确认后，随机设置数据寄存器 D200～D220 的值（如 D200=123，D201=456，D220=789），监视模式下观察梯形图中的数据寄存器状态，然后执行一次仿真器“GX Simulator2” STOP→RUN 操作，观察 D200～D220 的值是否都被清。

7.3 任务实施

(1) 传送带顺序启停控制任务要求

传送带送料系统如图 7-1 所示。三相异步电动机 M1～M3 分别由 KM1、KM2 和 KM3 控制，均是全压启动。控制要求如下。

① 逆物料方向启动。按下启动按钮 SB1，1＃皮带先启动，HL1 亮；延时 4s 后，2＃皮带自动启动，同时开启圆盘给料机，HL1 熄灭、HL2 亮，启动完毕。

② 顺物料方向停止。按下停止按钮 SB2，先关闭圆盘给料机，HL2 闪烁；延时 6s 后自动停 2＃皮带，HL2 熄灭，HL1 闪烁；再延时 6s 后自动停 1＃皮带，HL1 熄灭。停止完毕，HL3 常亮。

③ 若启动过程中，按下停止按钮 SB2，先启动的后停，后启动的先停。

④ 急停控制。按下急停按钮 SB3，输出全停，HL3 闪烁。

(2) 分析传送带顺序启停控制对象并确定 I/O 地址分配表

① 分析控制对象。

输入信号共 6 个。主令信号有启动、停止和急停按钮，计 3 个；现场运行反馈信号 3 个。均由 DC 24V 供电。

输出信号共 6 个。指示类信号有启动指示 HL1、运行指示 HL2 和停止指示 HL3，由 DC 24V 电源供电；现场执行机构有交流接触器 KM1、KM2 和 KM3，计 3 个，由 AC 220V 电源供电。

② I/O 地址分配。根据上述分析确定任务 7 的 I/O 地址分配，并将分配结果填入表 7-2 中。

表 7-2 任务 7 的 I/O 地址分配表

输入地址	输入信号	软元件注释	说明	输出地址	输出信号	软元件注释	说明
	SB1	启动按钮	常开型		HL1	启动指示	绿色,DC 24V
	SB2	停止按钮	常开型		HL2	运行指示	绿色,DC 24V
	SB3	急停按钮	常闭型		HL3	停/急指示	红色,DC 24V

笔 记

续表

输入地址	输入信号	软元件注释	说明	输出地址	输出信号	软元件注释	说明
	KM1	1＃皮带反馈	KM1辅助常开		KM1	1＃皮带线圈	AC 220V接触器
	KM2	2＃皮带反馈	KM2辅助常开		KM2	2＃皮带线圈	AC 220V接触器
	KM3	给料机反馈	KM3辅助常开		KM3	给料机线圈	AC 220V接触器

注：一般输入地址X0～X3留给高速计数器输入，输出地址Y0～Y3留给高速脉冲输出。

(3) 传送带顺序启停控制硬件设计

① I/O接线原理图。在图7-9中补充完成I/O接线原理图，标注清楚漏源切换端子S/S端和交直流负载公共端的电源。

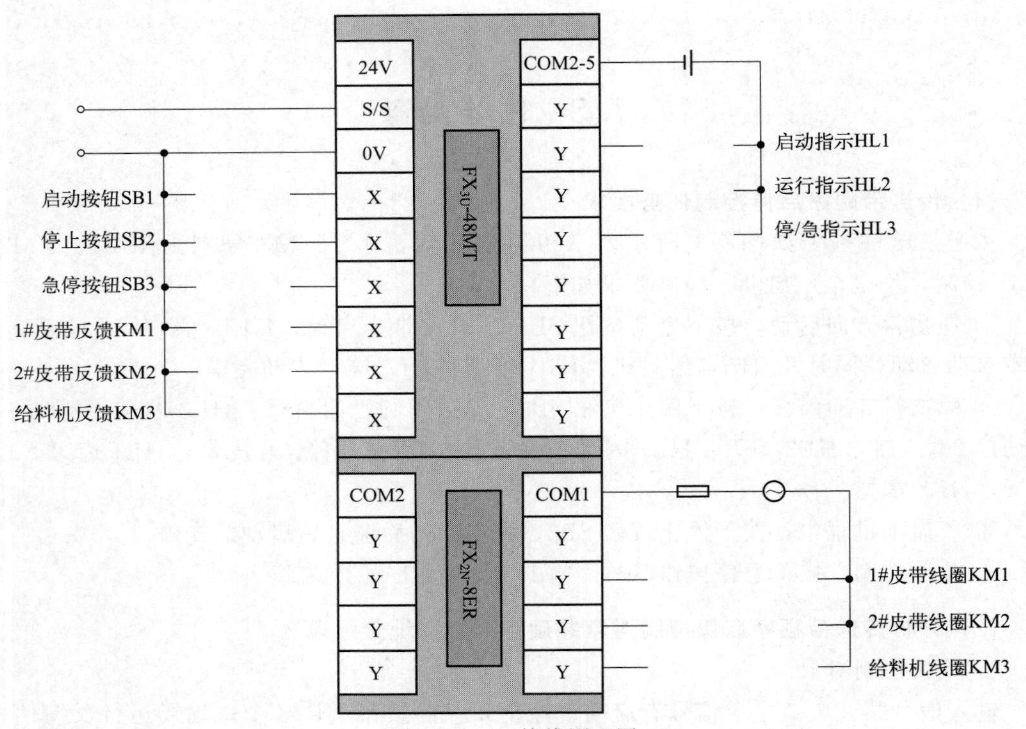

图7-9 I/O接线原理图

② I/O接线图。在图7-10中补充完成输入信号接线图，图中略画了24V电源正端。

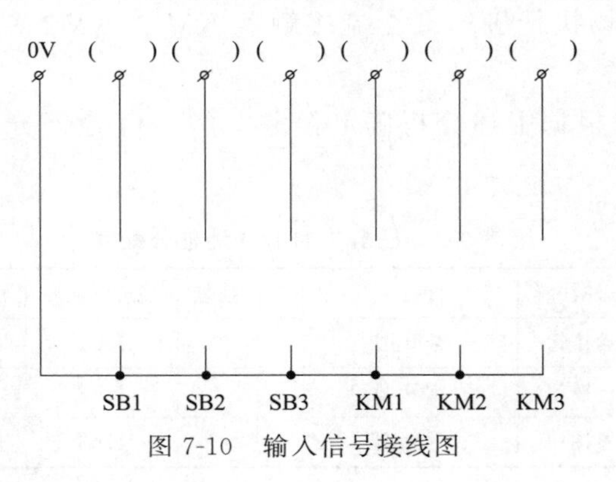

图7-10 输入信号接线图

笔 记

在图 7-11 中补充完成输出信号接线图，图 7-11(a) 是直流负载接线图，图 7-11(b) 是交流负载接线图。千万不要将交直流负载混接。

接线图补充完整后，按接线图完成实物电路接线。所有电源线和控制线建议选用 1.5mm² 多股铜导线，接线需压接线鼻子。

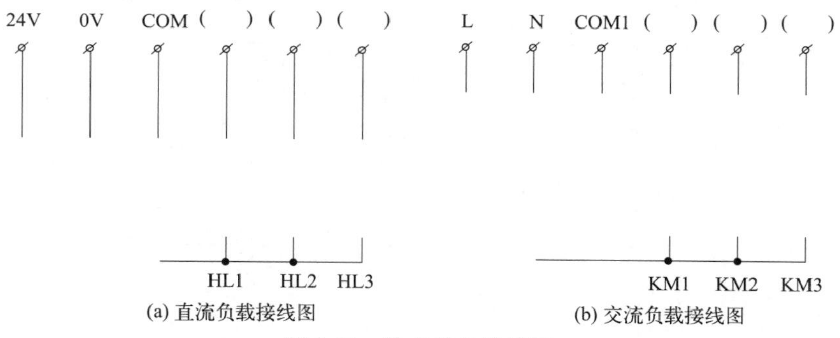

图 7-11 输出信号接线图

(4) 打点检测

完成任务 7 的打点检测，检测结果填入表 7-3 中。

表 7-3 任务 7 输入输出打点检测结果记录表

输入地址	输入信号	测试结果	故障处理	输出地址	输出信号	测试结果	故障处理
	SB1				HL1		
	SB2				HL2		
	SB3				HL3		
	KM1				KM1		
	KM2				KM2		
	KM3				KM3		

注：打点如果存在问题，请及时检查及维修输入和输出电路。

(5) 传送带顺序启停控制软件设计

① 流程图设计。根据传送带送料系统的控制工艺要求，其工作过程可分为初始步(停止 1# 皮带步)、启动 1# 皮带步、启动 2# 皮带和给料机步、停止给料机步和停止 2# 皮带步 5 个工作步。每个工作步的地址、动作，以及工作步之间的进展关系等如图 7-12 所示。S20 步后有选择性分支，最后一步 S23 返回初始步 S0 也可以采用图 7-12 的方式表示。系统通电或者急停复位后，启动初始步。图 7-12 中，启动 2#，表示启动 2# 皮带。

一般状态流程图不包含急停处理、指示灯处理等公共程序。

② 梯形图程序设计。

方法一：梯形图编程法。

创建一个新工程。选择正确的工程类型和 PLC 类型，选择程序语言为“梯形图”。命名并保存新工程，如“任务 7 传送带顺序启停控制 (LD) ”。

首先设计公共程序，如图 7-13 所示。第 0 步行，急停时清除所有步进状态和输出线

笔 记

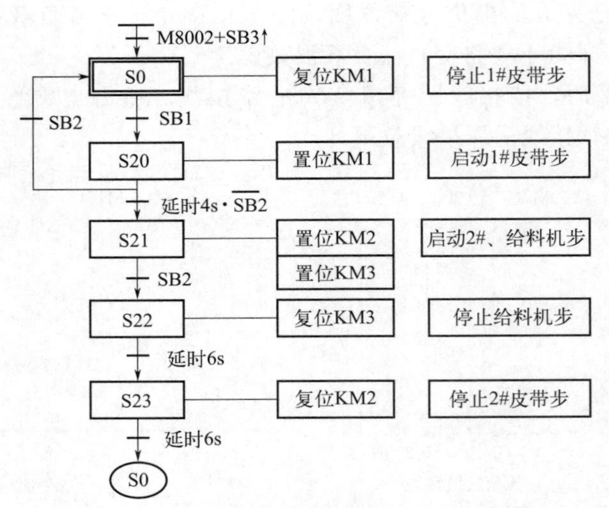

图 7-12　传送带顺序启停控制状态流程图

圈。第11步行，启动指示和延时停1#皮带并闪烁。第17步行，运行指示和延时停2#皮带并闪烁。第24步行，停止指示和急停指示，补充完成图7-13中的相关地址。

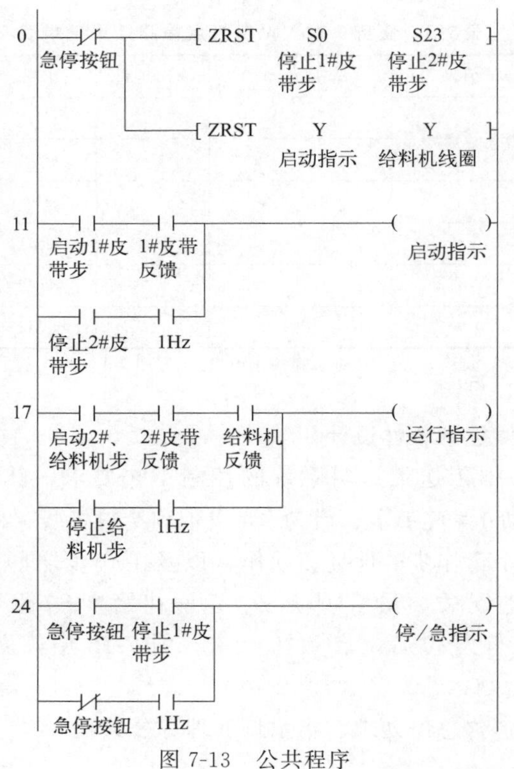

图 7-13　公共程序

然后，根据图7-12所示的状态流程图，设计步进控制程序，如图7-14所示，参照表7-2，补充完成绝对地址。

图7-14中，第30步行，是初始步，即停止1#皮带步。第45步和第49步行，是选择序列分支。第74步行，表示步进结束。

步进控制程序和公共程序的梯形图均编辑在同一个主程序下，参照表 7-2 完成程序的绝对地址。

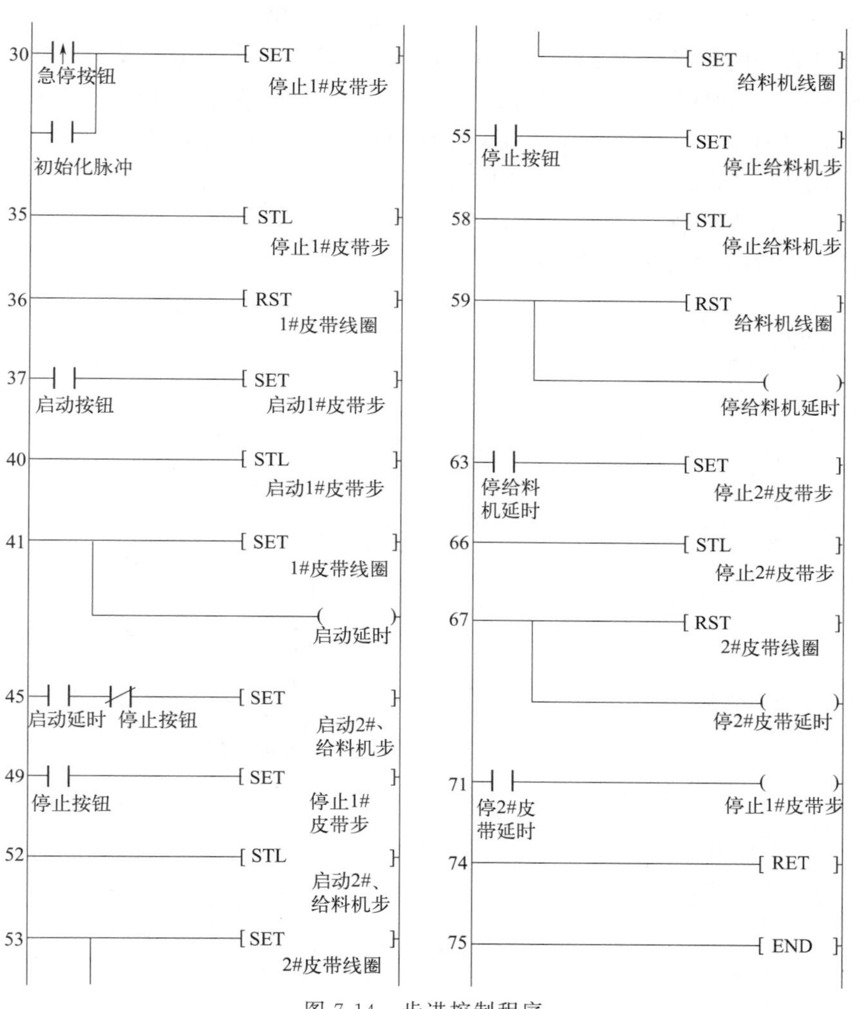

图 7-14 步进控制程序

方法二：SFC 编程法。

创建一个新工程。选择正确的工程类型和 PLC 类型，选择程序语言为“SFC”。命名并保存新工程，如“任务 7 传送带顺序启停控制（SFC）”。

参照表 7-2 和图 7-12，定义相关输入继电器、输出继电器、状态继电器、中间继电器和定时器的全局软元件注释。

首先打开主程序 MAIN 下的 0 号块“000：Block”，按照图 7-15(a) 所示录入 SFC 流程。步号 0 和转移号 0 是自动生成的。

添加步号的方法。例如添加步号 20，将鼠标移动到第 1 列第 4 行位置，双击鼠标左键，在弹出对话框中，图形符号选择“STEP”，输入步号“20”，确定。也可以用快捷按钮“F5”实现。

添加转移号方法。例如添加转移号 1，将鼠标移动到第 1 列第 6 行位置，双击鼠标左键，在弹出对话框中，图形符号选择“TR”，输入转移号“1”，也可以选择默认值，确

笔 记

笔记

定。也可以用快捷按钮“F5”实现。

添加选择分支的方法。将鼠标移动到第1列第5行位置，双击鼠标左键，在弹出对话框中，图形符号选择“--D”，确定。也可以用快捷按钮“F6”实现。

步号和转移号的程序添加方法。选中步号0，即可在右边的编程窗口编辑步号0的动作。选中转移号0，即可在右边的编程窗口编辑转移号0的程序。如图7-15(b)的所示。

最后一步返回步号0的方法。将鼠标移动到第1列第16行位置，双击鼠标左键，在弹出如图7-15(c)所示的对话框中，图形符号选择“JUMP”，输入步号“0”，确定。也可以用快捷按钮“F8”实现。

自行补充完成图7-15所示的程序。

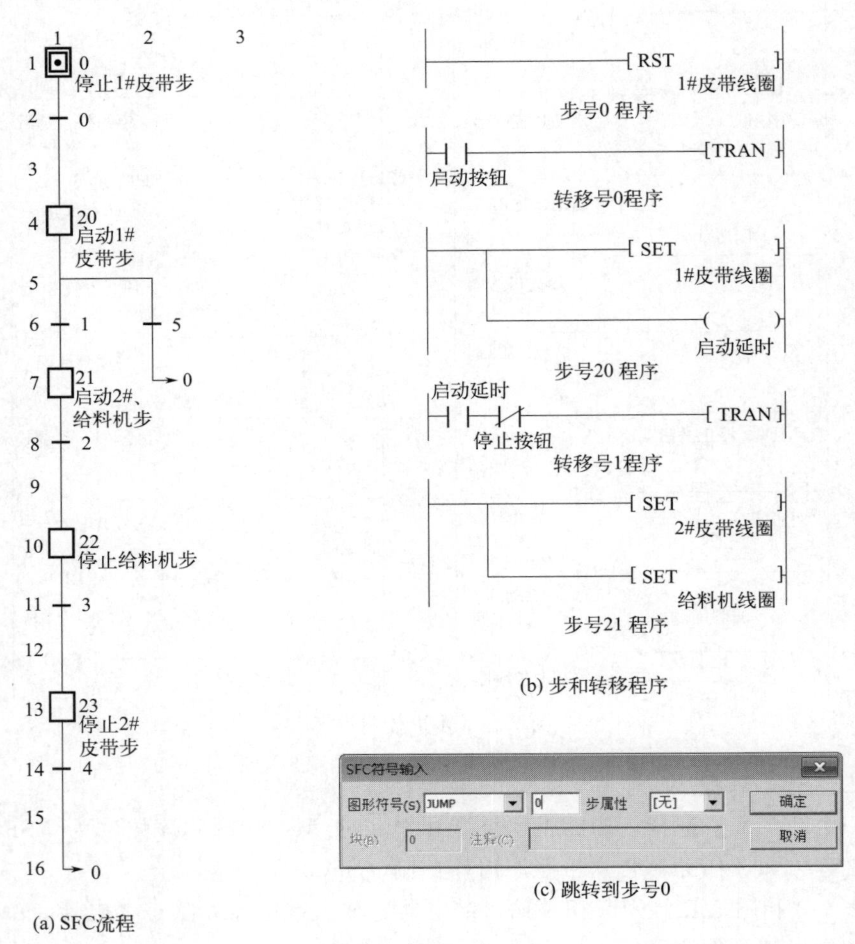

(a) SFC流程　(b) 步和转移程序　(c) 跳转到步号0

图7-15　SFC编程法

(6) 传送带顺序启停控制运行调试

完成调试前准备工作后，先清除PLC存储器，然后再下载工程名称为“任务7 传送带顺序启停控制（LD）”或者名称为“任务7 传送带顺序启停控制（SFC）”的程序。

参照表7-4所列的调试项目和过程，进行运行调试，将观察结果如实记录在表7-4中。如果出现异常情况，讨论分析，找到解决办法，并排除故障，直到满足顺序启停控制要求。

笔 记

表 7-4　任务 7 运行调试小卡片

序号	检查调试项目	观察接触器和指示灯状态	是否正常
1	按下启动按钮 SB1	接触器：________； 指示灯：________	
2	正常运行后，按下停止按钮 SB2	接触器：________； 指示灯：________	
3	按下按钮 SB1→1#皮带运行后立即按下停止按钮 SB2	接触器：________； 指示灯：________	
4	按下按钮 SB1→1#皮带运行后立即按下急停按钮 SB3	接触器：________； 指示灯：________	
5	按下按钮 SB1→正常运行后按下急停按钮 SB3	接触器：________； 指示灯：________	

(7) 任务拓展

机械动力头 PLC 控制系统设计、安装与调试（高级电工 PLC 实操题）。依据图 7-16 所示某机床动力头进给运动示意图，正确绘制 I/O 接线原理图，完成 PLC 控制系统的 I/O 接线，编制 PLC 控制程序并下载，用模拟指示灯和按钮开关板进行调试，达到控制要求。

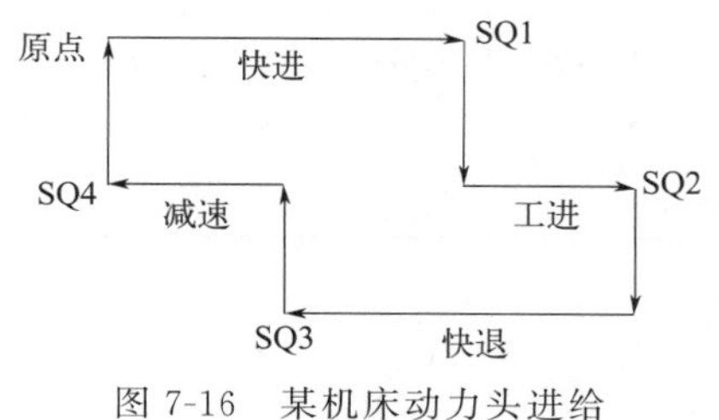

图 7-16　某机床动力头进给运动示意图

(8) 万用表检测输出线路故障

① 数字万用表电压挡的使用方法。

a. 测量电压时，要注意万用表挡位及量程的正确选择。

b. 使用万用表过程中，不能用手去接触表笔的金属部分。

c. 测量时必须一手持万用表，一手握表笔。

d. 每次使用完毕，最好将量程选择开关旋在 OFF 位置或者交直流最大挡位置。

② 输出线路故障检测及处理。以图 7-17 所示交流负载输出电路为例，按表 7-5 所列

素养训练视频7
万用表使用前检查及输出线路故障检查

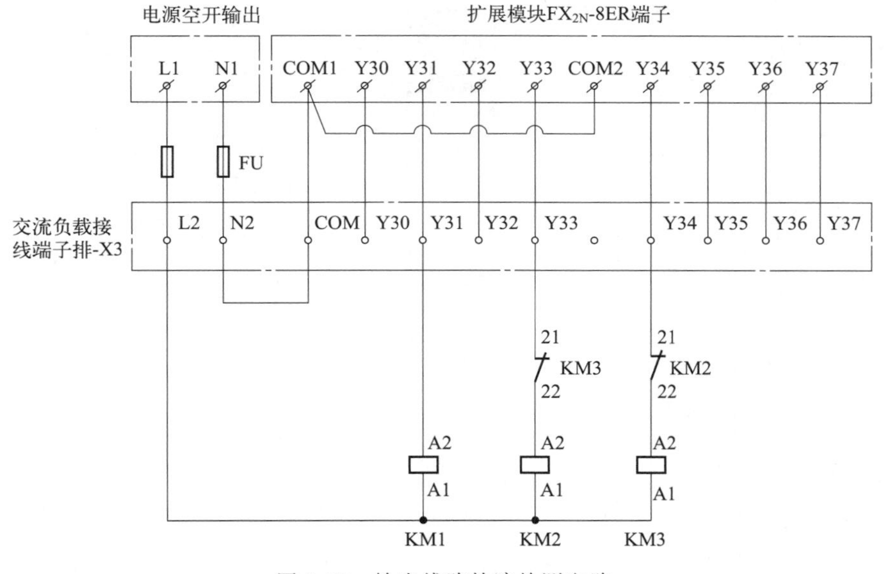

图 7-17　输出线路故障检测电路

笔 记

项目，检测输出打点后可能出现的故障现象及检测和故障排除方法。

表 7-5 输出打点故障现象及检测方法

序号	故障现象	检测方法	排除方法
1	所有的接触器均不得电	测量 L2—N2 之间的电压是否为 220V,判断保险 FU 是否烧毁	更换保险 FU
2	通电跳闸	① 观察接线端子排 L2—N2 之间是否短接了。 ② 观察接触器线圈端子是否都接在 A1 端或都接在 A2 端	① 处理 L2—N2 之间的短接线路。 ② 保证接触器线圈端子接线正确
3	通电后 KM1 得电吸合	打点使 Y31 断开,测量端子排 L2—Y31 间电压是否为 220V,判断 Y31 端子是否短路	更换 KM1 的输出地址
4	打点后 KM3 不得电吸合	① 打点使 Y34 接通,测量端子排 L2—Y31 间电压是否为 220V,判断 Y34 端子是否断路。 ② 检查扩展模块 COM2 端子是否有导线接到了交流负载端接线端子排的 COM 端子。 ③ 检查 KM2 的常闭触点是否漏接或接错位置	① 更换 KM3 的输出地址。 ② 连接 COM2 端和 COM 端。 ③ 更正 KM3 线圈到 KM2 常闭触点的接线

7.4 任务评价

“附录 A PLC 操作技能考核评分表（一）”从职业素养与安全意识、控制电路设计、接线工艺、通电运行四个方面进行考核评分。请各小组参照附录 A 的要求，对任务 7 的完成情况进行小组自我评价。

7.5 习题

请扫码完成习题 7 测试。

习题 7

任务8

水泵系统的PLC控制

【知识目标】

① 熟悉 FX 系列 PLC 的应用指令及数据格式；
② 掌握传送指令 MOV 的功能及应用；
③ 熟悉四则数学运算指令 ADD/SUB/MUL/DIV 的功能及应用；
④ 熟悉复杂控制流程图的编程技巧。

【能力目标】

① 会分析近似恒压供水控制系统的工艺流程；
② 能绘制水泵控制电路的 I/O 接线图并完成接线；
③ 会测试水泵控制电路的 I/O 接线；
④ 能根据现场动作分析判断水泵控制系统是否满足要求。

【素质目标】

树立安全用电的职业责任感。

8.1 任务引入

如图 8-1 所示，在一个恒压供水系统中，有 4 台水泵，为了使主管道压力在一定的范围内保持恒定，可将水泵自动地进行切换（接通或者切除）。

本系统采用三菱 FX_{3U} 系列 PLC 进行控制，用四台 Y2-160M-4/11kW 泵用三相异步电动机作为传动装置，驱动水泵启停。

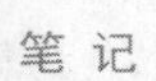

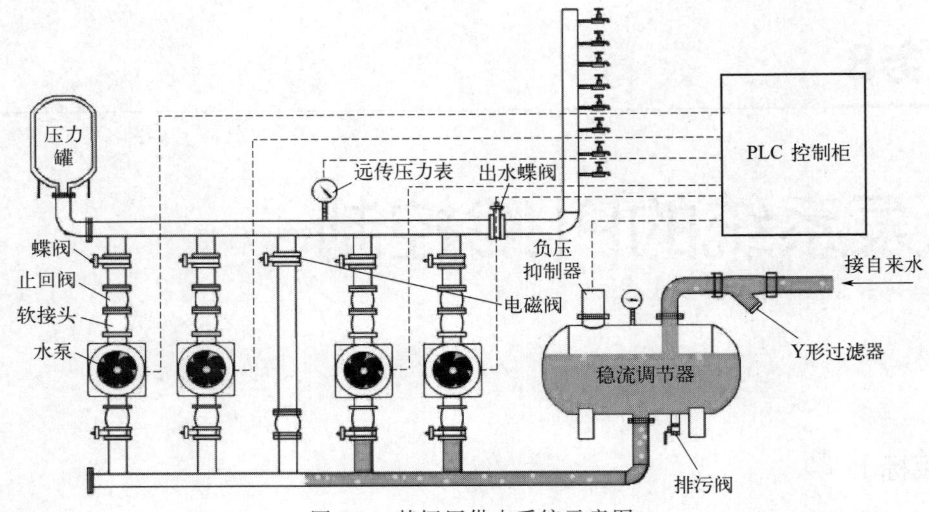

图 8-1 某恒压供水系统示意图

8.2 知识准备

8.2.1 应用指令简介

微课视频32 应用指令简介

除了基本指令和步进指令外，FX 系列 PLC 还有很多应用指令。常用的应用指令有传送与比较、数学运算、跳转、移位等，其他还有中断、高速计数、位置控制、PID 指令、方便指令、外部 I/O 设备指令等。FX_{3U} 各应用指令的功能见附录 C。

(1) 应用指令表示方法

应用指令用其英文名称的缩写作为助记符号，每条应用指令都有一个功能编号。功能编号从 FNC00 到 FNC305。有的应用指令没有操作数，大多数应用指令有 1～4 个操作数。

图 8-2 中的应用指令是编程手册的画法。图中，X0 是应用指令的执行条件，指令前的“D”表示 32 位数据长度，无“D”表示 16 位数据长度。“P”表示脉冲执行方式，无“P”表示连续执行方式。[S.] 表示源操作数，[D.] 表示目标操作数；为了避免出错，32 位操作数首地址为偶数。m 与 n 表示其他操作数。

当图 8-2 中的 X0 接通时，执行指令 MEAN，求 3 个（$n=3$）数据寄存器 D0、D1 和 D2 中的算术平均值，运算结果（取整）保存在 D10 中。

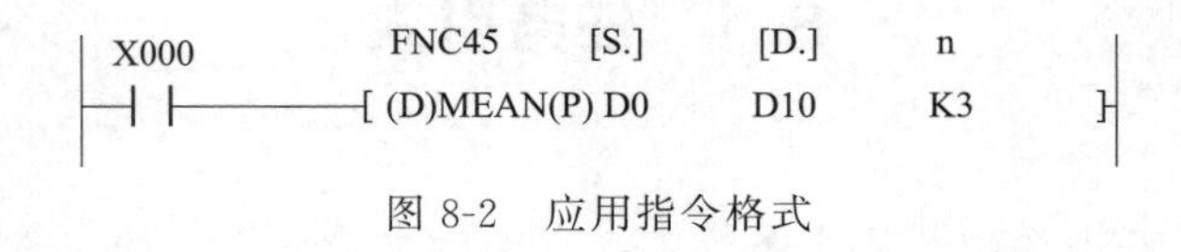

图 8-2 应用指令格式

【学生练习】请在编程软件中输入图 8-2 所示的程序，①计算表 8-1 中的 D0＋D1＋D2 的算术平均值。②当指令为“MEAN”时，仿真程序。接通 X0，按表 8-1 分组输入 D0、D1 和 D2 的值，观察 D10 的值并记录。③修改指令为“MEANP”，仿真

笔记

程序，保持 X0 接通，按表 8-1 分组输入 D0、D1 和 D2 的值，观察 D10 的结果并记录。④理解指令“MEAN”的功能，要使执行“MEANP”指令得到的结果与执行“MEAN”相同，应该如何操作？

表 8-1 应用指令仿真调试结果

D0	D1	D2	算术平均值	MEAN	MEANP
				D10	D10
3	6	9			
3	6	11			
3	6	13			

(2) 数据格式

① 位软元件。位（Bit）软元件用来表示开关量的状态。只有 0 和 1 两种状态。X、Y、M 和 S 是位软元件。

② 位组合软元件。多个连续的位软元件组合而成的一个新的软元件，就是位组合软元件，用 KnP 的形式表示。每 4 个连续位元件为一组，即一个半字节。P 为首地址（最低位），n 表示半字节数（$n=1\sim8$），是位组合软元件的数据长度。例如，K2M10 表示由 M10～M17 组成的位组合软元件，M10 为数据的最低位（首地址），数据长度是 2 个半字节。

③ 字软元件。一个字（Word）由 16 位二进制组成，用来处理数据。定时器 T 和计数器 C 的当前值寄存器、数据寄存器 D 都是字软元件，位软元件 X、Y、M 和 S 也可以组成字软元件。

④ 软元件的缩写。

a. 位软元件的缩写：X、Y、M、S。

b. 位组合软元件：KnX、KnY、KnM、KnS。

c. 十进制常数 K，16 位常数的范围为－32768～＋32767，如 K58。

d. 十六进制常数 H，十六进制使用 0～9 和 A～F 这 16 个数字，16 位常数的范围为 0～FFFF，如 H3A。

e. 定时器 T，计数器 C，数据寄存器 D，变址寄存器 V、Z。

8.2.2 传送指令 MOV

微课视频33 传送指令

传送指令 MOV（FNC 12）将源数据传送到指定的目标。源操作数［S.］可取所有数据类型。目标操作数［D.］可以是 KnY、KnM、KnS、T、C、D、V、Z。

图 8-3 是传送指令应用的例子。图中，X0＝ON 时，将［S.］指定的十进制数 12327 传送到给［D.］指定的 K4Y000(Y17～Y0)；X1＝ON 时，将十六进制数 H98FC 传送给 K8M0(M31～M0)。X0 保持为 ON 时，PLC 每次扫描都执行一次数据传送，而 X1 保持为 ON 时，PLC 只执行一次数据传送。

笔 记

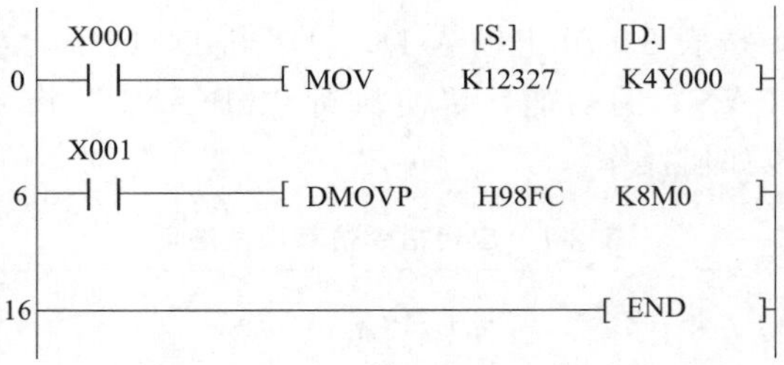

```
    X000                          [S.]        [D.]
0 ──┤ ├──────────[ MOV            K12327      K4Y000   ]
    X001
6 ──┤ ├──────────[ DMOVP          H98FC       K8M0     ]

16 ──────────────────────────────────────[ END        ]
```

图 8-3　传送指令 MOV

【学生练习】请在编程软件中输入图 8-3 所示的程序，仿真程序。①接通 X0 和 X1，执行“在线”→“监视”→“软元件/缓冲存储器批量监视”命令，在软元件名中分别输入 Y0、M0，回车确认后，分别观察位组合软元件 K4Y000 和 K8M0 的状态。②如果在仿真运行过程中，保持 X0 和 X1 接通，通过“当前值更改”对话框，强制将 K4Y000 和 K8M0 的值更改为 6789，程序监视结果如何？

$(12327)_{10}$＝（　　　　　　　　$)_2$；$(98FC)_{16}$＝（　　　　　　　　　　　　　　　　$)_2$

K4Y000＝（　　　　　　　　$)_{10}$；　K8M0＝（　　　　　　　　　　　　　　　　$)_{10}$

微课视频34 BIN加法和减法指令

8.2.3　四则数学运算指令

四则数学运算指令包括 ADD、SUB、MUL、DIV（二进制加法、减法、乘法、除法）指令和 INC、DEC（二进制加 1、减 1）等指令。每个数据的最高位为符号位，正数的最高位为 0，负数的最高位为 1，所有的运算均为代数运算。

四则运算指令会影响 3 个常用标志位：零标志 M8020、借位标志 M8021 和进位标志 M8022。如果运算结果为 0，零标志位 M8020 被置位；如果运算结果负溢出，会出现运算错误，借位标志位 M8021 被置位；如果运算结果正溢出，会出现运算错误，进位标志位 M8022 被置位。

(1) 加法指令 ADD

ADD 指令（FNC 20）将指定的源软元件［S1.］和［S2.］中的二进制数相加，结果送到指定的目标软元件［D.］。源软元件［S.］可以是所有 16 位或 32 位字软元件，或者常数。目标软元件［D.］可以使用的字软元件有：KnY、KnM、KnS、T、C、D、V 和 Z。在 32 位运算中，被指定的字软元件是低 16 位元件，而下一个软元件为高 16 位元件。源和目标软元件可以用相同的元件号，这时须采用脉冲执行方式。

图 8-4 中，当执行条件 X0＝ON 时，执行［D10］＋［D12］→［D14］。ADD 指令是代数运算，如 5＋(－8)＝－3。

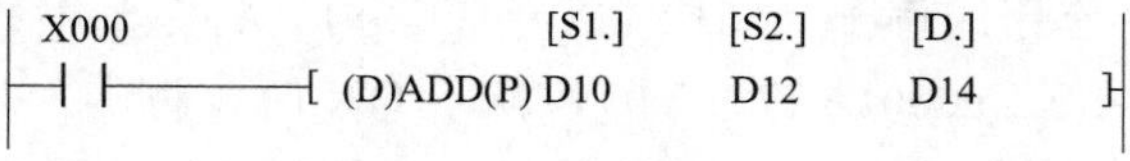

```
  X000                      [S1.]      [S2.]      [D.]
──┤ ├──────────[ (D)ADD(P)  D10        D12        D14      ]
```

图 8-4　加法指令 ADD

笔 记

【学生练习】请在编程软件中输入图 8-4 所示的程序，指令为“ADD”，仿真程序。

① 接通 X0，执行“在线”→“监视”→“软元件/缓冲存储器批量监视”命令，在软元件名中输入 D10，回车确认后，打开 D10 的“当前值更改”对话框，将 D10 当前值改为 5，将 D12 当前值改为－8，观察字软元件 D10、D12 和 D14 的状态，结果填入表 8-2 中。

表 8-2　加法指令仿真调试结果

字软元件	二进制数	十进制数
D10		5
D12		－8
D14		

负数的二进制表示形式为（原码/反码/补码）：

② 若 D10＝12345，D12＝30000，仿真后观察 D14 的值是多少，结果是否正确？监视软元件 M8022，其值是多少？

（2）减法指令 SUB

SUB 指令（FNC 21）将［S1.］指定的源软元件中的二进制数减去［S2.］指定的源软元件中的二进制数，结果送到［D.］指定的目标软元件。源软元件和目标软元件的指定范围，与加法指令 ADD 一样。32 位运算中软元件的指定方法、连续执行型和脉冲执行型的差异均与 ADD 加法指令相同，MUL 和 DIV 也如此。

图 8-5 中，当执行条件 X0＝ON 时，执行［D10］－［D12］→［D14］。SUB 指令是代数运算，例如 5－(－8)＝13。

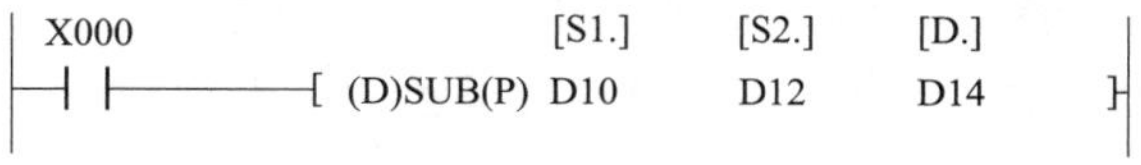

```
 X000                     [S1.]  [S2.]  [D.]
─┤ ├──────[ (D)SUB(P) D10    D12    D14   ]
```

图 8-5　减法指令 SUB

【学生练习】请在编程软件中输入图 8-5 所示的程序，仿真程序。

①接通 X0，执行“在线”→“监视”→“软元件/缓冲存储器批量监视”命令，在软元件名中输入 D10，回车确认后，按表 8-3 修改 D10 和 D12 的当前值，观察字软元件 D10、D12 和 D14 的状态，结果填入表 8-3 中。

表 8-3　减法指令仿真调试结果

字软元件	二进制数	十进制数
D10		5
D12		－8
D14		

笔 记

② 若D10＝－12345，D12＝30000，仿真后观察D4的值是多少，结果是否正确？监视软元件M8022，其值是多少？

③ 若D10＝D12＝－12345，仿真后观察D4的值是多少，结果是否正确？监视软元件M8020，其值是多少？

微课视频35 BIN乘法和除法指令

(3) 乘法指令MUL

MUL指令（FNC 22）将［S1.］和［S2.］指定的两个源软元件中的二进制数相乘，结果送到［D.］指定的目标软元件。源软元件和目标软元件的指定范围，与加法指令ADD一样。源软元件是16位时，目标软元件为32位；源软元件是32位时，目标软元件是64位。

位组合软元件用于目标软元件时，不能得到高32位的结果。用字软元件时，也不可能监视64位数据，只能分别监视高32位和低32位。

图8-6中，16位运算，执行条件X0＝ON时，［D0］×［D2］→［D5、D4］，例如5×(－8000)＝－40000；32位运算，执行条件X0＝ON时，［D1、D0］×［D3、D2］→［D7、D6、D5、D4］。

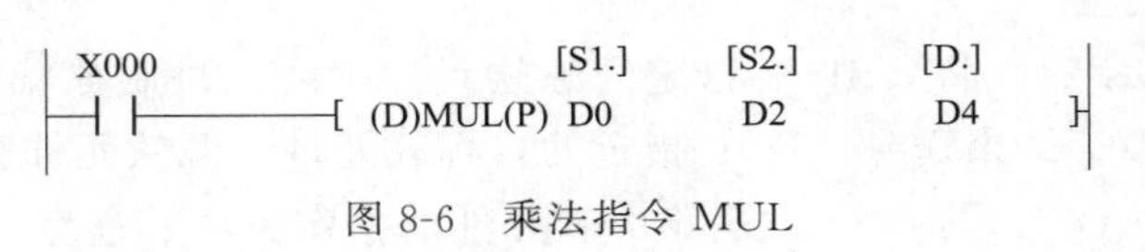

图8-6 乘法指令MUL

【学生练习】请在编程软件中输入图8-6所示的程序，仿真程序。接通X0，执行“在线”→“监视”→“软元件/缓冲存储器批量监视”命令，在软元件名中输入D0，回车确认后，按表8-4修改D0和D2的当前值，观察字软元件D0、D2、D4和D5的状态，结果填入表8-4中。为什么D5、D4中显示的值不是D0×D2的结果？

表8-4 乘法指令仿真调试结果

字软元件	二进制数	十进制数
D0		5
D2		－8000
D4		
D5		

(4) 除法指令DIV

DIV指令（FNC 23）将指定的源软元件中的二进制数相除，［S1.］为被除数，［S2.］为除数，商送到指定的目标软元件［D.］中去，余数送到［D.］的下一个目标元件。源软元件和目标软元件的指定范围，与加法指令ADD一样。

笔 记

除数为 0 时，会发生运算错误，不能执行指令。商和余数的最高位是符号位。

图 8-7 中，16 位运算，执行条件 X0＝ON 时，［D0］÷［D2］，商→［D4］，余数→［D5］。例如，［D0］＝19，［D2］＝3 时，执行指令后，［D4］＝6，［D5］＝1。

32 位运算，执行条件 X0＝ON 时，［D1、D0］÷［D3、D2］，商送到［D5、D4］，余数送到［D7、D6］中。

```
X000                      [S1.]    [S2.]    [D.]
─┤ ├──────[ (D)DIV(P)  D0       D2       D4     ]
```

图 8-7　除法指令 DIV

【学生练习】请在编程软件中输入图 8-7 所示的程序，仿真程序。接通 X0，执行“在线”→“监视”→“软元件/缓冲存储器批量监视”命令，在软元件名中输入 D0，回车确认后，按表 8-5 修改 D0 和 D2 的当前值，观察字软元件 D0、D2、D4 和 D5 的状态，结果填入表 8-5 中。

表 8-5　除法指令仿真调试结果

字软元件	二进制数	十进制数
D0		19
D2		3
D4		
D5		

8.3　任务实施

(1) 水泵系统控制任务要求

某水泵系统如图 8-1 所示，四台泵用三相异步电动机 M1～M4 分别由 KM1、KM2、KM3 和 KM4 控制，均是全压启动。控制要求如下。

① 按下启动按钮 SB1，系统工作，工作指示灯 HL1 常亮；当主管道压力低于正常压力 5s 后，接通水泵的开关脉冲被触发，第 1 台水泵运行。当主管道压力高于正常压力 5s 后，切除水泵的开关脉冲被触发。水泵切换与压力之间的关系如图 8-8 所示，具体原则如下：

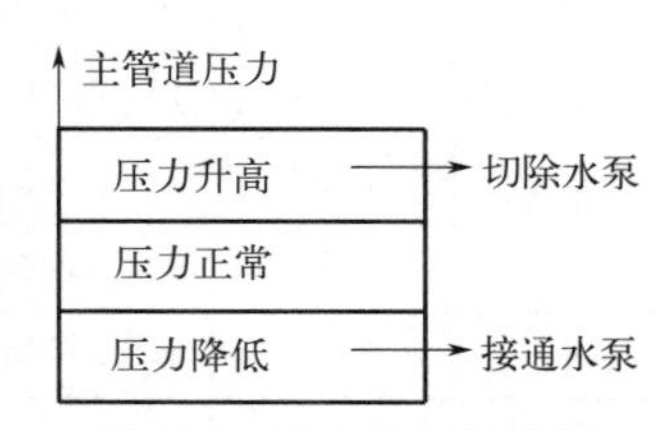

图 8-8　压力控制示意图

当主管道压力升高，超过正常值时，需要切除水泵，总是将运行时间最长的那台水泵先切除；当主管道压力降低，低于正常值时，需要接通水泵，总是将停止运行时间最长的那台水泵先接通。所有 4 台水泵的运行时间尽可能平衡。

② 按下停止按钮 SB2，系统停止工作，切除所有水泵，停止指示灯 HL2 常亮。

③ 发生故障时，如压力传感器出错，系统停止工作，故障指示灯 HL3 闪烁。

笔 记

(2) 分析水泵系统控制对象并确定I/O地址分配表

① 分析控制对象。

输入信号共8个。主令信号有启动按钮和停止按钮各1个，接触器反馈信号4个，压力开关1个，均由DC 24V供电。DPS系列电子式数显压力传感器工作原理如图8-9(a)所示，压力高于"设定值P+迟滞值"时输出接通；压力低于设定值P时输出断开，可以设置2个设定值。图8-9(b)是NPN输出接线图。

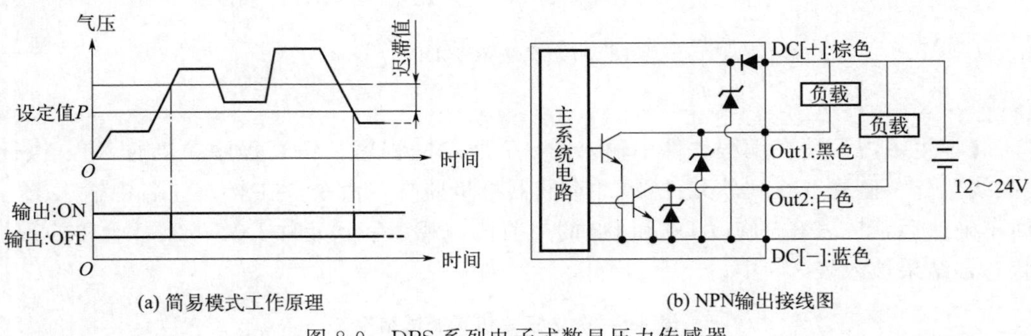

图8-9 DPS系列电子式数显压力传感器

输出信号共7个。指示类信号有运行指示HL1、停止指示HL2和报警指示HL3，由DC 24V电源供电；现场执行机构有交流接触器KM1、KM2、KM3和KM4，计4个，由AC 220V电源供电。

选择FX_{3U}-48MT/ES-A型PLC。扩展模块为FX_{2N}-8ER。

② I/O地址分配。请读者根据上述分析确定任务8的I/O地址分配，并将分配结果填入表8-6中。

表8-6 任务8的I/O地址分配表

输入地址	输入信号	软元件注释	说明	输出地址	输出信号	软元件注释	说明
	SP1	压力低	NPN常开输出		HL1	运行指示	绿色,DC 24V
	SP2	压力高	NPN常开输出		HL2	停止指示	红色,DC 24V
	SB1	启动按钮	常开型		HL3	报警指示	黄色,DC 24V
	SB2	停止按钮	常开型		KM1	1#泵线圈	AC 220V接触器
	KM1	1#泵反馈	KM1辅助常开		KM2	2#泵线圈	AC 220V接触器
	KM2	2#泵反馈	KM2辅助常开		KM3	3#泵线圈	AC 220V接触器
	KM3	3#泵反馈	KM3辅助常开		KM4	4#泵线圈	AC 220V接触器
	KM4	4#泵反馈	KM4辅助常开		—	—	—

(3) 水泵系统硬件设计

在图8-10中补充完成的I/O接线原理图，包括S/S端的电源、直流负载电源和交流负载电源。接近开关的图形符号请参考任务4的4.2.4节。

按图8-10完成实物电路接线。所有电源线和控制线建议选用1.5mm^2多股铜导线，接线需压接线鼻子。

笔记

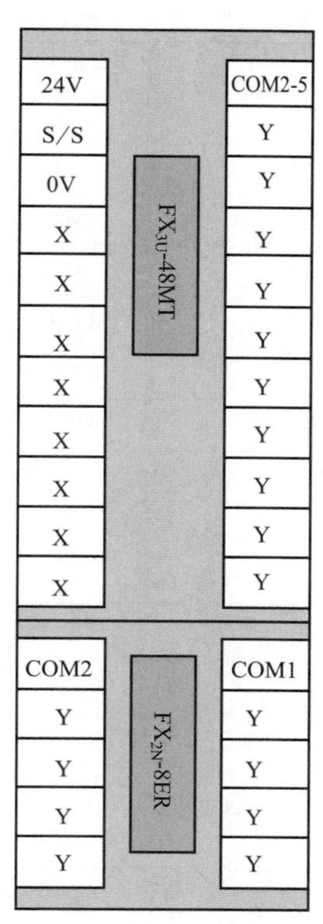

图 8-10 I/O 接线原理图（需补充完整）

(4) 水泵系统打点检测

完成任务 8 的打点检测，检测结果填入表 8-7 中。

表 8-7 任务 8 输入输出打点检测结果记录表

输入地址	输入信号	测试结果	故障处理	输出地址	输出信号	测试结果	故障处理
	SP1				HL1		
	SP2				HL2		
	SB1				HL3		
	SB2				KM1		
	KM1				KM2		
	KM2				KM3		
	KM3				KM4		
	KM4						

注：打点如果存在问题，请及时检查及维修输入和输出电路。

(5) 水泵系统软件设计

① 中间标志位定义。任务 8 控制流程比较复杂，需要用到很多标志位等中间信号，见表 8-8。实际设计时，边使用边定义。有多个相似功能时，建议采用个位数字定义序号、十位数字定义功能的规则，如 M21～M24 分别为 1＃～4＃泵启动标志，M41～M44 分别为 1＃～4＃泵切除标志。

笔 记

表 8-8 任务 8 的中间标志位

编程地址	数据类型	功能说明	编程地址	数据类型	功能说明
M0	Bit	启动标志	M41	Bit	1＃泵切除标志
M1	Bit	接通脉冲标志	M42	Bit	2＃泵切除标志
M2	Bit	泵均接通标志	M43	Bit	3＃泵切除标志
M4	Bit	故障标志	M44	Bit	4＃泵切除标志
M11	Bit	切除脉冲标志	K2M20	Word	接通寄存器
M12	Bit	泵均切除标志	K2M40	Word	切除寄存器
M21	Bit	1＃泵启动标志	M8002	Bit	初始化脉冲
M22	Bit	2＃泵启动标志	M8013	Bit	1Hz
M23	Bit	3＃泵启动标志	T1	Word	接通延时定时器
M24	Bit	4＃泵启动标志	T2	Word	切除延时定时器

② 控制流程图设计。根据水泵系统的控制工艺要求，控制流程如图 8-11 的所示。运行后的控制流程有两个分支，一个是压力过低处理流程，另一个是压力过高处理流程。

一般流程图不包含急停处理、指示灯处理等公共程序。

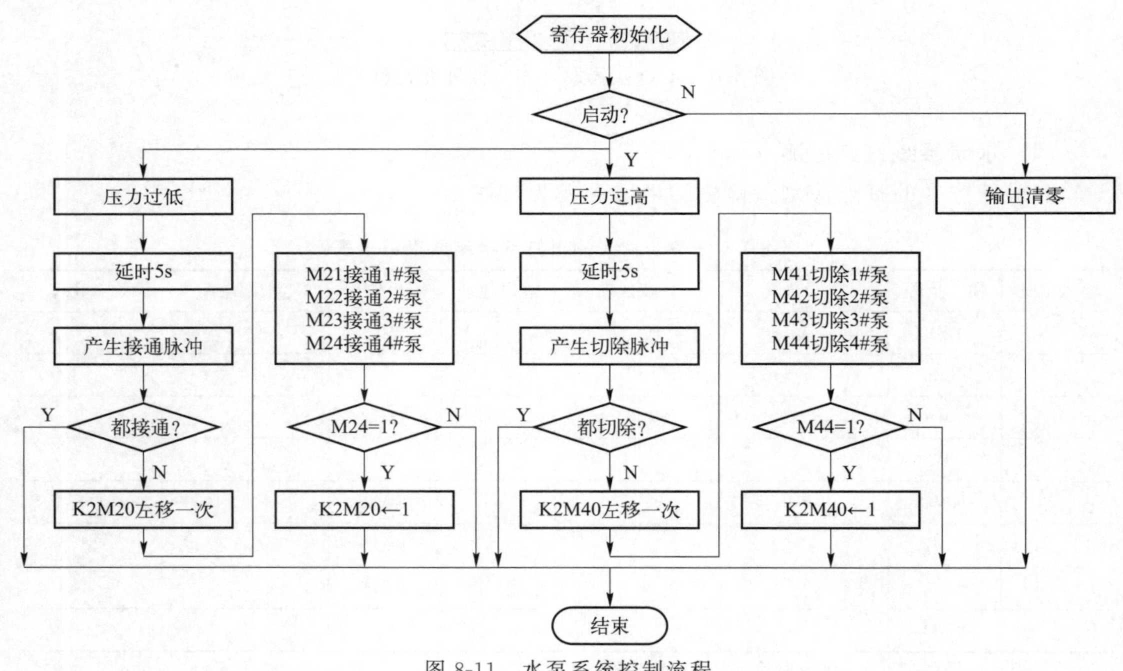

图 8-11 水泵系统控制流程

③ 梯形图程序设计。创建一个新工程。选择正确的工程类型和 PLC 类型。命名并保存新工程，如“任务 8 水泵系统的 PLC 控制”。

首先设计公共程序，如图 8-12 所示。第 0 步和第 2 步行，系统启停控制。第 5 步行，运行指示。第 7 步行，停止指示和急停指示。第 13 步行，输出清零。

然后，按照图 8-11 所示的控制流程图，设计压力控制程序，如图 8-13 所示。

笔 记

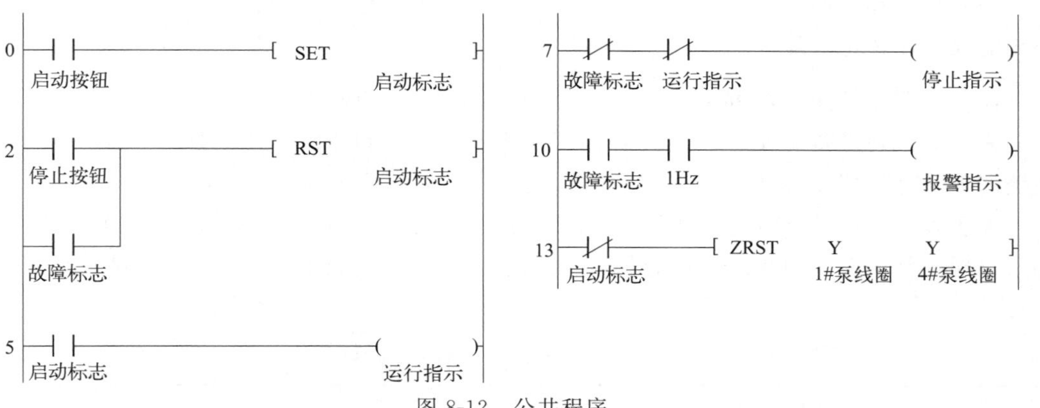

图 8-12 公共程序

图 8-13 中，第 19 步行，寄存器初始化。第 32、38 步行，压力过低延时 5s 后产生接通脉冲。第 40、46 步行，压力过高延时 5s 后产生切除脉冲。第 53 步行，8 位接通寄存器×2→接通寄存器，即 8 位接通寄存器中的位左移一次，最低位补 0。第 67 步行，切除寄存器×2→切除寄存器，即 8 位切除寄存器中的位左移一次，最低位补 0。第 112 步行，当管道压力低和压力高同时满足时，表示压力传感器故障。

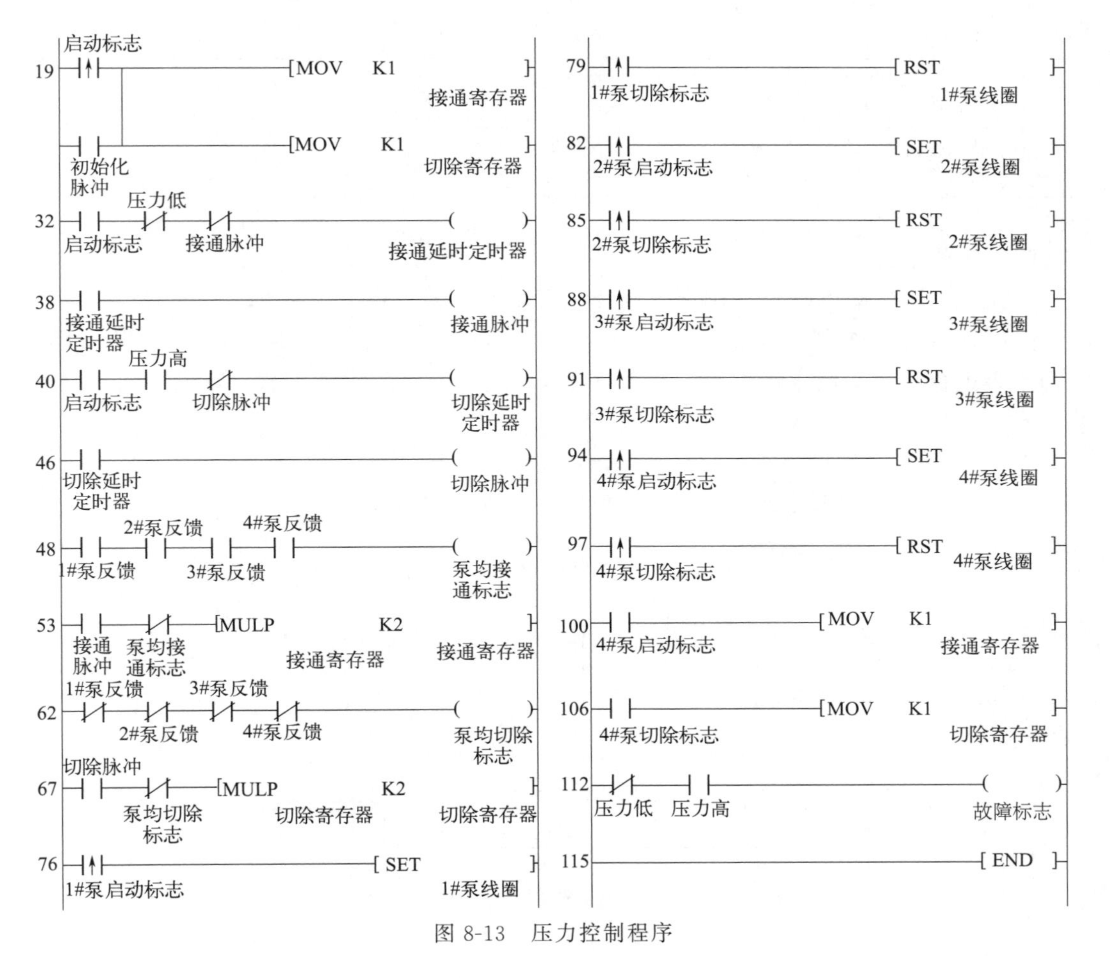

图 8-13 压力控制程序

笔记

公共程序和控制程序的梯形图均编辑在同一个主程序下。请读者参照表 8-6 和表 8-8 补充完成程序的绝对地址。

(6) 水泵系统运行调试

完成调试前准备工作后，先清除 PLC 存储器，然后再下载工程名称为"任务 8　水泵系统的 PLC 控制"的程序。

参照表 8-9 所列的调试项目和过程，进行运行调试，将观察结果如实记录在表 8-9 中。如果出现异常情况，请小组讨论分析，找到解决办法，并排除故障，直到满足水泵系统控制要求。

表 8-9　任务 8 运行调试小卡片

序号	检查调试项目	观察接触器和指示灯状态	是否正常
1	模拟压力低(SP1 断开,SP2 也断开) 按下启动按钮 SB1	接触器:________; 指示灯:________	
2	待三个接触器均接通时,模拟压力正常(SP1 接通、SP2 断开)	接触器:________; 指示灯:________	
3	等待一段时间后,模拟压力高(SP1 接通,SP2 也接通)	接触器:________; 指示灯:________	
4	待只有一个接触器接通时,模拟压力正常(SP1 接通、SP2 断开)	接触器:________; 指示灯:________	
5	等待一段时间后,模拟压力低(SP1 断开,SP2 也断开)	接触器:________; 指示灯:________	
6	待四个接触器均接通后,模拟压力传感器故障(SP1 断开,SP2 接通)	接触器:________; 指示灯:________	

(7) 任务拓展

训练 1：水塔水位 PLC 控制系统设计、安装与调试（高级电工 PLC 实操题）。水塔水位工作示意如图 8-14 所示。S1～S4 为液位传感器，当被水浸没时，接通；否则，断开。M 为水泵电机，用于向水塔供水。Y 为电磁阀，得电打开给水池蓄水，断电关闭。控制要求如下。

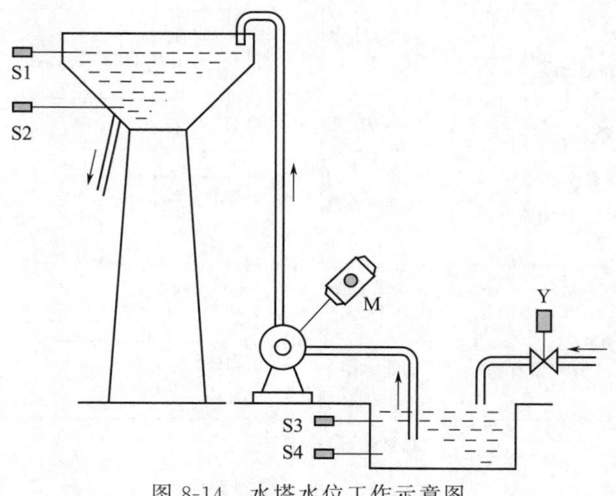

图 8-14　水塔水位工作示意图

① 按下启动按钮 SB1，系统工作，指示灯 HL1 亮。按下停止按钮 SB2，系统停止，指示灯 HL2 亮。

② 水池水位的控制。当水池水位低于低水位界（S4 为 OFF）时，电磁阀 Y 打开，水池进水；当水池水位高于高水位界（S3 为 ON）时，电磁阀关闭。

③ 水塔水位的控制。当水塔水位低于低水位界（S2 为 OFF）并且水池有水时，电动机 M 运转，开始抽水，当水位高于水塔高水位界（S1 为 ON）时，电动机 M 停转。

④ 故障控制。当水池或水塔水位超过高水位 2s 后，阀门或电机都不停；或者水池水位低于 S4 时，电磁阀 Y 打开进水，若 5s 后 S4 还不为 ON，表示阀 Y 没有进水。这两种情况均为故障现象，指示灯 HL3 以 1Hz 的频率闪烁。

正确绘制 I/O 接线原理图，完成 PLC 控制系统的 I/O 接线，编制 PLC 控制程序并下载，用模拟指示灯和按钮开关板进行调试，达到控制要求。

训练 2：料斗升降 PLC 控制系统设计。料斗升降控制系统由牵引绞车、爬梯、料斗、皮带运输机等组成，常用于冲天炉和高炉供料，如图 8-15 所示。控制要求如下。

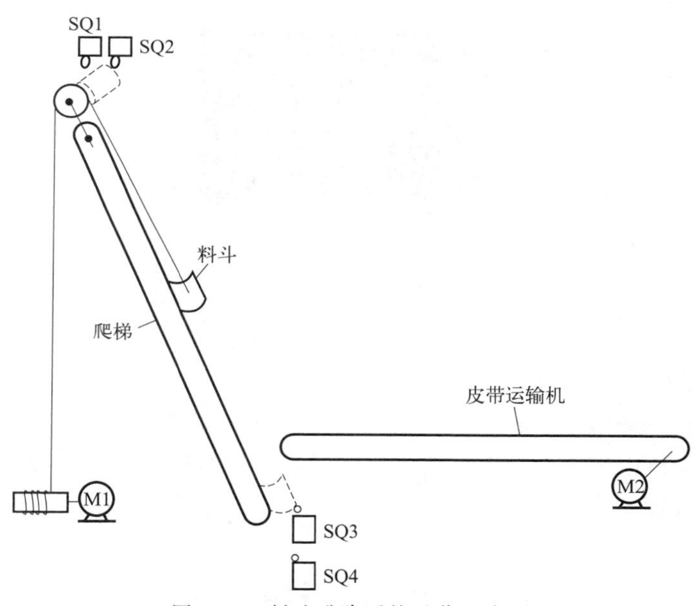

图 8-15　料斗升降系统工作示意图

① 自动循环控制。料斗由三相异步电动机 M1 拖动，将原料提升到上限后，自动翻斗卸料，翻斗撞到行程开关 SQ2，随即反向下降，达到下限，撞到行程开关 SQ3 后，停留 t 秒（假设为 10s），同时启动皮带运输机，由三相异步电动机 M2 拖动给料斗加料，t 秒后，皮带运输机自行停止，料斗则自动上升，如此不断循环。

② 自动循环工作方式时，按下自动循环启动按钮 SB1，系统循环工作，直至按下停止按钮 SB2，若料斗有料，系统卸料后，料斗下降至下限停止；若无料则应立即下降至下限处停止。

③ 急停功能。按下急停按钮 SB3，料斗和皮带运输机立即停止，再次按下启动按钮 SB1 后，料斗和皮带运输机从当前状态继续运行。

④ 有必要的指示、电气联锁、电气保护和制动抱闸功能。电磁制动器 YB 与电动机

笔 记

素养训练视频8 安全用电知识

M1 同时通断电。

（8）安全用电知识

① 在进行清扫以及端子接线时，请务必将电源全部切断之后再进行作业。

② 强电和弱电的中线禁止混接。

③ 请不要触摸通电状态的端子。

④ 出现焦煳味、冒烟等现象时，立即关断电源，及时报告现场指导老师。

⑤ 测试时，严禁带负载运行。

⑥ 与带电裸露部分保持安全间距。

⑦ 必须断电检查。

⑧ 带电测量要注意安全，只能一人操作，一人记录；严禁多人围观。

⑨ 实训场地严禁嬉戏打闹。

⑩ 在维修、测绘、安装布线作业时，在送电开关手柄上必须悬挂标志牌（红底白字），如图 8-16 所示。

图 8-16 标志牌

8.4 任务评价

“附录 A PLC 操作技能考核评分表（一）”从职业素养与安全意识、控制电路设计、接线工艺、通电运行四个方面进行考核评分。请各小组参照附录 A 的要求，对任务 8 的完成情况进行小组自我评价。

8.5 习题

请扫码完成习题 8 测试。

习题 8

任务9

十字路口交通灯的PLC控制

【知识目标】

① 熟悉加 1 指令 INC 和减 1 指令 DEC 的使用方法；
② 熟悉比较指令 CMP 和区间比较指令 ZCP 的使用方法；
③ 掌握触点比较指令的使用方法；
④ 熟悉跳转指令 CJ 的使用方法；
⑤ 了解反转传送指令和 BCD 转换指令；
⑥ 熟悉 HMI 触摸屏的基本使用方法。

【能力目标】

① 能实现上位机、触摸屏和 PLC 三者之间的通信；
② 能设计十字路口交通灯控制电路的 I/O 地址；
③ 会实现十字路口交通灯控制系统监控画面与 PLC 之间的动态连接；
④ 能根据组态监控判断交通灯控制电路是否满足要求。

【素质目标】

通过了解全球与中国工业触摸屏市场现状及发展趋势，塑造民族品牌意识，坚持工控领域中国制造业自信。

9.1 任务引入

随着城市机动车辆的不断增加，许多大城市如北京、上海、广州、深圳等的交通出现了超负荷运行的情况，尤其是十字路口的交通拥堵，成为制约城市经济发展的一个重大问题。党的二十大报告提出，要实现好、维护好、发展好最广大人民根本利益，健全基本公共服务体系，提高公共服务水平。科技工作者要坚守为人民谋幸福的初心，用“科技指数”提升群众的“幸福指数”。

某十字路口东西方向和南北方向各装有控制红、黄、绿的交通信号灯和倒计时显示器。交通灯循环的一个周期为 35s。有白天和夜间两种工作模式。采用三菱 FX_{3U} 系列

笔 记

PLC设计该十字路口交通信号灯控制系统，对车流进行有效管理，解决交通拥堵问题，提高十字路口的通行能力。

9.2 知识准备

9.2.1 加1指令和减1指令

(1) 加1指令INC

(D)INC(P)指令（FNC 24）将指定的软元件［D.］中的数据加1。软元件可以是16位的（指令用INC），或32位的（指令用DINC）。目标操作数［D.］可以使用的元件有KnY、KnM、KnS、T、C、D、V和Z。非脉冲式时，每个扫描周期都执行。脉冲式时（指令后带P），在命令的上升沿执行一次。

INC指令的使用如图9-1所示。图中，16位的运算时，表达式为（D10）＋1→（D10）；32位的运算时，表达式为（D11,D10）＋1→（D11,D10）。

```
 X000                          [D.]
─┤├─────────────────[ (D)INC(P)  D10  ]   (D10)+1→(D10)
```

图9-1　INC指令

(2) 减1指令DEC

(D)DEC(P)指令（FNC 25）将指定的软元件［D.］中的数据减1。软元件可以是16位或32位。目标操作数［D.］可以使用的元件有KnY、KnM、KnS、T、C、D、V和Z。非脉冲式时，每个扫描周期都执行移位。

DEC指令的使用如图9-2所示。图中16位的运算时，表达式为（D12)-1→（D12）；32位的运算时，表达式为（D13,D12）－1→（D13,D12）。

```
 X001                          [D.]
─┤├─────────────────[ (D)DEC(P)  D12  ]   (D12)−1→(D12)
```

图9-2　DEC指令

【学生练习】请在编程软件中输入图9-1和图9-2所示的程序，仿真程序。按表9-1的要求，分别接通X0和X1，观察D10和D12的值并记录。分析脉冲式指令和非脉冲式指令的区别。

表9-1　加减指令仿真调试结果

指令	D10(或D12)初始值	触点接通后D10(或D12)实际值	触点断开后D10(或D12)实际值
INCP　D10	3		
DEC　D12	6		

笔 记

微课视频37 比较指令和区间比较指令

9.2.2　比较指令和区间比较指令

(1) 比较指令 CMP

(D) CMP(P) 指令（FNC 10）可比较两个源操作数［S1.］和［S2.］的代数值（带符号）大小，并将结果送到目标操作数［D.］～［D.＋2］中。源操作数可以是所有 16 位或 32 位字软元件，［D.］为 Y、M、S、D□.b。要清除比较结果，应采用复位指令 RST。注意，［D.］指定的软元件位起始占用 3 点，不要重复使用。

CMP 指令的使用如图 9-3 所示。当 X1＝ON 时，若 K3＞C20（当前值），M0 为 ON；若 K3＝C20（当前值），M1 为 ON；若 K3＜C20（当前值），M2 为 ON。不执行比较指令时，可用 ZRST 指令清除比较结果。

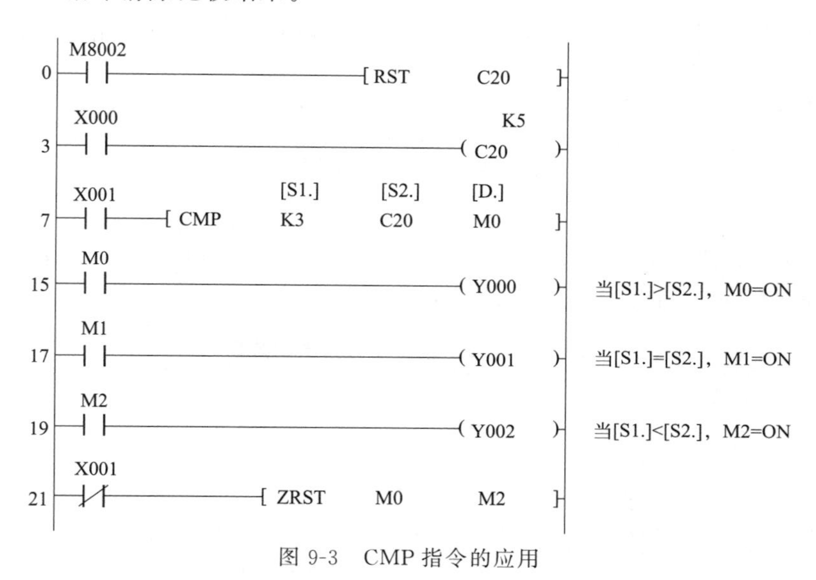

图 9-3　CMP 指令的应用

【学生练习】请在编程软件中输入图 9-3 所示的程序，仿真程序。按表 9-2 的要求操作，观察 C20 的值和 M0～M2 的状态，结果填入表 9-2 中。

表 9-2　比较指令仿真调试结果

X0	X1	C20 的当前值	M0	M1	M2
通断 2 次	断开				
通断小于 3 次	接通				
通断 3 次	接通				
通断大于 3 次	接通				

(2) 区间比较指令 ZCP

(D)ZCP(P) 指令（FNC 11）利用两个数据［S1.］和［S2.］的值（区间），与比较源［S.］的值比较大小，并将结果送到目标操作数［D.］～［D.＋2］中。源操作数可以是所有 16 位或 32 位字软元件，［D.］为 Y、M、S、D□.b。要清除比较结果，应采用复位指令

笔记

RST。注意，［D.］指定的软元件位起始占用3点，不要重复使用；要求［S1.］≤［S2.］。

ZCP指令的使用如图9-4所示。当X1＝ON时，若K100＞C30（当前值），M3为ON；若K100≤C30（当前值）≤K120，M4为ON；若K120＜C30（当前值），M5为ON。不执行比较指令时，可用ZRST指令清除比较结果。

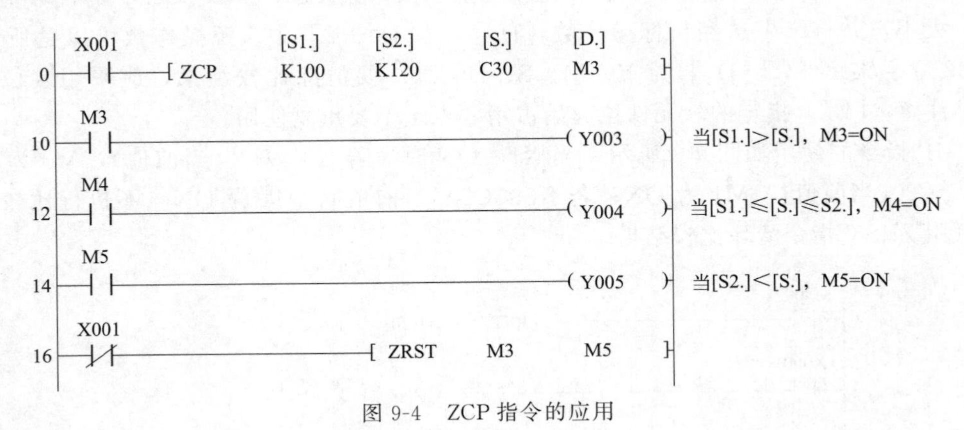

图9-4　ZCP指令的应用

【学生练习】请在编程软件中输入图9-4所示的程序，仿真程序。按表9-3的要求操作，观察M3～M5的状态，结果填入表9-3中。

表9-3　区间比较指令仿真调试结果

X1	C30的当前值	M3	M4	M5
断开				
接通	小于100			
接通	（C30）∈［100,120］			
接通	大于120			

9.2.3　触点比较指令

微课视频38
触点比较指令

（1）触点比较指令介绍

FX系列PLC的FNC220～FNC249提供了使用LD、AND、OR触点符号进行数据比较的指令。执行数值比较，相当于一个触点，当条件满足时，触点闭合。源操作数［S1.］和［S2.］可以取所有16位或32位数据类型。比较运算关系有“＝、＞、＜、＜＞、＜＝、＞＝”六种，触点位置逻辑有“LD(D)、AND(D)、OR(D)”三种，因此触点比较指令有18条，见表9-4。

表9-4　触点比较指令

功能代码	指令符号	功能
FNC 224	LD(D)＝	［S1.］＝［S2.］时，触点接通
FNC 225	LD(D)＞	［S1.］＞［S2.］时，触点接通
FNC 226	LD(D)＜	［S1.］＜［S2.］时，触点接通
FNC 228	LD(D)＜＞	［S1.］≠［S2.］时，触点接通
FNC 229	LD(D)＜＝	［S1.］≤［S2.］时，触点接通

笔 记

续表

功能代码	指令符号	功能
FNC 230	LD(D)>=	[S1.]≥[S2.]时，触点接通
FNC 232	AND(D)=	[S1.]=[S2.]时，触点接通
FNC 233	AND(D)>	[S1.]>[S2.]时，触点接通
FNC 234	AND(D)<	[S1.]<[S2.]时，触点接通
FNC 236	AND(D)<>	[S1.]≠[S2.]时，触点接通
FNC 237	AND(D)<=	[S1.]≤[S2.]时，触点接通
FNC 238	AND(D)>=	[S1.]≥[S2.]时，触点接通
FNC 240	OR(D)=	[S1.]=[S2.]时，触点接通
FNC 241	OR(D)>	[S1.]>[S2.]时，触点接通
FNC 242	OR(D)<	[S1.]<[S2.]时，触点接通
FNC 244	OR(D)<>	[S1.]≠[S2.]时，触点接通
FNC 245	OR(D)<=	[S1.]≤[S2.]时，触点接通
FNC 246	OR(D)>=	[S1.]≥[S2.]时，触点接通

图 9-5 是触点比较指令的使用方法。

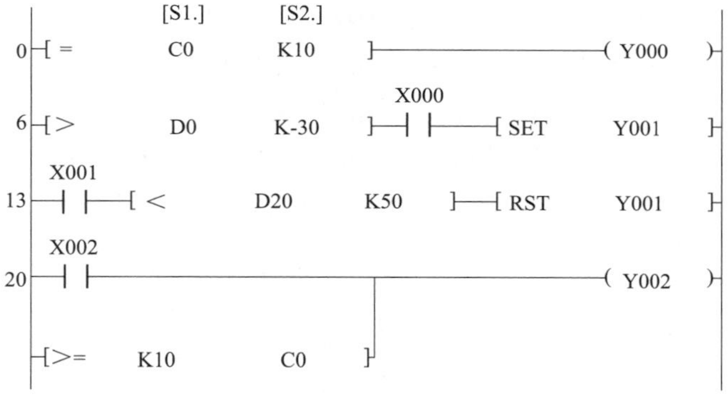

```
         [S1.]     [S2.]
0  [=     C0        K10    ]──────────────( Y000 )
                           X000
6  [>     D0        K-30   ]──┤ ├──────[ SET  Y001 ]
   X001
13 ─┤ ├─[<     D20      K50   ]────────[ RST  Y001 ]
   X002
20 ─┤ ├──────────────────┬─────────────( Y002 )
   [>=    K10       C0  ]┘
```

(a) 梯形图

```
0  LD=    C0    K10
5  OUT    Y000
6  LD>    D0    k-30
11 AND    X000
12 SET    Y001
13 LD     X001
14 AND<   D20   K50
19 RST    Y001
20 LD     X002
21 OR>=   K10   C0
26 OUT    Y002
27 END
```

(b) 指令

图 9-5 触点比较指令的应用

(2) 触点比较指令应用举例

如图 9-6 所示，12 盏彩灯接在 Y13～Y0 点，当 X0 接通后系统开始工作。当 X0 为

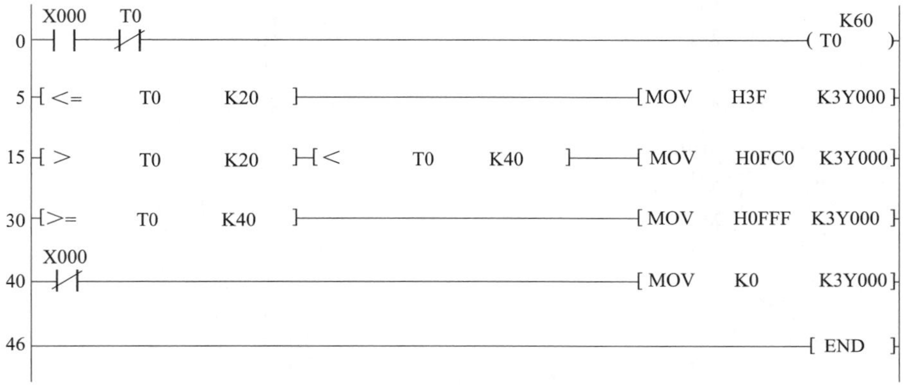

```
   X000   T0                                              K60
0  ─┤ ├───┤/├─────────────────────────────────────────( T0 )
5  [<=    T0     K20   ]─────────────────[MOV   H3F    K3Y000]
15 [>     T0     K20   ][<    T0    K40  ]─[MOV   H0FC0  K3Y000]
30 [>=    T0     K40   ]─────────────────[MOV   H0FFF  K3Y000]
   X000
40 ─┤/├──────────────────────────────────[MOV   K0     K3Y000]
46 ──────────────────────────────────────────────────[ END ]
```

图 9-6 12 盏彩灯循环控制

笔 记

OFF 时彩灯全部熄灭。小于或等于 2s 时第 1～6 盏灯点亮；2～4s 第 7～12 盏灯点亮；大于或等于 4s 时 12 盏灯全亮，保持 2s；然后再循环。

【学生练习】请在编程软件中输入图 9-6 所示的程序，仿真程序。按表 9-5 的要求操作，观察 K3Y0 的值，结果填入表 9-5 中。

表 9-5　12 盏彩灯循环控制仿真调试结果

X0	T0 的当前值	K3Y000 当前值(十进制)	K3Y000 当前值(十六进制)	K3Y000 当前值(二进制)
接通	≤20			
接通	>20 且小于 40			
接通	≥40			
断开	—			

微课视频39
跳转指令

9.2.4　跳转指令 CJ

跳转指令 CJ(P)(FNC 141) 用来选择执行指定的程序段，跳过暂时不需要执行的程序段。Pn，标记，表示指针编号，取值范围为：P0～P4095(P63 表示跳转到 END)。可以向前跳、也可以向后跳。可以多个 CJ 指向同一指针编号。P63 不用编程。

图 9-7 是跳转指令应用的例子。当 X0＝ON 时，跳转指令 “CJ　P0” 满足条件，跳过第 4 步到第 11 步的自动程序段，执行第 17 步开始的手动程序。当 X0＝OFF 时，程序顺序执行第 4 步到第 11 步的自动程序段，然后执行跳转指令 “CJ　P63”，跳过第 17 步到第 20 步的手动程序段，直接执行第 22 步的 END 指令（P63），结束本次扫描运算。显然，X0 是手动模式和自动模式的选择开关。

跳转指令的使用注意事项和程序检查方法，请观看微课视频。

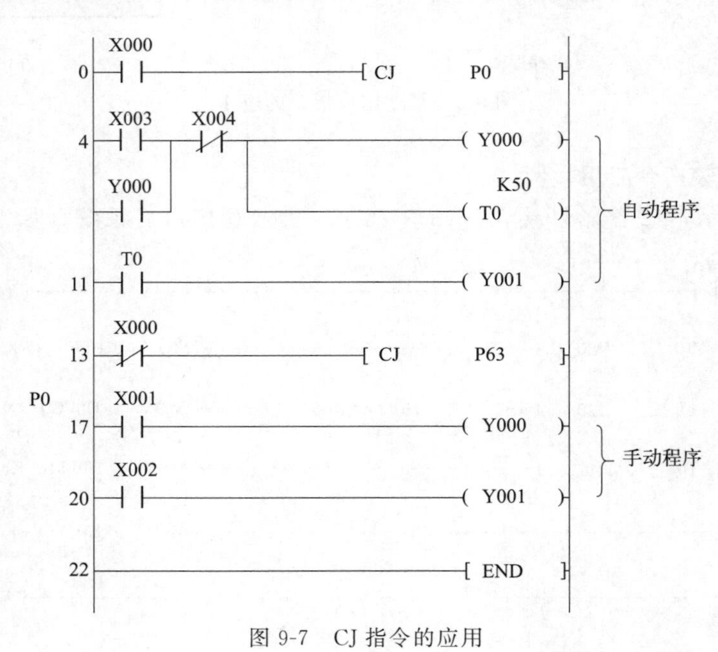

图 9-7　CJ 指令的应用

笔 记

【学生练习】请在编程软件中输入图 9-7 所示的程序，仿真程序。按表 9-6 的要求进行操作，观察线圈 Y0 和 Y1 的状态，并分析跳转指令的功能。

表 9-6　CJ 指令仿真调试结果

X0	操作 X1～X4	线圈 Y0 和 Y1 的状态	结论
断开	通断 X1 和 X2		只执行______程序，不执行______程序
	通断 X3，延时一段时间后通断 X4		
接通	通断 X1 和 X2		只执行______程序，不执行______程序
	通断 X3，延时一段时间后通断 X4		

9.2.5　反转传送指令 CML

微课视频40
反转传送指令

(D)CML(P) 指令（FNC 14），将源操作数［S.］中的数值（含符号位）按位取反后传送给目标软元件［D.］。［S.］可以是所有 16 位或 32 位字软元件，［D.］可以使用的软元件有 KnY、KnM、KnS、T、C、D、V 和 Z。指令后带 P 的是脉冲式指令。

CML 指令的使用如图 9-8 所示。当 PLC 运行时，D0 中的值按位取反后，送 D2 中。如果［D.］指定的位数为 4 位时，则［S.］的低 4 位数值反转。

```
 M8000                              [S.]    [D.]
──┤ ├────────────────[(D)CML(P)   D0      D2   ]  ～(D0)→(D2)
```

图 9-8　CML 指令的应用

【学生练习】请在编程软件中输入图 9-8 所示的程序，仿真程序。打开“软元件/缓冲存储器批量监视”栏目，软元件名输入 D0，“显示格式”进制数改为“16 进制(H)”，D0 的当前值更改为“0AAF0H”，观察执行指令后软元件 D2 的值。将运算后 D2 的十六进制结果和二进制结果填入图 9-9 相应的空格中。

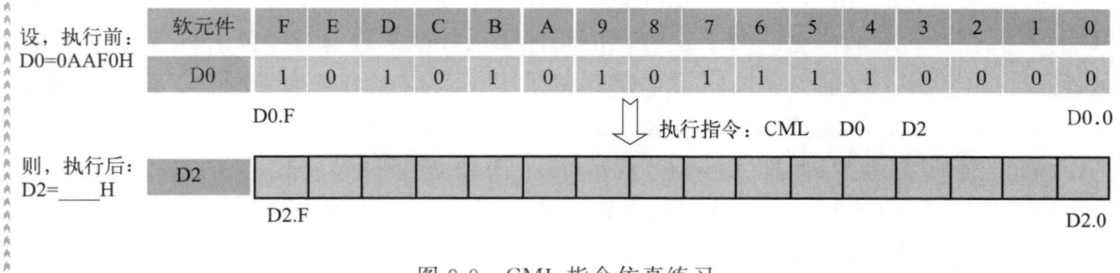

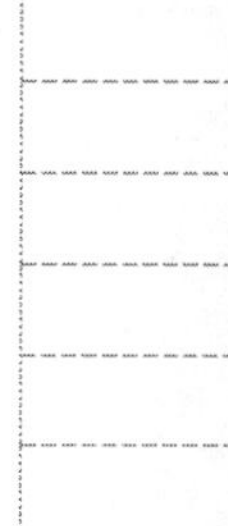

图 9-9　CML 指令仿真练习

9.2.6　BCD 转换指令

微课视频41
BCD转换指令

(D)BCD(P) 指令（FNC 18）将源操作数［S.］的二进制数转换为 BCD 码（二-十进

笔记

制数）后，送到目标软元件［D.］中。运算按照BIN数据进行处理，在带BCD译码的7段码显示器中显示数据时，可使用本指令。32位运算时，将［S.＋1，S.］的BIN数转换成BCD码。

16位BCD运算如图9-10所示。当X0＝ON时，将D0中的二进制数据转换为4位BCD码（数据范围0000～9999）数据后送K4Y020。若转换D0的低4位，数据范围为0～9，则目标元件可为K1Y020；若转换的数据范围为00～99，则目标元件可为K2Y020；若转换的数据范围为000～999，则目标元件可为K3Y020。

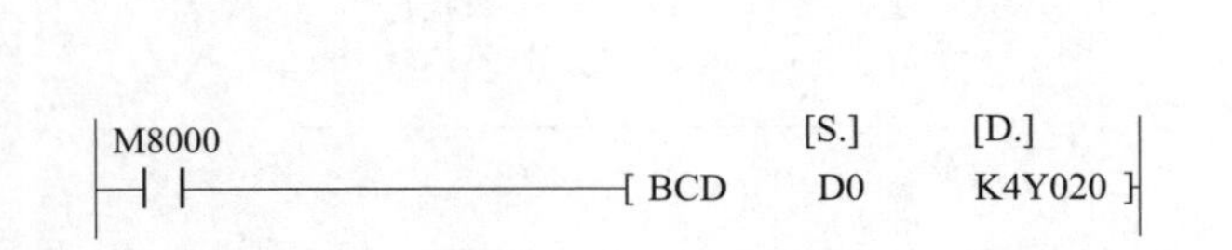

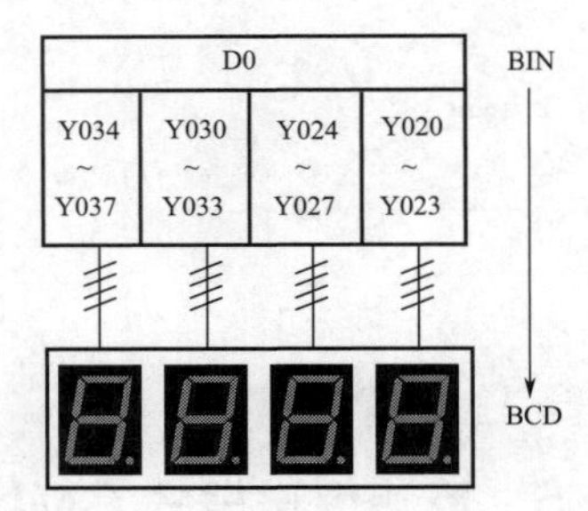

图9-10　16位BCD指令的应用

【学生练习】请在编程软件中输入图9-10所示的程序，仿真程序。按表9-7的要求输入D0的值，观察K4Y020的值，结果填入表9-7中。

表9-7　BCD指令仿真调试结果

D0	K4Y020当前值(二进制)	K4Y020当前值(二-十进制)
123		
456		
7890		
12345		

9.2.7　HMI简介

微课视频42
HMI简介

(1) 人机界面

人机界面（Human Machine Interface，HMI），也称为“人机接口”，是为了解决PLC的人机交互问题而产生的数字设备，由硬件和软件两部分组成。随着计算机技术和数字电路技术的发展，很多工业控制设备都具备了串口通信能力，如变频器、直流调速器、温控仪表、数据采集模块等都可以连接人机界面产品，来实现人机交互功能。

人机界面有文本显示器（Text Display）、操作面板（Operator Panel）和触摸屏（Touch Panel）三种类型。按键式面板（Key Panel）属于操作面板的一种。

HMI的接口种类很多，有RS-232串口、RS-485串口和RJ-45网线接口等。

(2) TPC7062Ti触摸屏

昆仑通泰MCGS触摸屏有G系列、T系列、K系列、E系列等产品。其中TPC7062Ti是一种以Cortex-A8 CPU为核心（主频600MHz）的高性能嵌入式一体化触摸屏。该产品设计采用了7in（1in＝2.54cm）高亮度TFT液晶显示屏（分辨率800×480），四线电阻

笔 记

式触摸屏。同时还预装了 MCGS 嵌入式组态软件（运行版），具备强大的图像显示和数据处理功能。

图 9-11 所示是 TPC7062Ti 触摸屏的外观结构。面板尺寸 226.6mm×163mm，开孔尺寸 215mm×152mm，内存 128MB，存储空间 128MB，支持 U 盘备份、恢复，支持 RS-232/RS-485/RJ-45 以太网通信接口。符合国家工业三级抗干扰标准，防护等级：IP65(前面板)。

(a) 正面

(b) 背面

图 9-11　TPC7062Ti 触摸屏的外观

TPC7062Ti 触摸屏提供了 LAN、USB 及 COM 接口，如图 9-12(a) 所示。

① LAN 口。用于 RJ-45 通信。

② USB1 口。主口，兼容 USB1.1 标准。

③ USB2 口。从口，用于下载工程。

④ 电源接口：采用 24V 直流电源供电，额定功率 5W。电源插口的上引脚为正，下引脚为负。

⑤ COM（DB9）串口，引脚定义如图 9-12(b) 所示。

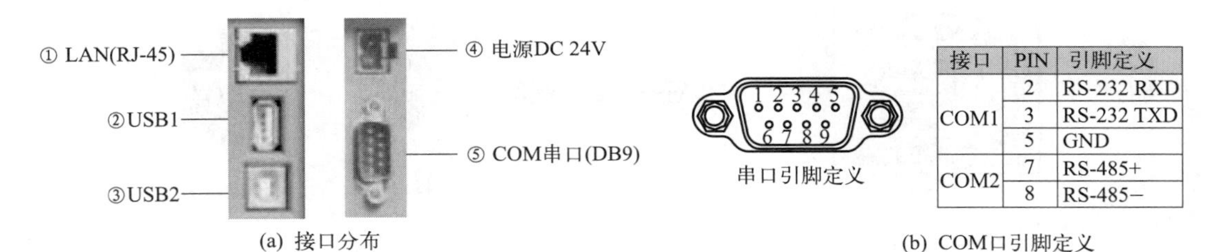

接口	PIN	引脚定义
COM1	2	RS-232 RXD
	3	RS-232 TXD
	5	GND
COM2	7	RS-485+
	8	RS-485−

(a) 接口分布　　(b) COM口引脚定义

图 9-12　TPC7062Ti 触摸屏的接口

(3) MCGS 触摸屏的通信连接

① 触摸屏与上位机 PC（个人计算机）连接。MCGS 触摸屏与上位机 PC 的通信连接方式有两种。一种是采用 USB 通信方式，如图 9-13(a) 所示；另一种是采用 RJ-45 通信方式，如图 9-13(b) 所示。

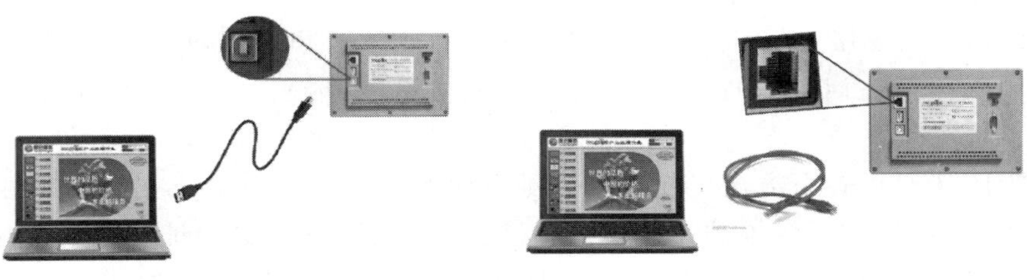

(a) USB通信方式　　(b) RJ-45通信方式

图 9-13　TPC 与 PC 的通信连接方式

笔 记

② 触摸屏与 PLC 的通信连接。MCGS 触摸屏与三菱 FX 系列 PLC 的通信方式主要有两种。

第一种通信方式接线如图 9-14 所示。触摸屏与三菱 FX-PLC 用 RS-232(DP9)/RS-422(MD8) 电缆连接，电缆一端接触摸屏的 COM1 串口，另一端接 FX-PLC 的编程口。组态软件协议采用 FX 编程口专有协议。

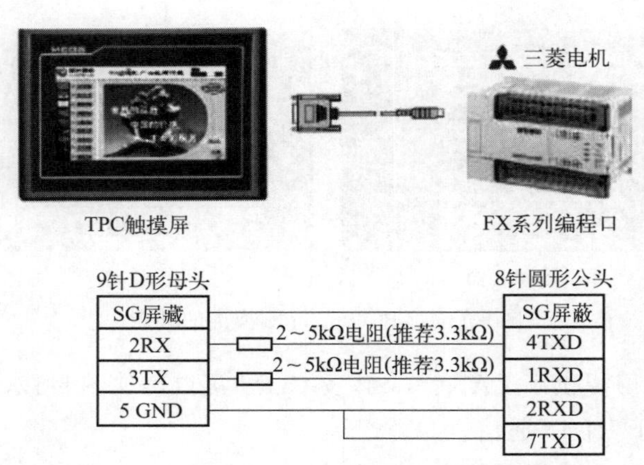

图 9-14　触摸屏与 PLC 用 RS-422 编程口通信

第二种通信方式接线如图 9-15 所示。触摸屏与三菱 FX-PLC 用 RS-485(DP9) 专用电缆连接，电缆一端接触摸屏的 COM2 串口，另一端接三菱的 485BD 通信板。不同系列的 PLC，485 通信板的形状不一样。组态软件协议采用 FX 串口专有协议。

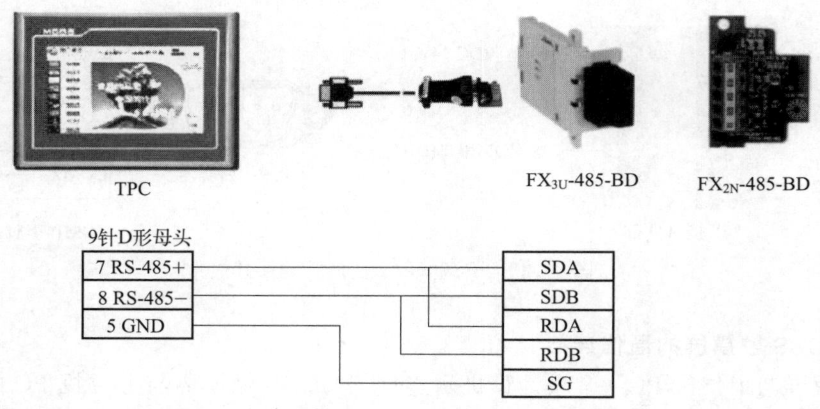

图 9-15　触摸屏与 PLC 用 RS-485 串口通信

微课视频43 触摸屏IP 地址设置

(4) 触摸屏的启动及 IP 地址设置

TPC 的启动。使用 DC 24V 给 TPC 供电，将 TPC 与 PC 连接后，即可开机运行。启动后屏幕出现“正在启动”提示进度条，此时无须任何操作，系统即可自动进入启动界面。

触摸屏 IP 地址的设置方法。断电重启昆仑通泰触摸屏，单击正在启动属性框，进入启动属性界面，执行“系统维护…”→“设置系统参数”→“IP 地址”命令，打开“TPC 系统设置”对话框，输入需要设置的 IP 地址和子网掩码。依次单击“OK”→“返回上级菜单”→“重新启动”按钮，完成 IP 设置。具体过程请扫码观看微课视频。

笔　记

【学生练习】① 查看 TPC 的 IP 地址。TPC 通电，单击进度条打开启动属性对话框，在系统信息中可以查看 IP 地址，还可查看产品配置、产品编号、软件版本。

② 对 TPC 进行触摸校准。TPC 通电，单击启动进度条，进入启动属性窗口，不要进行任何操作，30s 后系统自动进入触摸屏校准程序。根据提示进行相应的操作。

③ 确定 PC 与 TPC 连接是否正常。参照图 9-15，确认 USB 或者 RJ-45 接线可靠。单击 PC“开始→运行”，输入 CMD 回车，在 DOS 界面中输入“ping　IP 地址”回车。如果 LOST＝0%，说明网络连接正常，如果 LOST 非 0 说明数据包有丢失，或网络连接断开。

④ 下载工程失败处理。首先确认 USB（或者 RJ-45）通信是否正常。TPC 通电，单击进度条打开启动属性对话框，系统维护→恢复出厂设置→是→确认，重新启动 TPC。

9.3　任务实施

(1) 十字路口交通灯控制任务要求

设计一个用 PLC 实现十字路口圆形红绿灯控制的交通灯系统，控制要求如下。

① 有夜间和白天两种模式。SB1 按 1 次为白天模式，快速按 2 次为夜间模式。

② 白天模式下，指示灯 L2 亮。夜间模式下，指示灯 L1 亮。

③ 白天模式下，交通灯按以下方案工作：首先南北方向绿灯亮，东西方向红灯亮。红绿灯工作变化顺序见表 9-8。

微课视频44 十字路口交通灯模拟演示

表 9-8　十字路口交通灯变化顺序

<table>
<tr><td rowspan="3">南北方向</td><td>红灯</td><td colspan="3">灭 15s</td><td colspan="3">亮 20s</td></tr>
<tr><td>黄灯</td><td colspan="2">灭 13s</td><td>亮 2s</td><td colspan="3">灭 20s</td></tr>
<tr><td>绿灯</td><td>亮 10s</td><td>闪 3s</td><td colspan="4">灭 22s</td></tr>
<tr><td rowspan="3">东西方向</td><td>红灯</td><td colspan="3">亮 15s</td><td colspan="3">灭 20s</td></tr>
<tr><td>黄灯</td><td colspan="5">灭 33s</td><td>亮 2s</td></tr>
<tr><td>绿灯</td><td colspan="3">灭 15s</td><td>亮 15s</td><td>闪 3s</td><td>灭 2s</td></tr>
</table>

④ 夜间模式下，黄色灯以 1s 的周期闪烁。

⑤ 有倒计时显示功能（本任务仅显示南北方向的倒计时）。

⑥ 触摸屏监控功能。十字路口交通灯触摸屏监控界面如图 9-16 所示。

(2) 分析十字路口交通灯控制对象并确定 I/O 地址分配表

根据控制要求，输入信号有一个，模式选择按钮 SB1。输出信号有 16 个，夜间模式指示 L1，白天模式指示 L2，南北方向红、黄、绿灯各 1 个，东西方向红、黄、绿灯各 1 个，数码管个位 4 线，数码管十位 4 线。选择 FX_{3U}-48MT/ES-A 型 PLC。任务 9 的 I/O 地址分配见表 9-9。

笔记

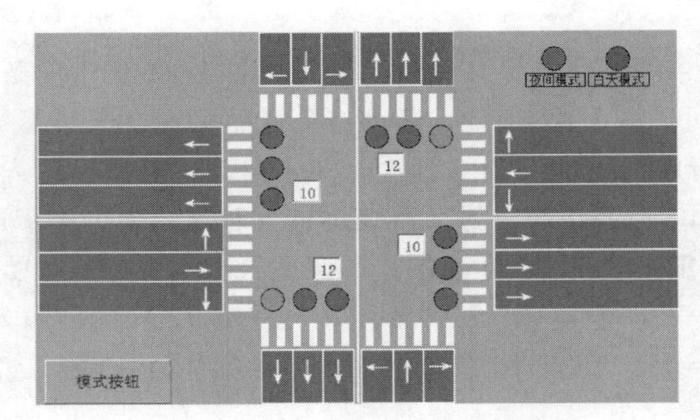

图 9-16 十字路口交通灯监控界面

表 9-9 任务 9 的 I/O 地址分配表

输入地址	输入信号	软元件注释	说明	输入地址	输入信号	软元件注释	说明
X16	SB1	模式按钮	常开型				
Y4	L1	夜间模式	蓝色，DC 24V	Y20	BCD0-1	个位 1	译码信号高电平有效，DC 5V
Y5	L2	白天模式	蓝色，DC 24V	Y21	BCD0-2	个位 2	
Y6	SNY	南北黄灯	黄色，DC 24V	Y22	BCD0-4	个位 4	
Y7	SNG	南北绿灯	绿色，DC 24V	Y23	BCD0-8	个位 8	
Y10	SNR	南北红灯	红色，DC 24V	Y24	BCD1-1	十位 1	
Y15	EWR	东西红灯	红色，DC 24V	Y25	BCD1-2	十位 2	
Y16	EWY	东西黄灯	黄色，DC 24V	Y26	BCD1-4	十位 4	
Y17	ESG	东西绿灯	绿色，DC 24V	Y27	BCD1-8	十位 8	

(3) 十字路口交通灯硬件设计

输入信号只有模式选择按钮 1 个，其接线原理参考图 2-11。输出接线原理如图 9-17 所示。

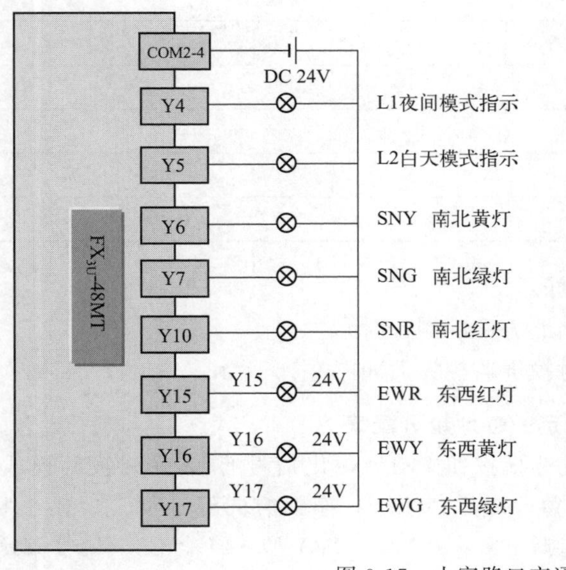

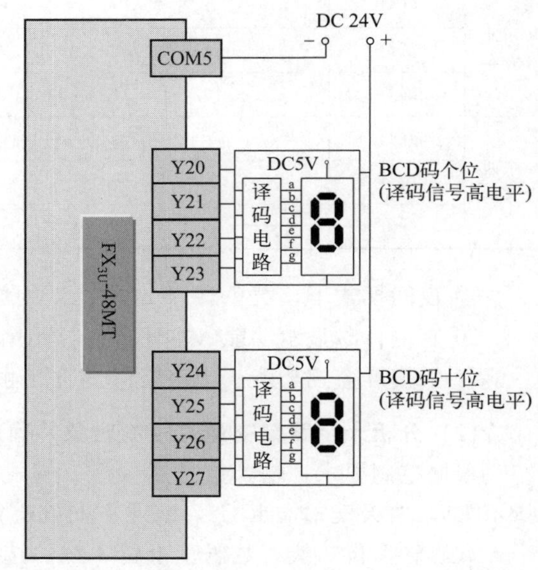

图 9-17 十字路口交通灯输出接线原理图

笔 记

(4) 通信电路设计

通信电路如图 9-18 所示。上位机 PC 通过 RJ-45 口用超五类非屏蔽网络双绞线与触摸屏连接，也可以使用 USB 下载线连接。上位机 PC 通过 USB 口（虚拟 RS-232 口）用 USB-SC09-FX 下载线与下位机 PLC 连接。触摸屏和下位机 PLC 之间通过 RS-485 通信电缆连接。在这种通信模式下，PLC 可以同时与上位机 PC 和触摸屏进行通信。

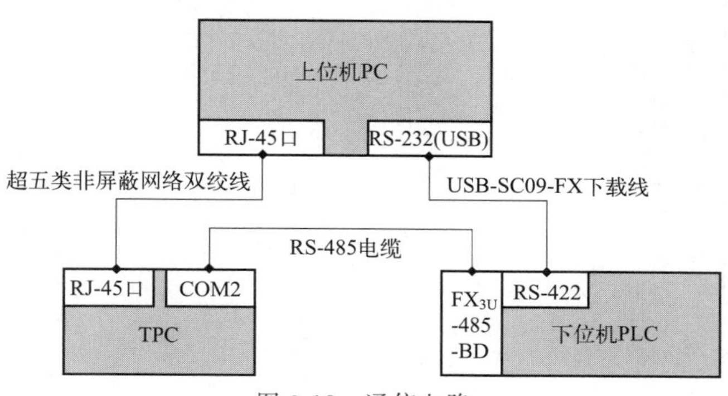

图 9-18　通信电路

(5) 十字路口交通灯软件设计

① 中间标志位定义。任务 9 用到的标志位等中间信号，见表 9-10。实际设计时，边使用边定义。

表 9-10　任务 9 用到的中间标志位

编程地址	数据类型	功能说明	编程地址	数据类型	功能说明
M0	Bit	1s 标志	D0	Word	当前时间 100ms
M1	Bit	夜间模式标志	D1	Word	剩余时间 100ms
M2	Bit	白天模式标志	D2	Word	剩余时间 1s
M16	Bit	触摸屏按钮	D3	Word	空
M8000	Bit	运行监视	D4	Word	南北方向剩余时间 BIN
M8013	Bit	1Hz	D5	Word	南北方向剩余时间 BCD
T0	Word	1s 定时器	D6	Word	东西方向剩余时间 BIN
T1	Word	红绿灯周期定时器	D7	Word	东西方向剩余时间 BCD
C0	Word	模式计数器	D8	Word	空

② 梯形图程序设计。创建一个新工程。选择正确的工程类型和 PLC 类型。命名并保存新工程，如“任务 9　十字路口交通灯的 PLC 控制”。

十字路口交通灯 PLC 控制程序设计如图 9-19 所示，参照表 9-9 和表 9-10 补充完成程序的绝对地址。

第 0 步和第 8 步行，用于实现白天或夜间模式选择功能。

第 23 步行，白天模式，程序跳到 P0 处，执行白天控制程序。

第 29 步行，夜间模式，先复位所有信号灯和倒计时值，再使黄灯闪烁。

第 57 步行，夜间模式或非白天模式，程序跳过白天控制程序，跳转到 END（P63）结束本次扫描运算。

笔 记

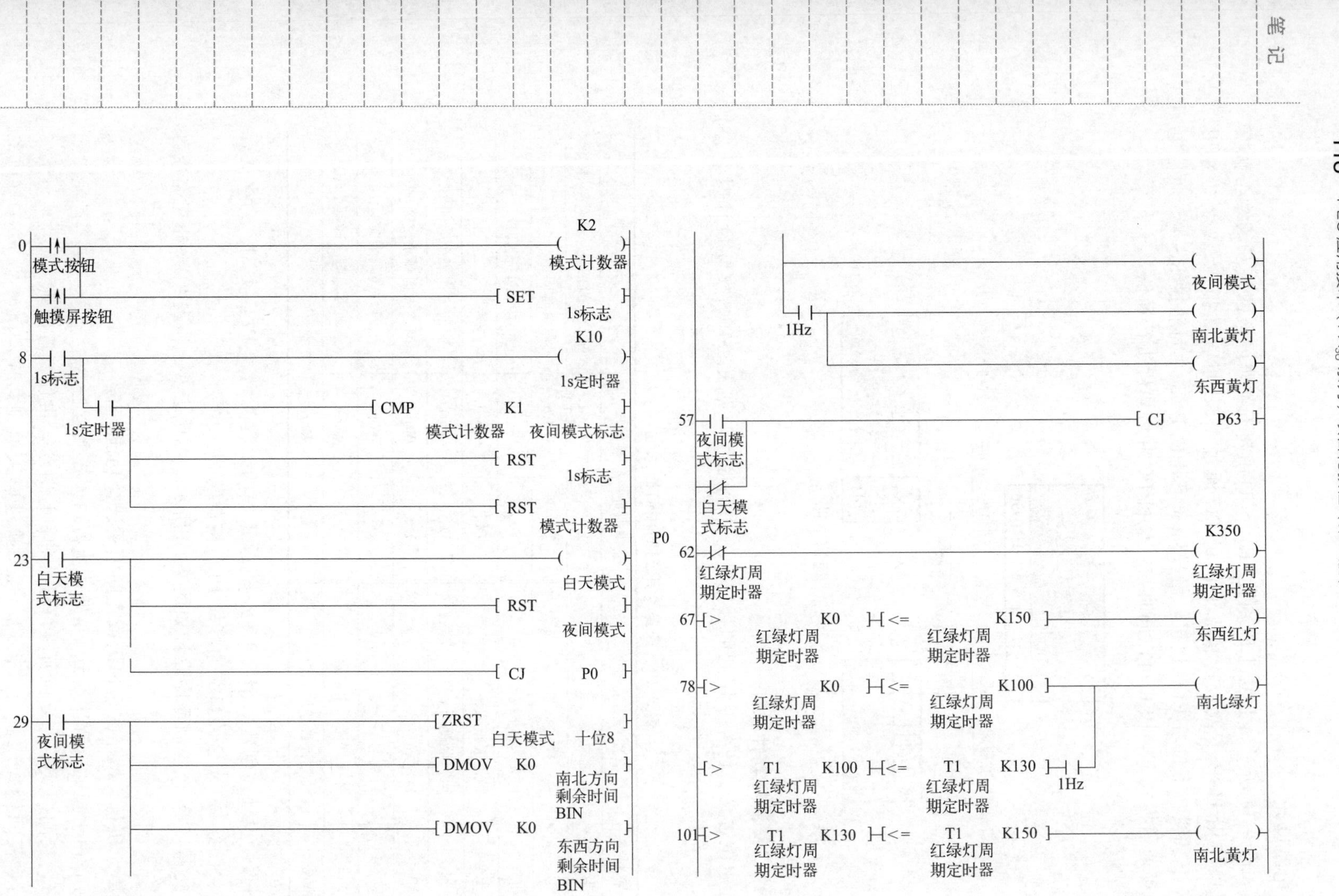
0
模式按钮
触摸屏按钮
K2
模式计数器
SET
1s标志
8
1s标志
K10
1s定时器
1s定时器
CMP
K1
模式计数器
夜间模式标志
RST
1s标志
RST
模式计数器
23
白天模式标志
白天模式
RST
夜间模式
CJ
P0
29
夜间模式标志
ZRST
白天模式
十位8
DMOV
K0
南北方向剩余时间BIN
DMOV
K0
东西方向剩余时间BIN
P0
夜间模式
1Hz
南北黄灯
东西黄灯
57
夜间模式标志
白天模式标志
CJ
P63
62
红绿灯周期定时器
K350
红绿灯周期定时器
67
红绿灯周期定时器
K0
红绿灯周期定时器
K150
东西红灯
78
红绿灯周期定时器
K0
红绿灯周期定时器
K100
南北绿灯
T1
红绿灯周期定时器
K100
T1
红绿灯周期定时器
K130
1Hz
101
T1
红绿灯周期定时器
K130
T1
红绿灯周期定时器
K150
南北黄灯

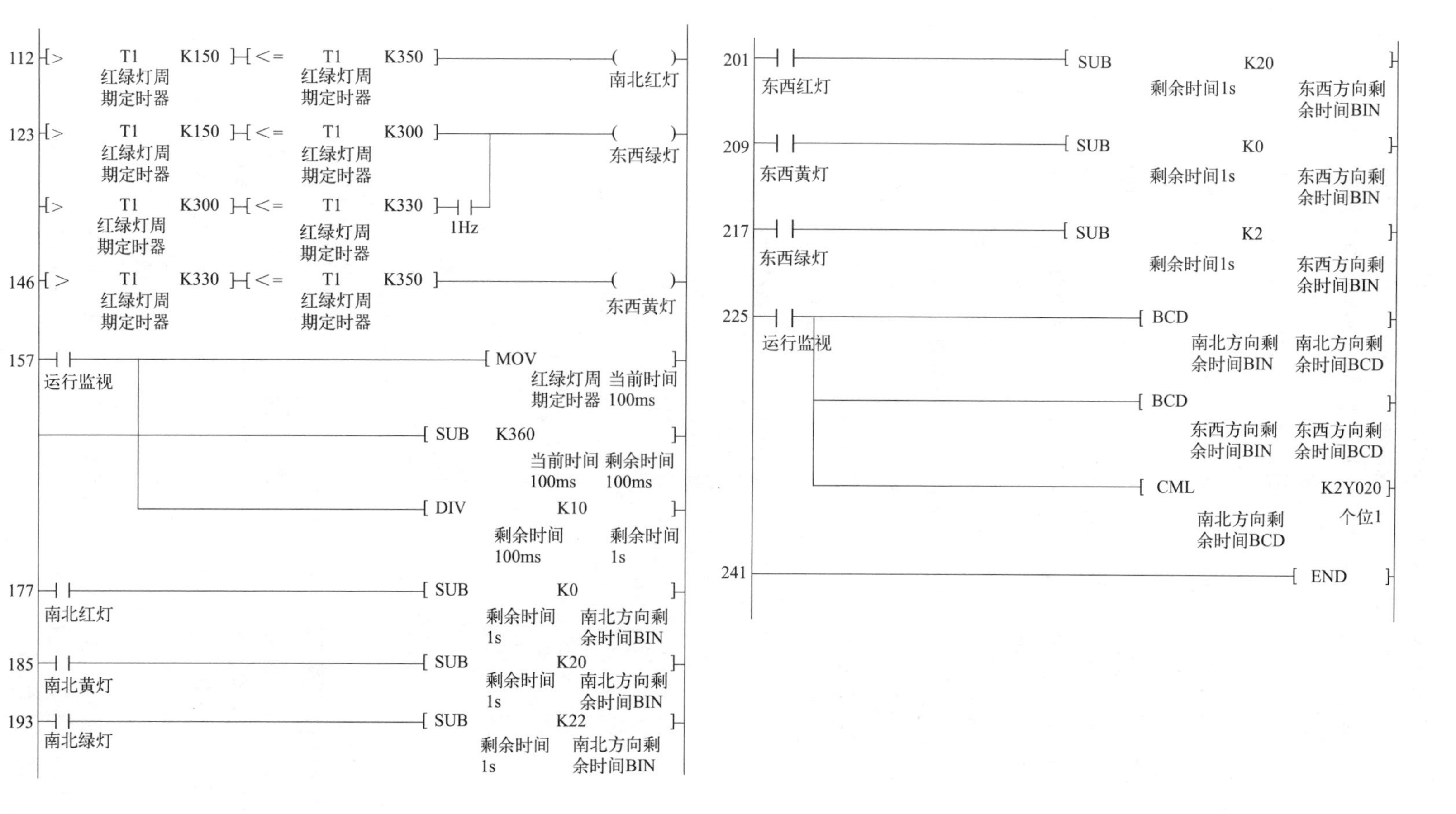

图 9-19　十字路口交通灯 PLC 控制程序

笔 记

笔记

第 62 步行，白天模式，设置信号灯循环工作一周的时间，循环一周需要 35s。

第 67 步、第 78 步和第 101 步行，控制东西方向红灯和南北方向绿灯、黄灯点亮。

第 112 步、第 123 步和第 146 步行，控制南北方向红灯和东西方向绿灯、黄灯点亮。

第 157 步行，计算以秒为单位的剩余时间。

第 177 步、185 步和 193 步行，分别计算南北方向之红灯、黄灯和绿灯的剩余时间，以二进制格式保存。

第 201 步、209 步和 217 步行，分别计算东西方向之红灯、黄灯和绿灯的剩余时间，以二进制格式保存。

第 225 步行，将剩余时间转换为 BCD 码，其中南北方向的剩余时间值用负逻辑从 K2Y020(晶体管漏型) 输出，驱动数码管的译码电路。

③ PLC 通信参数设置。在“任务 9　十字路口交通灯的 PLC 控制”工程中，执行命令“导航窗口”→“工程”→“参数”，打开 PLC“FX 参数设置”对话框，选择“PLC 系统设置（2）”选项卡，如图 9-20 所示。“进行通信设置”打☑，选择协议为“专用协议通信”，数据长度为“7bit”，奇偶校验为“偶数”，停止位为“1bit”，传输速率为“9600”，H/W 类型为“RS-485”，“和校验”打☑，传送控制步骤为“格式 1”，站号设置默认为“00H”，设置结束。

注意：下载 PLC 程序和 PLC 参数后，PLC 需要断电重启。

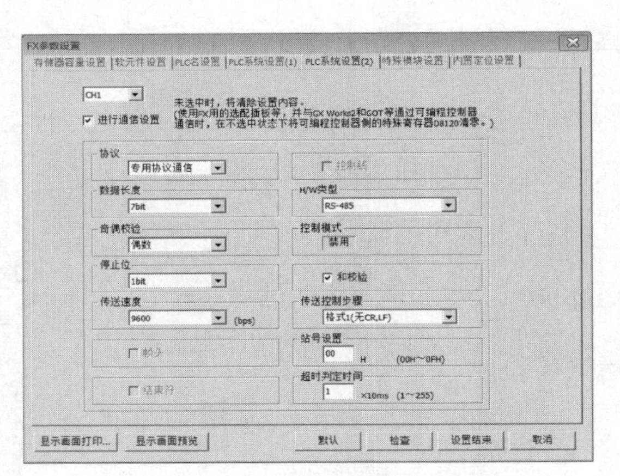

图 9-20　PLC 通信参数设置

(6) 十字路口交通灯监控组态设计

① 创建新工程。直接双击桌面快捷图标，打开 MCGS 组态环境。创建一个后缀名为“. MCE”的新工程，选择 TPC 类型为 TPC7062Ti，其余参数默认。

② 命名新建工程。打开“保存为”窗口。将当前的“新建工程 x”取名为“任务 9　十字路口交通灯的 PLC 控制”，保存在默认路径（D:\MCGSE\Work）下。

③ 设备组态。

a. 添加 FX 系列 PLC 串口。“设备窗口”→“设备工具箱”→“设备管理”。打开“设备管理”对话框，“PLC”→“三菱”→“三菱_FX 系列串口”，添加“三菱_FX 系列 PLC 串口”到选定设备区，如图 9-21 所示。

b. 添加触摸屏与 PLC 的 RS-485 串口连接设备。返回“设备窗口”，先添加根目录

“通用串口父设备 0—[通用串口父设备]”，再添加子目录“设备 0—[三菱_FX 系列串口]”，如图 9-22 所示。

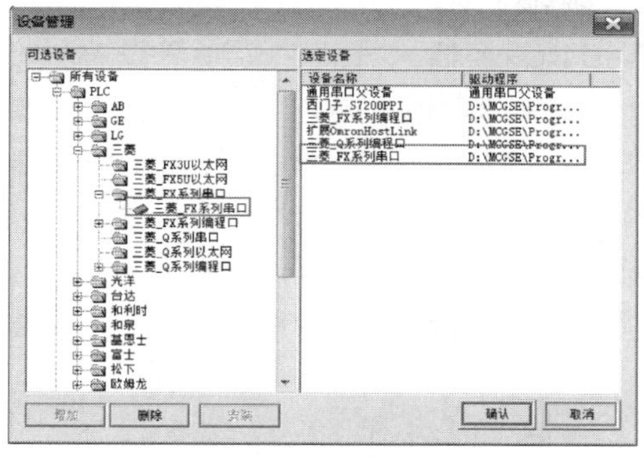

图 9-21　添加三菱 FX 系列串口

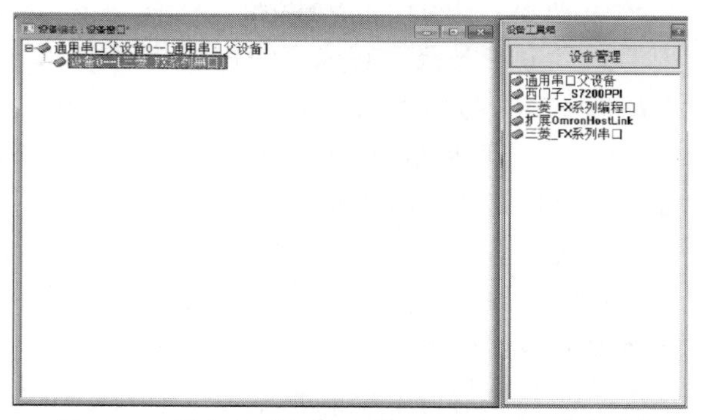

图 9-22　添加触摸屏与三菱 PLC 串口连接设备

c. 设置通用串口父设备参数。双击“通用串口父设备 0—[通用串口父设备]”，打开“通用串口设备属性编辑”对话框。选择串口端口号为“COM2”，通信波特率为“9600”，数据位位数为“7 位”，停止位位数为“1 位”，数据校验方式为“偶校验”，如图 9-23 所示。确认退出。

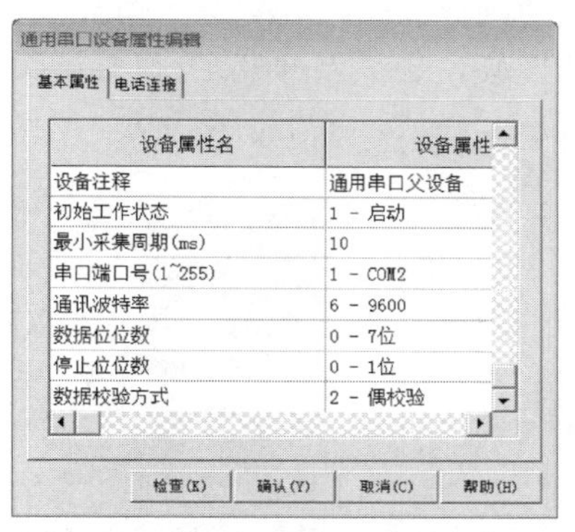

图 9-23　设置通用串口父设备参数

d. 设置 FX 系列串口参数。双击“设备 0—[三菱_FX 系列串口]”，打开“设备编辑窗口”，设置设备属性值如下。设备地址默认为“0”，协议格式为“0-协议 1”，是否校验为“1-求校验”，PLC 类型为“4-FX2N”，如图 9-24 左框所示。

图 9-24　设置 FX 系列串口参数和设备通道连接变量

e. 添加设备通道连接变量。增加设备通道“读写 Y0004”～“读写 Y0017”，设置快速连接变量为 Y4～Y17；增加设备通道“读写 M0016”，设置快速连接变量为 M16；增加设备通道“读写 DWD0005”～“读写 DWD0007”，设置快速连接变量为 D5～D7，如

笔 记

图 9-24 右框所示。确认退出。

④ 组态监控界面。“用户窗口”→“新建窗口”，新建窗口 0。在窗口 0 中，参照图 9-16 所示，组态十字路口交通灯监控界面。各控件组态如下。

a. 绘制斑马线。首先，绘制西方斑马线。打开工具箱，插入元件“矩形”图标。坐标为［H：240］、［V：120］，尺寸为［W：30］、［H：10］，填充颜色“白色”，边线颜色“白色”。复制粘贴 12 个这样的矩形，用“排列”→“对齐”命令，均匀排列。用同样方法，绘制其余方向的斑马线。

b. 绘制车道和行车方向指示。车道用工具箱元件“矩形”绘制。行车方向指示，可用工具箱元件“标签”绘制，取消填充颜色和边线颜色，字符颜色选“白色”，在扩展属性的文本中添加相关箭头。

c. 组态信号灯和模式指示灯。插入工具箱元件“椭圆”图标。坐标为［H：495］、［V：250］，尺寸为［W：30］、［H：10］，填充颜色“灰色”，边线颜色“黑色”。在“颜色动画连接”栏，勾选“填充颜色”。打开“填充颜色”栏目，表达式选“Y15”，填充颜色连接，分段点“0”选择对应颜色为灰色，分段点“1”选择对应颜色为红色，如图 9-25 所示。确认，退出。

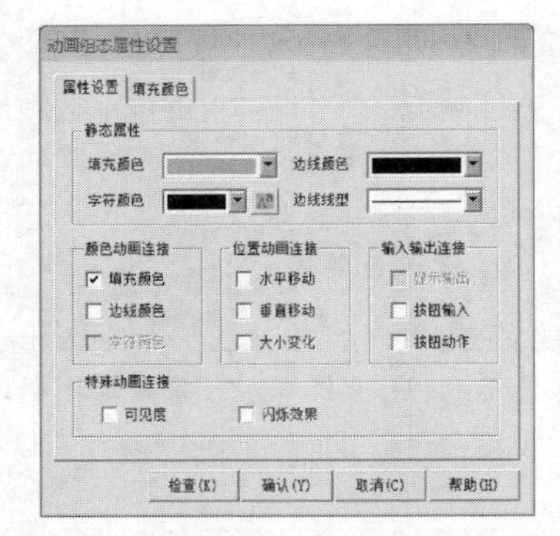

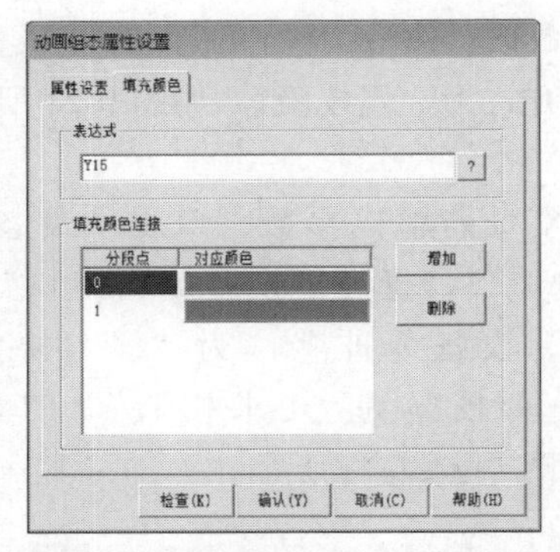

图 9-25 信号灯动画组态属性设置

12 个信号灯和 2 个模式指示灯的位置尺寸和动态属性设置见表 9-11。

表 9-11 信号灯位置尺寸和动态属性设置

信号灯	位置坐标	尺寸参数	填充颜色		
			表达式	分段点 0	分段点 1
东方红灯	[H:495]、[V:250]	[W:30]、[H:30]	Y15	灰色	红色
东方黄灯	[H:495]、[V:290]	[W:30]、[H:30]	Y16	灰色	黄色
东方绿灯	[H:495]、[V:330]	[W:30]、[H:30]	Y17	灰色	绿色
西方红灯	[H:280]、[V:200]	[W:30]、[H:30]	Y15	灰色	红色
西方黄灯	[H:280]、[V:160]	[W:30]、[H:30]	Y16	灰色	黄色
西方绿灯	[H:280]、[V:120]	[W:30]、[H:30]	Y17	灰色	绿色
南方红灯	[H:360]、[V:330]	[W:30]、[H:30]	Y10	灰色	红色
南方黄灯	[H:320]、[V:330]	[W:30]、[H:30]	Y6	灰色	黄色

笔 记

续表

信号灯	位置坐标	尺寸参数	填充颜色		
			表达式	分段点 0	分段点 1
南方绿灯	[H:280]、[V:330]	[W:30]、[H:30]	Y7	灰色	绿色
北方红灯	[H:410]、[V:120]	[W:30]、[H:30]	Y10	灰色	红色
北方黄灯	[H:450]、[V:120]	[W:30]、[H:30]	Y6	灰色	黄色
北方绿灯	[H:490]、[V:120]	[W:30]、[H:30]	Y7	灰色	绿色
夜间模式	[H:630]、[V:20]	[W:30]、[H:30]	Y4	灰色	蓝色
白天模式	[H:710]、[V:20]	[W:30]、[H:30]	Y5	灰色	蓝色

d. 组态剩余时间显示框。插入工具箱元件“输入框”图标。尺寸为 [W：35]、[H：30]，打开“输入框构件属性设置”对话框，选择“基本属性”栏目，水平对齐和垂直对齐均居中，边界类型选“三维边框”，背景颜色选“白色”。选择“操作属性”栏目，在对应数据对象的名称，选择变量“D7”，勾选“自然小数位”，其余默认。确认，退出。四个方向的剩余时间显示框动态属性设置见表 9-12。

表 9-12　剩余时间框位置尺寸和动态属性设置

剩余时间框	位置坐标	尺寸参数	对应数据对象的名称
东方剩余时间框	[H:450]、[V:260]	[W:35]、[H:30]	D7
西方剩余时间框	[H:320]、[V:190]	[W:35]、[H:30]	D7
南方剩余时间框	[H:345]、[V:290]	[W:35]、[H:30]	D5
北方剩余时间框	[H:425]、[V:155]	[W:35]、[H:30]	D5

e. 组态模式按钮。插入工具箱元件“标准按钮”图标。坐标为 [H：10]、[V：420]，尺寸为 [W：160]、[H：60]，打开“标准按钮构件属性设置”对话框，选择“基本属性”栏目，在文本下输入“模式按钮”，水平中对齐和垂直中对齐。选择“操作属性”栏目，在抬起功能，勾选“数据对象值操作”，第一个框选择“按 1 松 0”，第二个框选择变量“M16”，如图 9-26 所示。确认，退出。

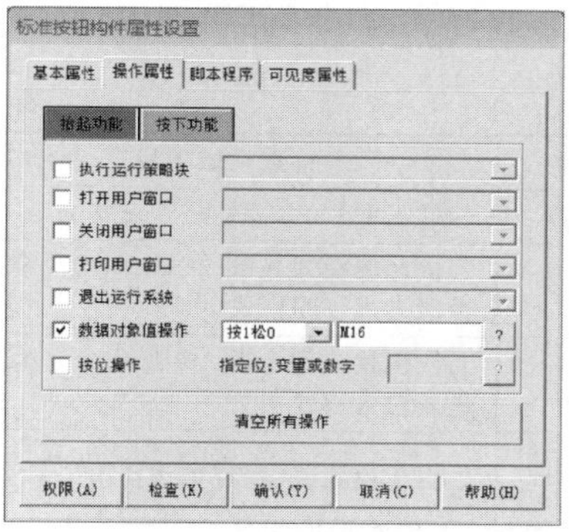

图 9-26　标准按钮构件操作属性设置

⑤ 组态检查。单击快捷工具图标，检查组态。

⑥ 下载工程并进入运行环境。

a. 参照图 9-18，确认 TCP 与上位机 PC 的通信电缆已经可靠连接。

b. 设置上位机 PC 的 IP 地址，保证 TPC 和上位机 PC 的 IP 地址在同一个网段，比如“IP 192.168.0.X，子网掩码 255.255.255.0”，如图 9-27 所示。

c. TPC 通电。快速单击蓝色进度条，设置 TPC 的 IP 地址，要求与上位机 PC 在同一网段，比如“IP 192.168.0.Y，子网掩码 255.255.255.0”。

d. 单击快捷工具图标，弹出如图 9-28 所示“下载配置”窗口。

笔 记

e. 单击“连机运行”，连接方式选择“TCP/IP 网络”，单击“通信测试”（图中按钮为“通信测试”），弹出对话框“正在创建 TCP IP 连接，请等待……”。

f. 通信测试成功后，单击“工程下载”。下载工程“任务 9 十字路口交通灯的 PLC 控制”。

g. 工程下载成功后，在图 9-28 返回信息的最后一行，绿色文字提示“工程下载成功！0 个错误，0 个警告，0 个提示！”。单击“启动运行”。

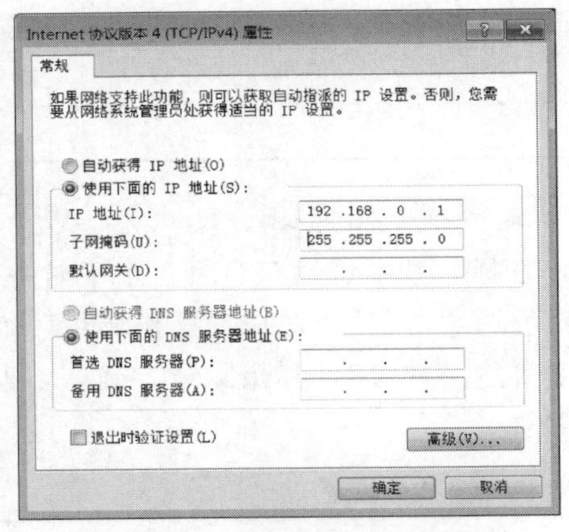

图 9-27 上位机的 IP 地址设置

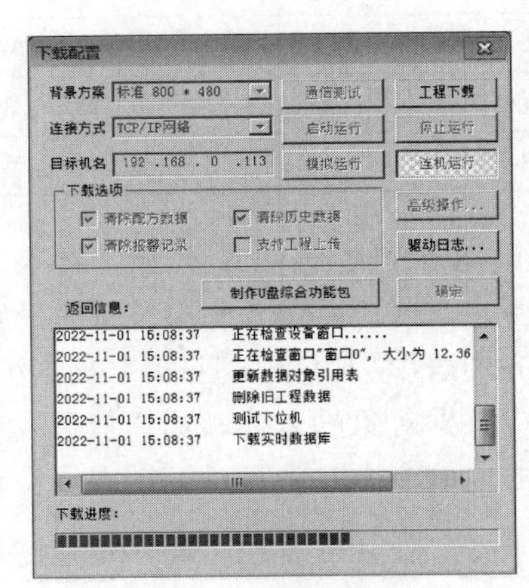

图 9-28 下载配置

(7) 十字路口交通灯运行调试

完成调试前准备工作后，“任务 9 十字路口交通灯的 PLC 控制”的 PLC 程序和组态程序均已经下载完成。参照表 9-13 所列的调试项目和过程，进行运行调试，将观察结果如实记录在表 9-13 中。如果出现异常情况，请小组讨论分析，找到解决办法，并排除故障，直到满足十字路口交通灯控制要求。

表 9-13 任务 9 运行调试小卡片

序号	检查调试项目	观察指示灯状态	是否正常
1	检查 RS-485 通信是否正常	RD 和 SD 指示灯：________	
2	快速按模式按钮 2 次，检查系统是否能进入夜间模式	夜间模式指示灯：________； 黄色信号灯：________	
3	按模式按钮 1 次，检查系统是否能进入白天模式	白天模式指示灯：________； 交通信号灯：________	
4	白天模式，红绿灯工作情况	东西方向信号灯：________； 南北方向信号灯：________	
5	白天模式，倒计时工作情况	东西方向计时显示：________； 南北方向计时显示：________	
6	用按钮 SB1 操作，系统能否正常工作		

(8) 任务拓展

训练 1：交通灯 PLC 控制系统的设计、安装与调试（高级电工 PLC 实操题）。依据图 9-29 所示交通灯时序图，正确绘制 I/O 接线原理图，完成 PLC 控制系统的 I/O 接线，编制 PLC 控制程序并下载，用模拟指示灯和按钮开关板进行调试，达到控制要求。

笔记

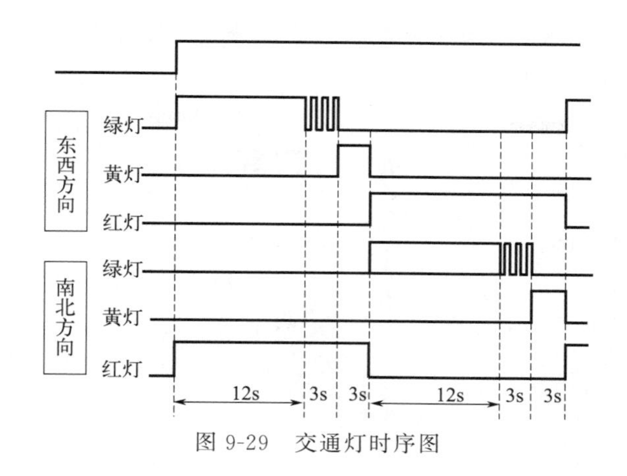

图 9-29　交通灯时序图

训练 2：简易无人值守路口交通灯控制。

① 在一个无人值守的只有两个行车方向的车道上，分别用红灯、黄灯和绿灯指挥车的运行状态，同时在人行道上用红灯和绿灯表示允许或者禁止行人通过车道。系统工作示意如图 9-30(a) 所示。

② 交通信号灯有两种运行方式，可以通过选择开关选择白天或者夜间两种运行方式。白天运行方式的时序图，如图 9-30(b) 所示。

③ 交通信号灯夜间的运行方式为：只有黄灯以 0.5Hz 的时钟频率闪烁，其他灯灭。

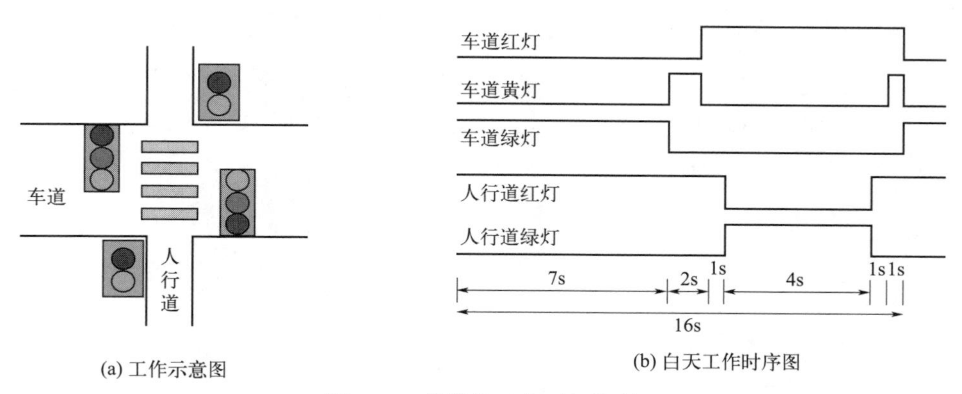

(a) 工作示意图　(b) 白天工作时序图

图 9-30　简易路口交通灯控制

(9) 全球与中国工业触摸屏市场现状及发展趋势

① 工业触摸屏行业特点、分类及应用。

② 全球市场及中国生产工业触摸屏主要生产厂商的竞争态势。

③ 中国市场工业触摸屏市场份额及未来发展趋势。

④ 中国市场工业触摸屏的产品类型。

以上内容请扫描二维码观看学习。

素养训练视频9 工业触摸屏市场现状及产品类型

9.4 任务评价

“附录 B　PLC 操作技能考核评分表（二）”从职业素养与安全意识、控制电路设计、

笔 记

组态设计、接线工艺、通电运行五个方面进行考核评分。请各小组参照附录 B 的要求，对任务 9 的完成情况进行小组自我评价。

9.5　习题

请扫码完成习题 9 测试。

习题 9

任务10

花式喷泉的PLC控制

【知识目标】

① 熟悉移位指令 SFTR、SFTL 的使用方法；
② 熟悉循环移位指令 ROR、ROL 的使用方法；
③ 熟悉带进位的循环移位指令 RCR、RCL 的使用方法；
④ 熟悉多方式控制程序的设计方法。

【能力目标】

① 能设计花式喷泉控制电路的 I/O 地址；
② 会组态花式喷泉控制系统监控画面；
③ 会实现花式喷泉控制系统监控画面与 PLC 之间的动态连接；
④ 能根据组态监控判断花式喷泉控制电路是否满足要求。

【素质目标】

用 PPT 展示城市各种花式喷泉及控制思路，增强爱国爱家情怀，坚定文化自信。

10.1 任务引入

党的二十大报告指出，必须坚持在发展中保障和改善民生，鼓励共同奋斗创造美好生活，不断实现人民对美好生活的向往。人们追求高环境、高质量的文化生活，推动了喷泉行业的发展。比如在广场、大厦和小区等场所，喷泉工程可以润湿周围的空气，减少空气中的尘埃，降低周围的气温；喷泉所喷出来的细小水珠同空气中的分子撞击，能产出负氧离子，减少空气悬浮物数量，改善空气的卫生条件。

某广场的花式喷泉示意图如图 10-1 所示，4 号为中间喷头，3 号为内环形状喷头，2 号为次外环形状喷头，1 号为外环形状喷头。

本系统采用三菱 FX_{3U} 系列 PLC 作为喷泉的主控制器，控制喷泉喷水方式和喷水时间，产生各种各样的喷泉花样。

笔 记

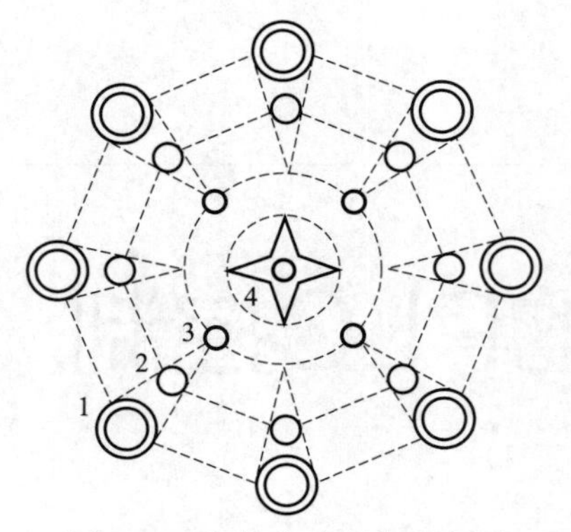

图 10-1　广场花式喷泉示意图

10.2 知识准备

10.2.1 移位指令 SFTR、 SFTL

微课视频45
移位指令SFTR和SFTL

(1) 位右移指令 SFTR

SFTR（P）指令（FNC 34）把 n1 位［D.］所指定的位软元件右移 n2 位，空出的高位用［S.］所指定的 n2 个位软元件填充，要求 n2≤n1≤1024。［S.］可指定 X、Y、M、S、D□.b，［D.］可指定 Y、M、S。非脉冲式时，每个扫描周期都执行一次位右移操作。

位右移指令工作原理如图 10-2 所示。图中，当 X10 由 OFF→ON 时，［S.］内（X3～X0）的 4 位数据连同［D.］内（M15～M0）的 16 位数据向右移 4 位，即从高位向低位方向移动。

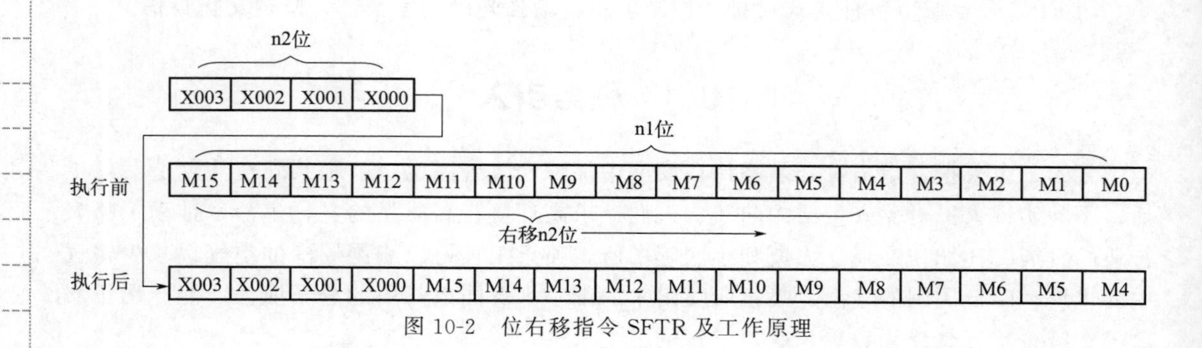

图 10-2　位右移指令 SFTR 及工作原理

(2) 位左移指令 SFTL

SFTL(P）指令（FNC 35）把 n1 位［D.］所指定的位软元件左移 n2 位，空出的低位用［S.］所指定的 n2 个位软元件填充，要求 n2≤n1≤1024。［S.］可指定 X、Y、M、S、

D□. b，[D.] 可指定 Y、M、S。非脉冲式时，每个扫描周期都执行一次位左移操作。

位左移指令工作原理如图 10-3 所示。图中，当 X10 由 OFF→ON 时，[D.] 内（M15～M0）的 16 位数据连同 [S.] 内（X3～X0）的 4 位数据向左移 4 位，即从低位向高位方向移动。

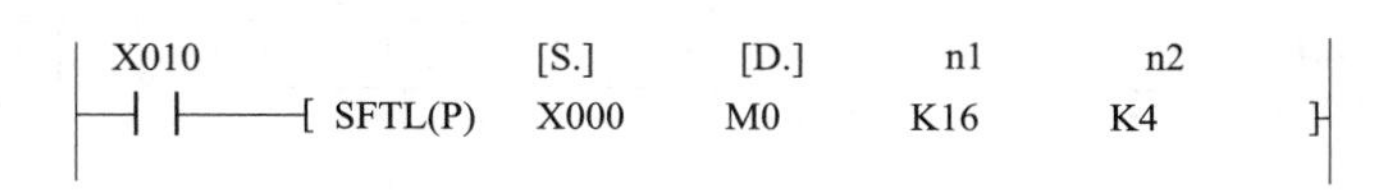

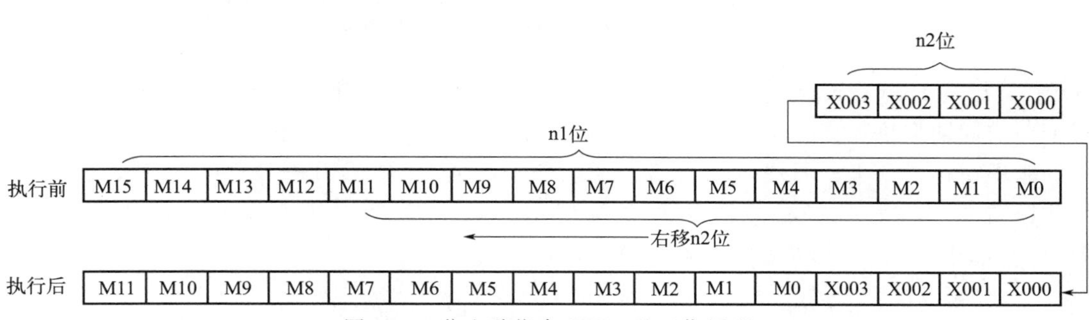

图 10-3　位左移指令 SFTL 及工作原理

【学生练习】请在编程软件中输入图 10-2 和图 10-3 所示的程序，仿真程序。假设 K4M0 的初始值为 0，按表 10-1 的要求，设定 K1X000 的值，接通 X010 后，观察 K4M0 的值并记录。

表 10-1　移位指令仿真调试结果

指令	K1X000 的值	X010 接通后 M15～M0 的值(用 16 进制格式表示)
SFTR	0011	
SFTRP	0011	
SFTL	0101	
SFTLP	0101	

10.2.2　循环移位指令 ROR、ROL

(1) 循环右移指令 ROR

(D)ROR(P) 指令（FNC 30）使 16 位数据或 32 位数据 [D.] 向右循环移动 n 位。[D.] 可指定 KnY、KnM、KnS、T、C、D。$n \leqslant 16(32)$，不能设定成负值。非脉冲式时，每个扫描周期都执行移位。

循环右移指令工作原理如图 10-4 所示。图中，当 X1 由 OFF→ON 时，[D.] 内的 16 位数据循环向右移 3 位，最后从最低位移出的位数据存放到进位标志位 M8022 中，图 10-4 中阴影格的数据是最后从低位移出的位数据。

(2) 循环左移指令 ROL

(D)ROL(P) 指令（FNC 31）使 16 位数据或 32 位数据 [D.] 向左循环移动 n 位。

笔记

微课视频46
循环移位指令

笔 记

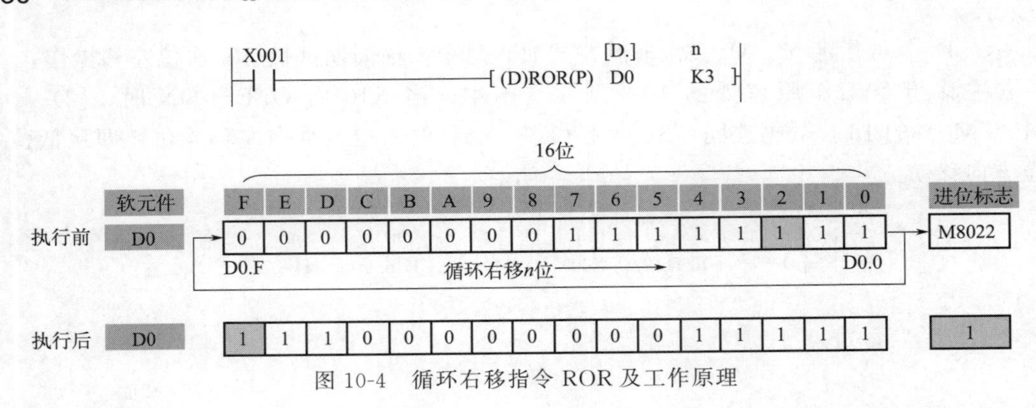

图 10-4　循环右移指令 ROR 及工作原理

[D.] 可指定 KnY、KnM、KnS、T、C、D。$n \leqslant 16(32)$，不能设定成负值。非脉冲式时，每个扫描周期都执行移位。

循环左移指令工作原理如图 10-5 所示。图中，当 X1 由 OFF→ON 时，[D.] 内的 16 位数据循环向左移 3 位，最后从最高位移出的位数据存放到进位标志位 M8022 中，图 10-5 中阴影格的数据是最后从高位移出的位数据。

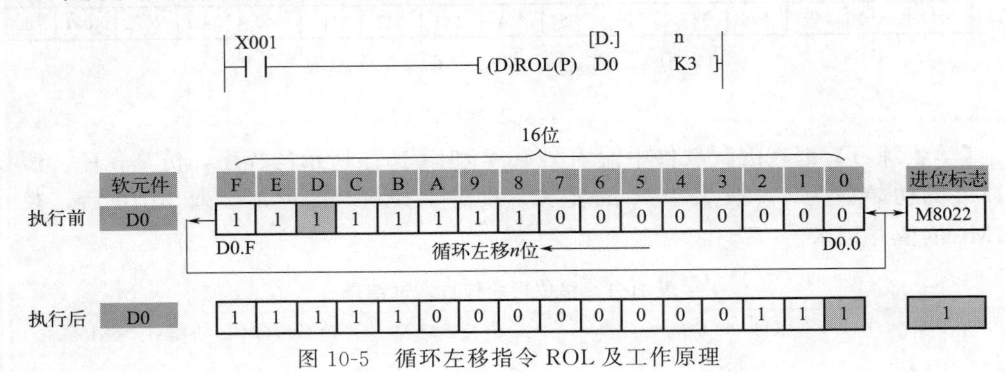

图 10-5　循环左移指令 ROL 及工作原理

【学生练习】请在编程软件中输入图 10-4 和图 10-5 所示的程序，仿真程序。按表 10-2 的要求，设定 D0 的初始值，通断 X1，观察 D0 和 M8022 的值并记录。

表 10-2　循环移位指令仿真调试结果

指令	D0 的初始值	X1 通断 1 次		X1 通断 2 次	
		D0 的值（用 16 进制格式表示）	M8022 的值	D0 的值（用 16 进制格式表示）	M8022 的值
RORP	33H				
ROLP	6789H				

10.2.3　带进位的循环移位指令 RCR、RCL

微课视频47 带进位的循环移位指令

(1) 带进位循环右移指令 RCR

(D)RCR(P) 指令（FNC 32）使 16 位数据或 32 位数据 [D.] 与进位标志位 M8022 一起向右循环移动 n 位。[D.] 可指定 KnY、KnM、KnS、T、C、D。$n \leqslant 16(32)$，不能

笔 记

设定成负值。循环移动非脉冲式时，每个扫描周期都执行移位。

带进位循环右移指令工作原理如图 10-6 所示。图中，当 X4 由 OFF→ON 时，［D.］内的 16 位数连同进位标志位 M8022 共 17 位的数据循环向右移 3 位，M8022 保存最后移出位 D0.2 的值。

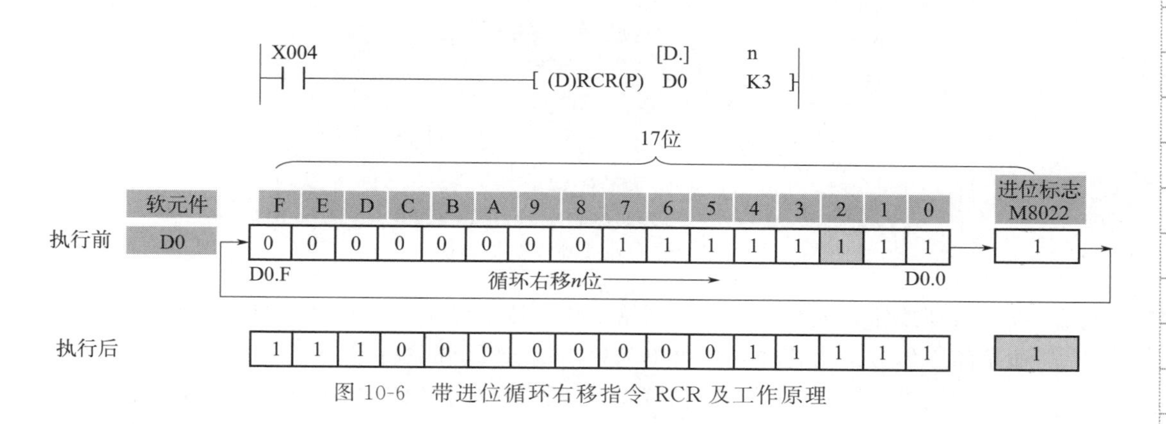

图 10-6　带进位循环右移指令 RCR 及工作原理

(2) 带进位循环左移指令 RCL

(D)RCL(P) 指令（FNC 33）使 16 位数据或 32 位数据［D.］与进位标志位 M8022 一起向左循环移动 n 位。［D.］可指定 KnY、KnM、KnS、T、C、D。$n\leqslant16(32)$，不能设定成负值。循环移动非脉冲式时，每个扫描周期都执行移位。

带进位循环左移指令工作原理如图 10-7 所示。图中，当 X4 由 OFF→ON 时，［D.］内的 16 位数连同进位标志位 M8022 共 17 位的数据循环向左移 3 位，M8022 保存最后移出位 D0.D 的值。

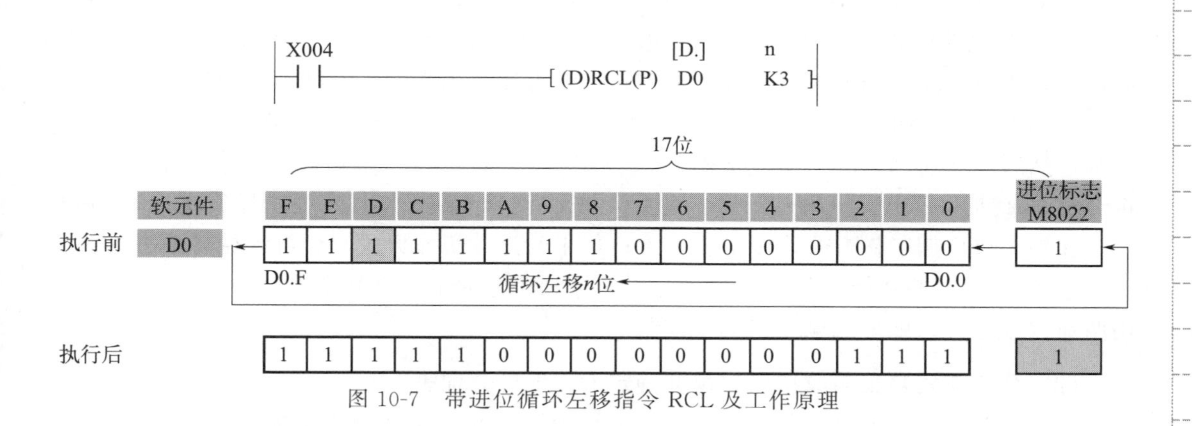

图 10-7　带进位循环左移指令 RCL 及工作原理

10.3　任务实施

微课视频48
花式喷泉系统
模拟演示

(1) 花式喷泉系统控制任务要求

某广场花式喷泉工作示意图如图 10-1 所示，设计一个用 PLC 实现广场花式喷泉的控

笔记

制系统。监控界面如图10-8所示，控制要求如下。

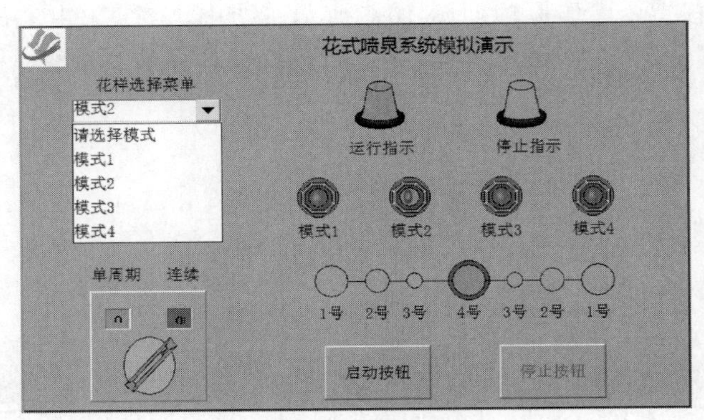

图10-8 花式喷泉监控界面

① 按下启动按钮，喷泉控制装置开始工作；按下停止按钮，喷泉控制装置停止工作。

② 喷泉的工作方式由花样选择菜单和单周期/连续开关决定。

③ 当单周期/连续开关在单周期位置时，喷泉只能按照花样选择开关设定的方式，运行一个循环。

④ 花样选择开关用于选择喷泉的喷水花样，先考虑四种喷水花样。

a. 花样选择菜单选择模式1时，按下启动按钮后，4号喷头喷水，延时2s后，3号喷头喷水，再延时2s后，2号喷头喷水，又延时2s后，1号喷头喷水。10s后，如果为单周期工作方式，则停止下来；如果为连续工作方式，则继续循环下去。

b. 花样选择菜单选择模式2时，按下启动按钮后，1号喷头喷水，延时2s后，2号喷头喷水，再延时2s后，3号喷头喷水，又延时2s后，4号喷头喷水。15s后，如果为单周期工作方式，则停止下来；如果为连续工作方式，则继续循环下去。

c. 花样选择菜单选择模式3时，按下启动按钮后，1、3号喷头同时喷水，延时3s后，2、4号喷头喷水，1、3号停止喷水。如此交替运行15s后，4组喷头全喷水。20s后，如果为单周期工作方式，则停止下来；如果为连续工作方式，则继续循环下去。

d. 花样选择菜单选择4时，按下启动按钮后，按照1→2→3→4的顺序，依次间隔2s喷水，然后一起喷水。20s后，按照1→2→3→4的顺序，分别延时2s，依次停止喷水。再经过1s延时，按照4→3→2→1的顺序，依次间隔2s喷水，然后一起喷水。20s后停止。如果为单周期工作方式，则停止下来；如果为连续工作方式，则继续循环下去。

⑤ 触摸屏监控功能。花样选择和单周期/连续选择开关由触摸屏实现，启/停按钮采用两地控制方式，就地和触摸屏远程控制。

(2) 分析花式喷泉系统控制对象并确定I/O地址分配表

根据控制要求，输入信号有2个，就地启动按钮SB1和就地停止按钮SB2。输出信号有6个，运行指示HL1和停止指示HL2，4个控制喷泉的电磁阀YV1～YV4。选择FX_{3U}-48MT/ES-A型PLC。任务10的I/O地址分配见表10-3。

表10-3 任务10的I/O地址分配表

输入地址	输入信号	软元件注释	说明	输出地址	输出信号	软元件注释	说明
	SB1	启动按钮	常开型,就地控制		HL1	运行指示	绿色,DC 24V

笔 记

续表

输入地址	输入信号	软元件注释	说明	输出地址	输出信号	软元件注释	说明
	SB2	停止按钮	常开型，就地控制		HL2	停止指示	红色，DC 24V
	—			Y21	YV1	1 号喷泉	DC 24V 单电控电磁阀
	—			Y22	YV2	2 号喷泉	
	—			Y23	YV3	3 号喷泉	
	—			Y24	YV4	4 号喷泉	

(3) 花式喷泉系统硬件设计

花式喷泉系统接线原理图如图 10-9 所示，补充完成接线原理图。

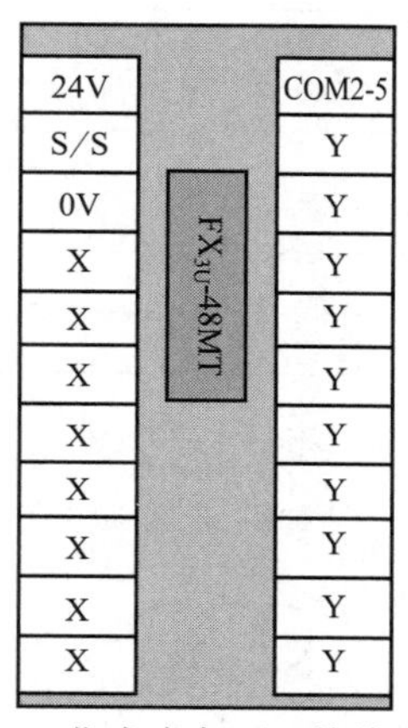

图 10-9　花式喷泉 I/O 接线原理图

(4) 通信电路设计

通信电路如图 9-18 所示。上位机 PC 与 TPC 用超五类非屏蔽网络双绞线连接，上位机 PC 与下位机 PLC 用 USB-SC09-FX 下载线连接，触摸屏 TPC 和下位机 PLC 之间通过 RS-485 通信。

(5) 花式喷泉系统软件设计

① 中间标志位定义。任务 10 用到的标志位等中间信号，见表 10-4。实际设计时，边使用边定义。

表 10-4　任务 10 的中间标志位

编程地址	数据类型	功能说明	编程地址	数据类型	功能说明
M0	Bit	单周期/连续方式	S0	Bit	初始步
M1	Bit	模式 1	S11	Bit	模式 1 步
M2	Bit	模式 2	S21	Bit	模式 2 步
M3	Bit	模式 3	S31	Bit	模式 3 步
M4	Bit	模式 4	S32	Bit	13 同时喷水步
M10	Bit	运行标志	S33	Bit	24 同时喷水步
M11	Bit	模式 1 运行标志	S34	Bit	1234 同时喷水步
M12	Bit	模式 2 运行标志	S41	Bit	模式 4 步
M13	Bit	模式 3 运行标志	C0	Word	交替 5 次
M14	Bit	模式 4 运行标志	T1	Word	1 号延时 2s1
M16	Bit	启动按钮	T2	Word	2 号延时 2s1
M17	Bit	停止按钮	T3	Word	3 号延时 2s1

笔 记

续表

编程地址	数据类型	功能说明	编程地址	数据类型	功能说明
T4	Word	4 号延时 2s1	T28	Word	4 号延时 2s3
T5	Word	1、3 号延时 3s	D0	Word	模式选择 ID
T6	Word	2、4 号延时 3s	D1	Word	1 号喷泉运行标志字
T10	Word	延时 1s	D2	Word	2 号喷泉运行标志字
T11	Word	延时 10s	D3	Word	3 号喷泉运行标志字
T12	Word	延时 15s	D4	Word	4 号喷泉运行标志字
T13	Word	延时 20s1	D11	Word	模式 1 状态字
T14	Word	延时 20s2	D12	Word	模式 2 状态字
T21	Word	1 号延时 2s2	D13	Word	模式 3 状态字
T22	Word	2 号延时 2s2	D14	Word	模式 4 状态字
T23	Word	3 号延时 2s2	D21	Word	模式 1 步进控制字
T24	Word	4 号延时 2s2	D22	Word	模式 2 步进控制字
T25	Word	1 号延时 2s3	D23	Word	模式 3 步进控制字
T26	Word	2 号延时 2s3	D24	Word	模式 4 步进控制字
T27	Word	3 号延时 2s3			

② 控制流程图设计。根据花式喷泉的控制工艺要求，控制流程如图 10-10 的所示。运行后的控制流程有四个选择分支，分别对应花式喷泉的 4 种模式。

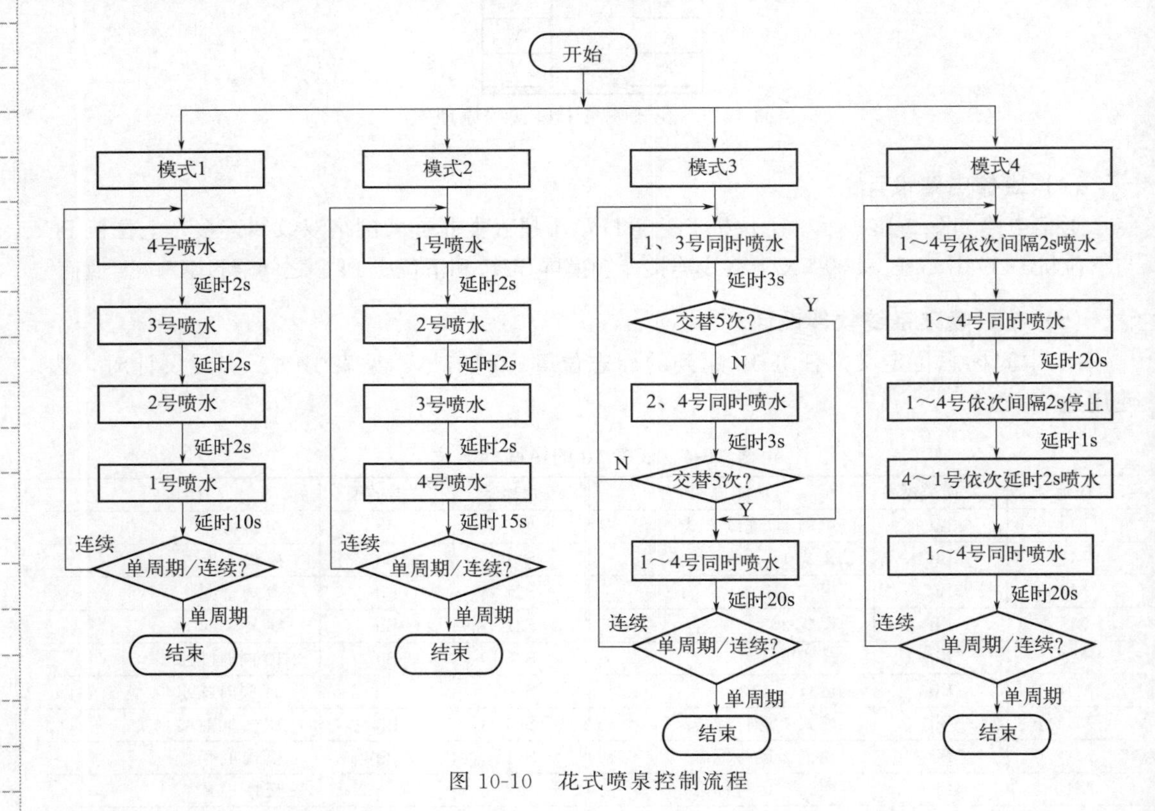

图 10-10 花式喷泉控制流程

③ 梯形图设计。创建一个新工程。选择正确的工程类型和 PLC 类型。命名并保存新工程，如“任务 10 花式喷泉的 PLC 控制”。程序如图 10-11 所示。

笔 记

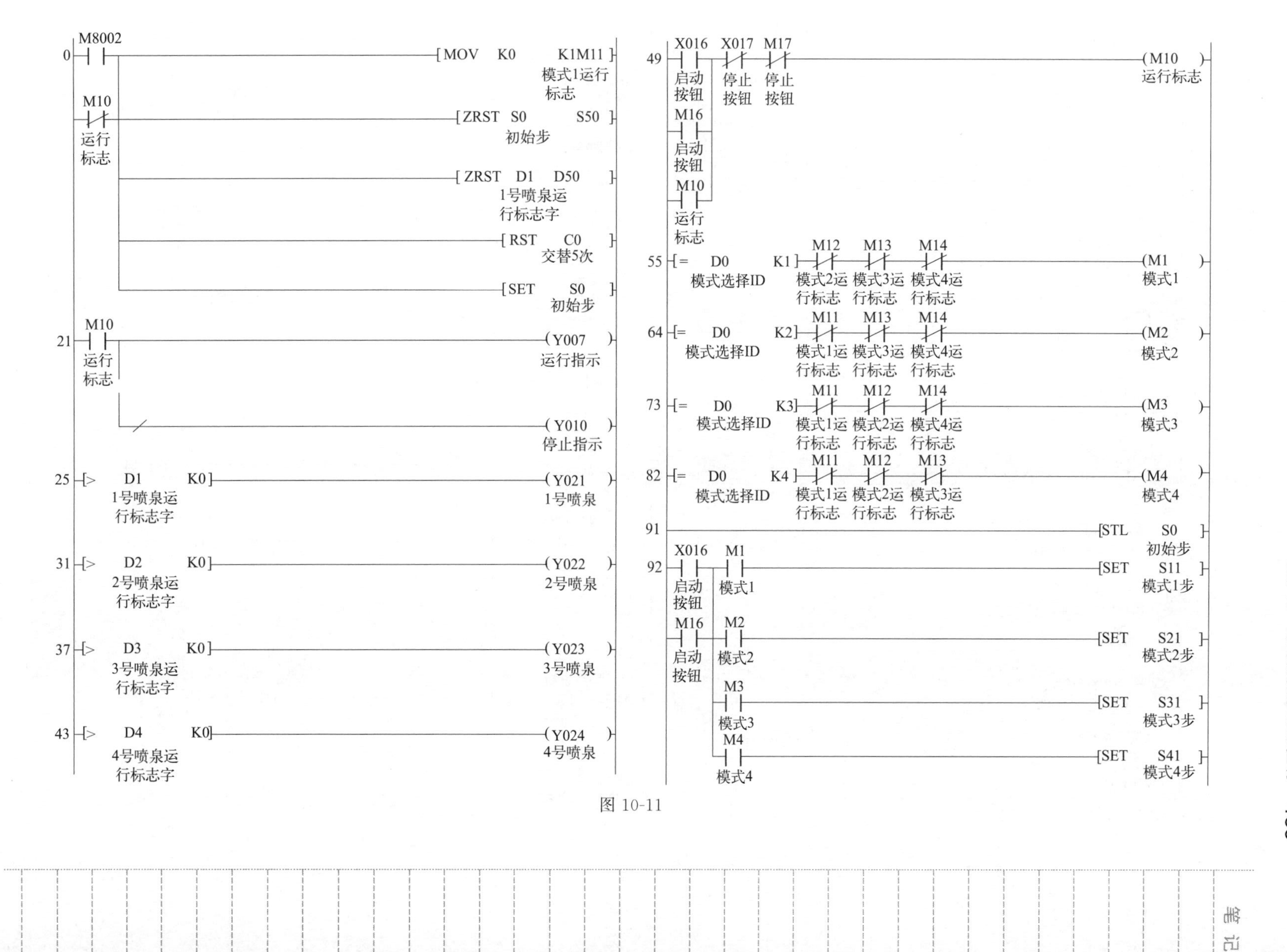
0 M8002
MOV K0 K1M11
模式1运行标志
M10 运行标志
ZRST S0 S50
初始步
ZRST D1 D50
1号喷泉运行标志字
RST C0
交替5次
SET S0
初始步
21 M10 运行标志
Y007 运行指示
Y010 停止指示
25 > D1 K0
1号喷泉运行标志字
Y021 1号喷泉
31 > D2 K0
2号喷泉运行标志字
Y022 2号喷泉
37 > D3 K0
3号喷泉运行标志字
Y023 3号喷泉
43 > D4 K0
4号喷泉运行标志字
Y024 4号喷泉
49 X016 启动按钮
X017 停止按钮
M17 停止按钮
M16 启动按钮
M10 运行标志
M10 运行标志
55 = D0 K1
模式选择ID
M12 模式2运行标志
M13 模式3运行标志
M14 模式4运行标志
M1 模式1
64 = D0 K2
模式选择ID
M11 模式1运行标志
M13 模式3运行标志
M14 模式4运行标志
M2 模式2
73 = D0 K3
模式选择ID
M11 模式1运行标志
M12 模式2运行标志
M14 模式4运行标志
M3 模式3
82 = D0 K4
模式选择ID
M11 模式1运行标志
M12 模式2运行标志
M13 模式3运行标志
M4 模式4
91 STL S0
初始步
92 X016 启动按钮
M16 启动按钮
M1 模式1
SET S11 模式1步
M2 模式2
SET S21 模式2步
M3 模式3
SET S31 模式3步
M4 模式4
SET S41 模式4步

图 10-11

笔记

```
110 ──────────────────────────────[STL S11]
                                  模式1步
111 ──────────────────────────────(M11)
                                  模式1运行标志
112 ─┤├ X016 启动按钮 ─┬─[= D11 K0]──[MOV K1 D11]
    ─┤├ M16 启动按钮 ──┘  模式1状态字   模式1状态字
124 ─[> D21 K0]──────────────────[SFLP D11 K1]
     模式1步进控制字                模式1状态字
134 ─┤├ D11.0 模式1状态字 ─┬──────(D4.1)   4号喷泉运行标志字
                          ├──────(T4 K20) 4号延时2s1
                          └─┤├ T4 4号延时2s1 ──(D21.0) 模式1步进控制字
147 ─┤├ D11.1 模式1状态字 ─┬──────(D3.1)   3号喷泉运行标志字
                          ├──────(T3 K20) 3号延时2s1
                          └─┤├ T3 3号延时2s1 ──(D21.1) 模式1步进控制字
160 ─┤├ D11.2 模式1状态字 ─┬──────(D2.1)   2号喷泉运行标志字
                          ├──────(T2 K20) 2号延时2s1
                          └─┤├ T2 2号延时2s1 ──(D21.2) 模式1步进控制字
173 ─┤├ D11.3 模式1状态字 ─┬──────(D1.1)   1号喷泉运行标志字
                          ├──────(T11 K100) 延时10s
                          └─┤├ T11 延时10s ─┬─┤/├ M0 单周期/连续方式 ──[MOV K1 D11] 模式1状态字
                                           └─┤├ M0 单周期/连续方式 ─┬─[MOV K0 D11] 模式1状态字
                                                                   └─(S0) 初始步
199 ──────────────────────────────[STL S21]
                                  模式2步
200 ──────────────────────────────(M12)
                                  模式2运行标志
201 ─┤├ X016 启动按钮 ─┬─[= D12 K0]──[MOV K1 D12]
    ─┤├ M16 启动按钮 ──┘  模式2状态字   模式2状态字
213 ─[> D22 K0]──────────────────[SFLP D12 K1]
     模式2步进控制字                模式2状态字
```

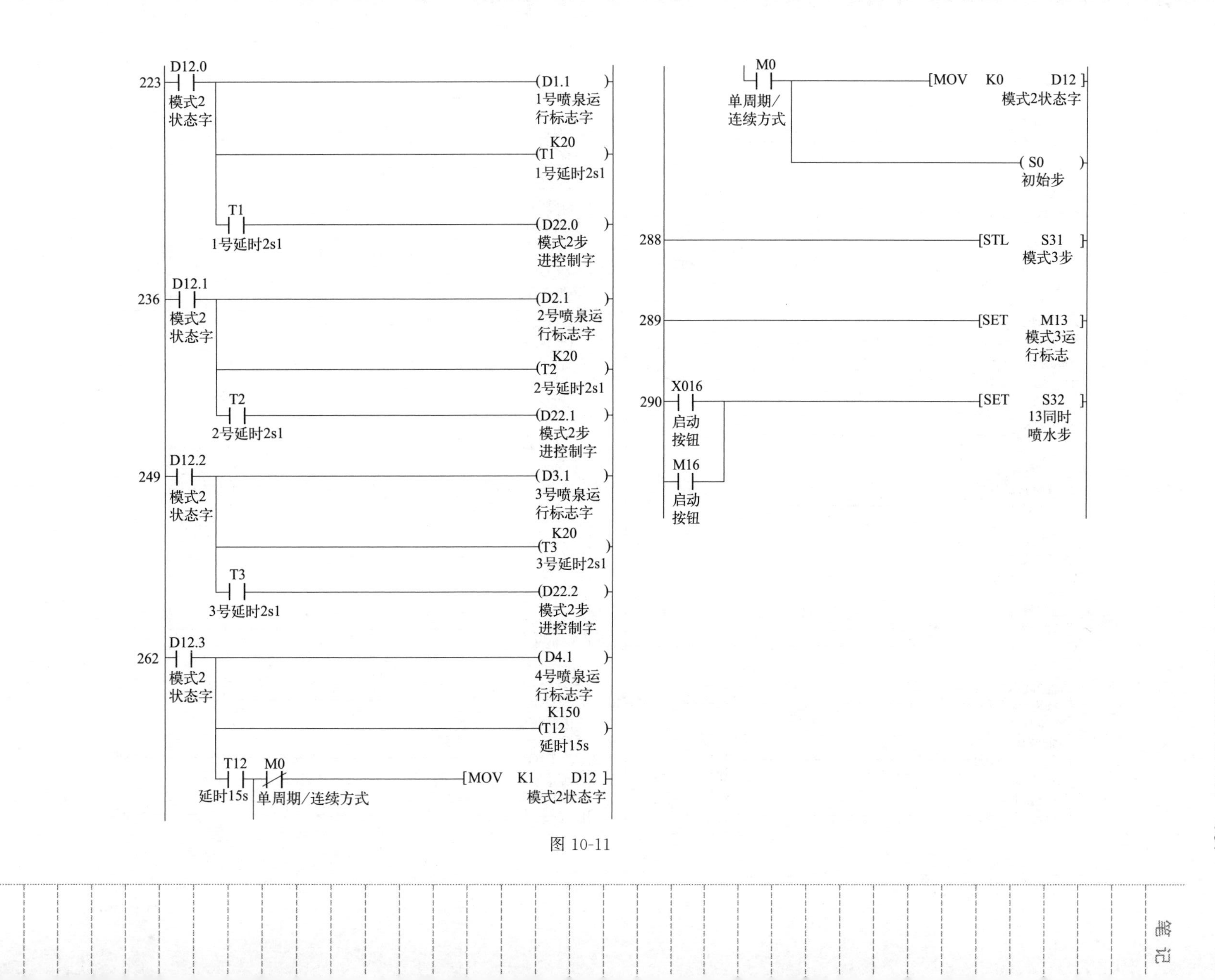
223
D12.0
模式2
状态字
D1.1
1号喷泉运
行标志字
K20
T1
1号延时2s1
T1
1号延时2s1
D22.0
模式2步
进控制字
236
D12.1
模式2
状态字
D2.1
2号喷泉运
行标志字
K20
T2
2号延时2s1
T2
2号延时2s1
D22.1
模式2步
进控制字
249
D12.2
模式2
状态字
D3.1
3号喷泉运
行标志字
K20
T3
3号延时2s1
T3
3号延时2s1
D22.2
模式2步
进控制字
262
D12.3
模式2
状态字
D4.1
4号喷泉运
行标志字
K150
T12
延时15s
T12
延时15s
M0
单周期/连续方式
MOV K1 D12
模式2状态字
M0
单周期/
连续方式
MOV K0 D12
模式2状态字
S0
初始步
288
STL S31
模式3步
289
SET M13
模式3运
行标志
290
X016
启动
按钮
M16
启动
按钮
SET S32
13同时
喷水步

图 10-11

笔 记

笔记

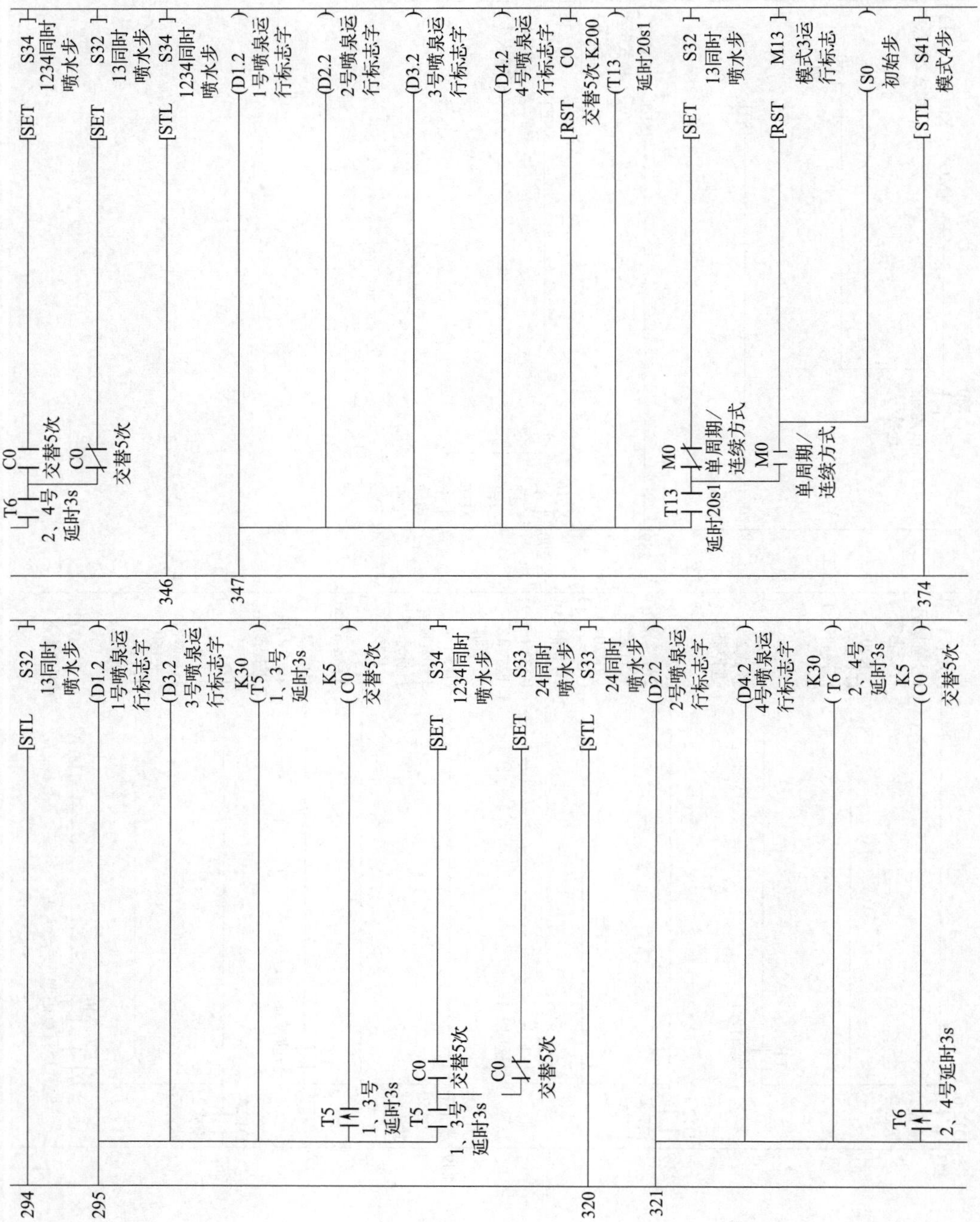

```
294 ─────────────────────────[STL  S32 ]  13同时喷水步
295 ─┬──────────────────────(D1.2 )  1号喷泉运行标志字
     ├──────────────────────(D3.2 )  3号喷泉运行标志字
     ├──────────────────────(T5 K30 )  1、3号延时3s
     ├─┤↑├ T5 (1、3号延时3s) ──────(C0 K5 )  交替5次
     └─┤├ T5 (1、3号延时3s) ┬─┤├ C0 (交替5次) ──[SET  S34 ]  1234同时喷水步
                            └─┤/├ C0 (交替5次) ─[SET  S33 ]  24同时喷水步
320 ─────────────────────────[STL  S33 ]  24同时喷水步
321 ─┬──────────────────────(D2.2 )  2号喷泉运行标志字
     ├──────────────────────(D4.2 )  4号喷泉运行标志字
     ├──────────────────────(T6 K30 )  2、4号延时3s
     └─┤↑├ T6 (2、4号延时3s) ──────(C0 K5 )  交替5次
     ┬─┤├ T6 (2、4号延时3s) ┬─┤├ C0 (交替5次) ──[SET  S34 ]  1234同时喷水步
                            └─┤/├ C0 (交替5次) ─[SET  S32 ]  13同时喷水步
346 ─────────────────────────[STL  S34 ]  1234同时喷水步
347 ─┬──────────────────────(D1.2 )  1号喷泉运行标志字
     ├──────────────────────(D2.2 )  2号喷泉运行标志字
     ├──────────────────────(D3.2 )  3号喷泉运行标志字
     ├──────────────────────(D4.2 )  4号喷泉运行标志字
     ├──────────────────────[RST  C0 ]  交替5次
     ├──────────────────────(T13 K200 )  延时20s1
     └─┤├ T13 (延时20s1) ┬─┤/├ M0 (单周期/连续方式) ──[SET  S32 ]  13同时喷水步
                        └─┤├ M0 (单周期/连续方式) ┬──[RST  M13 ]  模式3运行标志
                                                 └──(S0 )  初始步
374 ─────────────────────────[STL  S41 ]  模式4步
```

笔 记

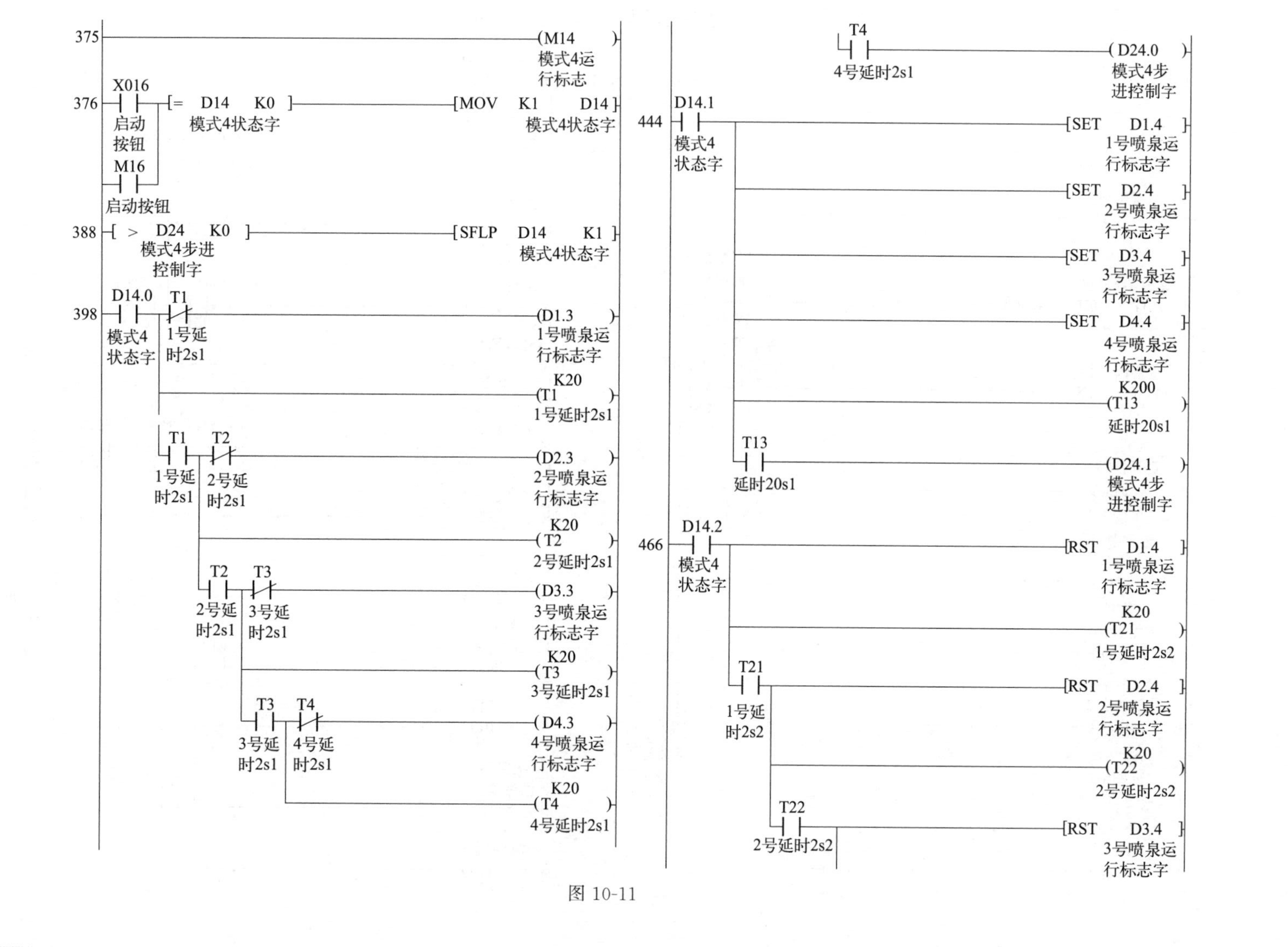
375
M14
模式4运行标志
376
X016
启动按钮
M16
启动按钮
[= D14 K0]
模式4状态字
[MOV K1 D14]
模式4状态字
388
[> D24 K0]
模式4步进控制字
[SFLP D14 K1]
模式4状态字
398
D14.0
模式4状态字
T1
1号延时2s1
D1.3
1号喷泉运行标志字
K20
T1
1号延时2s1
T2
2号延时2s1
D2.3
2号喷泉运行标志字
K20
T2
2号延时2s1
T3
3号延时2s1
D3.3
3号喷泉运行标志字
K20
T3
3号延时2s1
T4
4号延时2s1
D4.3
4号喷泉运行标志字
K20
T4
4号延时2s1
D24.0
模式4步进控制字
444
D14.1
模式4状态字
[SET D1.4]
1号喷泉运行标志字
[SET D2.4]
2号喷泉运行标志字
[SET D3.4]
3号喷泉运行标志字
[SET D4.4]
4号喷泉运行标志字
K200
T13
延时20s1
T13
延时20s1
D24.1
模式4步进控制字
466
D14.2
模式4状态字
[RST D1.4]
1号喷泉运行标志字
K20
T21
1号延时2s2
T21
1号延时2s2
[RST D2.4]
2号喷泉运行标志字
K20
T22
2号延时2s2
T22
2号延时2s2
[RST D3.4]
3号喷泉运行标志字

图 10-11

笔记

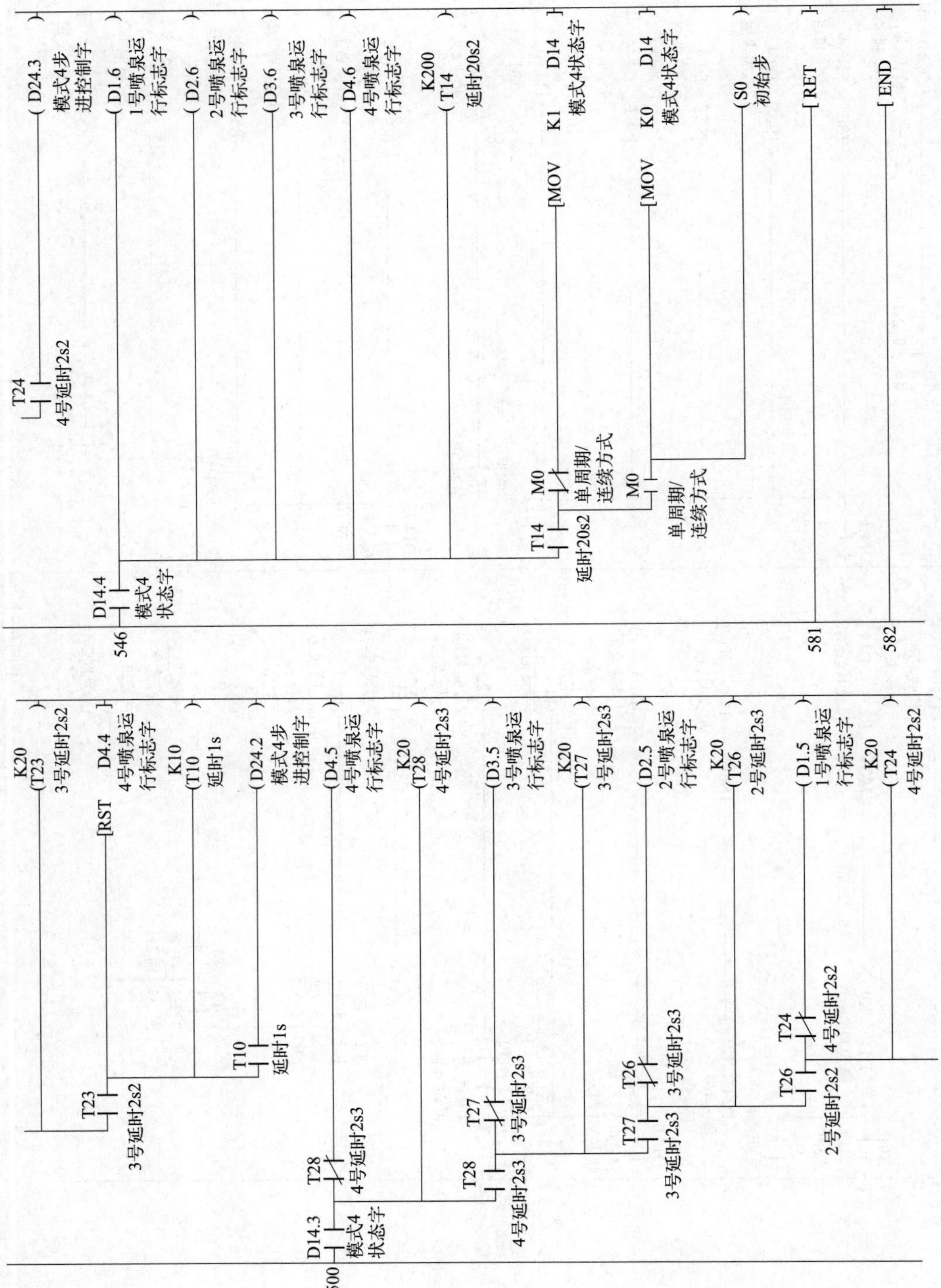

图 10-11 花式喷泉控制梯形图

笔 记

④ PLC 通信参数设置。在“任务 10　花式喷泉的 PLC 控制”工程中，执行命令“导航窗口”→“工程”→“参数”，打开 PLC “FX 参数设置”对话框，选择“PLC 系统设置（2）”选项卡，参照图 9-20，设置 PLC 通信参数。

注意：下载 PLC 程序和 PLC 参数后，PLC 需要断电重启。

（6）花式喷泉监控组态设计

① 创建新工程。直接双击桌面快捷图标，打开 MCGS 组态环境。创建一个后缀名为“. MCE”的新工程，选择 TPC 类型为 TPC7062Ti，其余参数默认。

② 命名新建工程。打开“保存为”窗口。将当前的“新建工程 x”取名为“任务 10　花式喷泉的 PLC 控制”，保存在默认路径（D:\MCGSE\Work）下。

③ 设备组态。

a. 添加触摸屏与 PLC 的 RS-485 串口连接设备。打开“设备窗口”，先添加根目录“通用串口父设备 0--[通用串口父设备]”，再添加子目录“设备 0--[三菱_FX 系列串口]”，结果如图 9-22 所示。

b. 设置通用串口父设备参数。双击“通用串口父设备 0--[通用串口父设备]”，打开“通用串口设备属性编辑”对话框。选择串口端口号为“COM2”，通信波特率为“9600”，数据位位数为“7 位”，停止位位数为“1 位”，数据校验方式为“偶校验”，如图 10-12 所示。确认，退出。

c. 设置 FX 系列串口参数。双击“设备 0—［三菱_FX 系列串口］”，打开“设备编辑窗口”，设置设备属性值如下。设备地址默认为“0”，协议格式为“0-协议 1”，是否校验为“1-求校验”，PLC 类型为“4-FX2N”，如图 10-13 左框所示。

d. 添加设备通道连接变量。如图 10-13 右框所示，增加设备通道“读写 Y0021”“读写 Y0022”“读写 Y0023”“读写 Y0024”“读写 M0000”“读写 M0001”“读写 M0002”“读写 M0003”“读写 M0004”“读写 M0010”“读写 M0016”“读写 M0017”和“读写 DWUB0000”。确认，添加全部数据对象到实时数据库中，退出。

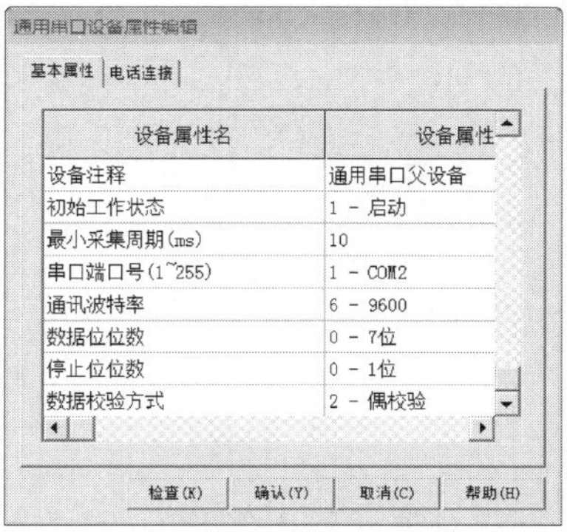

图 10-12　设置通用串口父设备参数

图 10-13　设置 FX 系列串口参数和设备通道连接变量

④ 组态监控界面。“用户窗口”→“新建窗口”，新建窗口 0。在窗口 0 中，参照图 10-8 所示，组态花式喷泉监控界面。各控件组态如下。

a. 组态下拉框。执行“工具箱”→“组合框”[2，10]，插入组合框图符。坐标为［H：60］、［V：60］，尺寸为［W：180］、［H：200］。执行“基本属性”→“构件类型”，

笔 记

选择“下拉组合框”，构件属性的 ID 号关联“D0”，在“选项设置”中输入文本：请选择模式、模式 1、模式 2、模式 3、模式 4，如图 10-14 所示，确认退出。添加文本“花样选择菜单”。

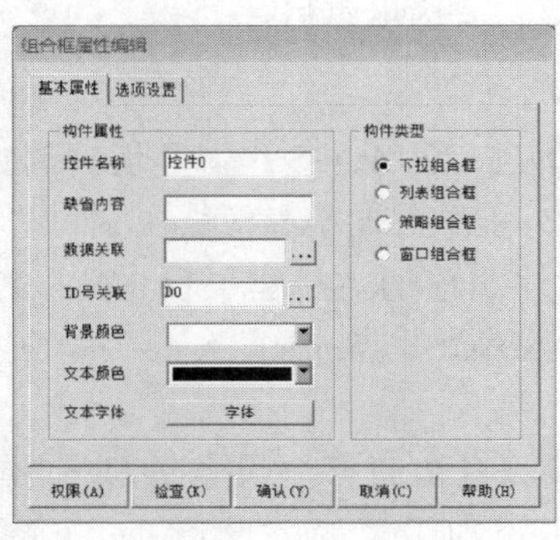

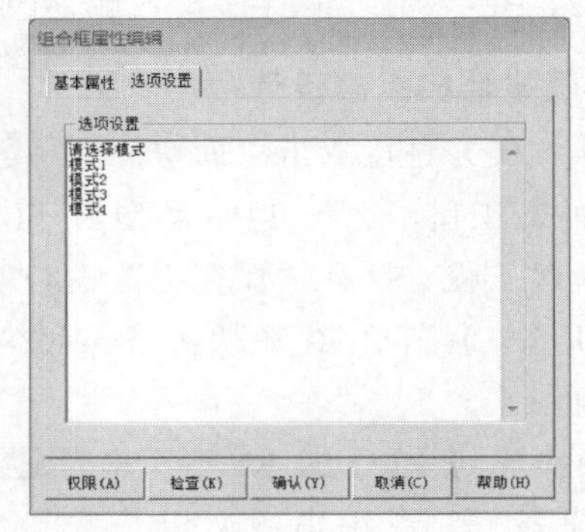

图 10-14 组态下拉框

b. 组态选择开关。执行“编辑”→“插入元件”→“对象元件库管理”→“开关”→“开关 6”，插入选择开关图符。坐标为［H：80］、［V：300］，尺寸为［W：140］、［H：140］。执行“单元属性设置”→“数据对象”，选择“按钮输入”和可见度的“数据对象连接”均为“M0”。打开“动画连接”属性设置对话框，选择第一个“组合图符”→[>]→“按钮动作”→“数据对象值操作”设置为“置 1”，“可见度”→“当表达式非零时”→选择“对应图符不可见”，如图 10-15 所示。选择第三个“组合图符”→[>]→“按钮动作”→“数据对象值操作”设置为“清 0”，“可见度”→“当表达式非零时”→选择“对应图符可见”。添加文本，选择开关 ON 上方为“单周期”，OFF 上方为“连续”。

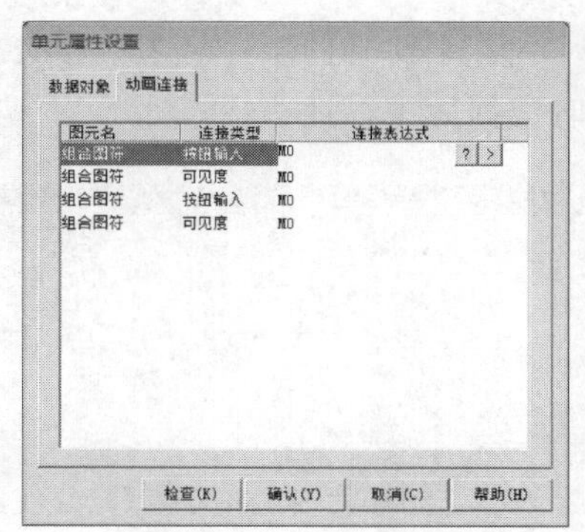

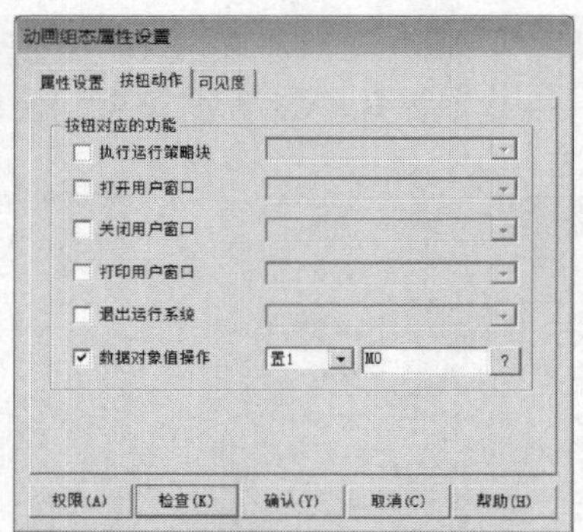

图 10-15 组态选择开关

c. 组态指示灯。

运行指示和停止指示。执行“编辑”→“插入元件”→“对象元件库管理”→“指示灯”→“指示灯 1”命令，插入指示灯 1 的图符。

模式指示灯。“编辑”→“插入元件”→“对象元件库管理”→“指示灯”→“指示灯 5”命令，插入指示灯 5 的图符。

1～4 号泵指示灯。执行“工具箱”→“椭圆”［3，2］命令，插入椭圆图符。

各种指示灯的位置尺寸和动态属性设置见表 10-5。

表 10-5　指示灯位置尺寸和动态属性设置

信号灯	位置坐标	尺寸参数	填充颜色		
			表达式	分段点 0	分段点 1
运行指示	[H:400]、[V:40]	[W:60]、[H:60]	M10	灰色	绿色
停止指示	[H:570]、[V:40]	[W:60]、[H:60]	M10	红色	灰色
模式 1	[H:330]、[V:160]	[W:50]、[H:50]	M1	灰色	绿色
模式 2	[H:440]、[V:160]	[W:50]、[H:50]	M2	灰色	绿色
模式 3	[H:550]、[V:160]	[W:50]、[H:50]	M3	灰色	绿色
模式 4	[H:660]、[V:160]	[W:50]、[H:50]	M4	灰色	绿色
1 号(左)	[H:350]、[V:270]	[W:40]、[H:40]	Y21	灰色	绿色
1 号(右)	[H:670]、[V:270]	[W:40]、[H:40]	Y21	灰色	绿色
2 号(左)	[H:410]、[V:275]	[W:30]、[H:30]	Y22	灰色	绿色
2 号(右)	[H:620]、[V:275]	[W:30]、[H:30]	Y22	灰色	绿色
3 号(左)	[H:460]、[V:280]	[W:20]、[H:20]	Y23	灰色	绿色
3 号(右)	[H:580]、[V:280]	[W:20]、[H:20]	Y23	灰色	绿色
4 号	[H:510]、[V:265]	[W:50]、[H:50]	Y24	灰色	绿色

参照图 10-8，给各种指示灯添加文本。

d. 组态按钮。

组态启动按钮。执行“工具箱”→“标准按钮”[1，6] 命令，插入标准按钮。坐标为 [H：360]、[V：370]，尺寸为 [W：130]、[H：70]。打开“标准按钮构件属性设置”对话框，选择“基本属性”栏目，在文本下输入“启动按钮”，水平中对齐和垂直中对齐。选择“操作属性”栏目，在抬起功能中，勾选“数据对象值操作”，第一个下拉框选择“按 1 松 0”，第二个下拉框选择变量“M16”。确认，退出。

组态停止按钮。坐标为 [H：570]、[V：370]，尺寸为 [W：130]、[H：70]。选择“操作属性”栏目下的“数据对象值操作”，第一个下拉框选择“按 1 松 0”，第二个下拉框选择变量“M17”。确认，退出。

⑤ 组态检查。单击快捷工具图标，检查组态。

⑥ 下载工程并进入运行环境。

a. 确认 TCP 与上位机 PC 的通信电缆已经可靠连接。

b. 设置上位机 PC 的 IP 地址，保证 TPC 和上位机 PC 的 IP 地址在同一个网段，如“IP 192.168.0.X，子网掩码 255.255.255.0”。

c. TPC 通电。快速单击蓝色进度条，设置 TPC 的 IP 地址，要求与上位机 PC 在同一网段，比如“IP 192.168.0.Y，子网掩码 255.255.255.0”。

d. 单击快捷工具图标，弹出“下载配置”窗口。

e. 单击“连机运行”，连接方式选择“TCP/IP 网络”，单击“通信测试”，弹出对话框“正在创建 TCP IP 连接，请等待……”。

f. 通信测试成功后，单击“工程下载”。下载工程“任务 10　花式喷泉的 PLC 控制”。

g. 工程下载成功后，单击“启动运行”。

笔 记

(7) 花式喷泉系统运行调试

完成调试前准备工作后，“任务 10　花式喷泉的 PLC 控制”的 PLC 程序和组态程序均已经下载完成。参照表 10-6 所列的调试项目和过程，进行运行调试，将观察结果如实记录在表 10-6 中。如果出现异常情况，讨论分析，找到解决办法，并排除故障，直到满足花式喷泉系统控制要求。

表 10-6　任务 10 运行调试小卡片

序号	检查调试项目	观察指示灯状态	是否正常
1	检查 RS-485 通信是否正常	RD 和 SD 指示灯：________	
2	单周期工作方式，选择模式 1。按下启动按钮	喷泉灯工作情况：________	
3	单周期工作方式，选择模式 2。按下启动按钮	喷泉灯工作情况：________	
4	单周期工作方式，选择模式 3。按下启动按钮	喷泉灯工作情况：________	
5	单周期工作方式，选择模式 4。按下启动按钮	喷泉灯工作情况：________	
6	单周期工作方式，任选一种模式，启动后，运行一段时间，按下停止按钮	喷泉灯工作情况：________	
7	连续工作方式，选择模式 1。按下启动按钮	喷泉灯工作情况：________	
8	连续工作方式，选择模式 2。按下启动按钮	喷泉灯工作情况：________	
9	连续工作方式，选择模式 3。按下启动按钮	喷泉灯工作情况：________	
10	连续工作方式，选择模式 4。按下启动按钮	喷泉灯工作情况：________	
11	连续工作方式，任选一种模式，启动后，运行一段时间，按下停止按钮	喷泉灯工作情况：________	

(8) 任务拓展

某广场需要安装 8 盏霓虹灯 H1～H8，要求可以向左或向右循环点亮，点亮间隔时间为 1s，然后保持全亮 5s，再循环。组态监控如图 10-16 所示。

① 启动按钮用于启动系统并给 H8～H1 赋初始值，初始值由触摸屏输入。

② 选择开关用于改变循环方向。

③ 停止按钮用于停止输出。

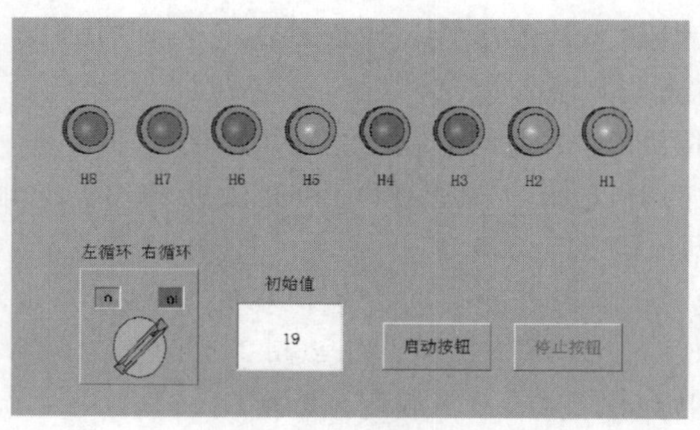

图 10-16　循环菜单组态界面

素养训练视频10 城市花式喷泉的PLC控制

(9) 城市花式喷泉展示

应用办公软件制作“任务 10　花式喷泉的 PLC 控制”汇报 PPT，要求如下。

笔 记

① 在电脑上使用 WPS 软件进行操作。
② PPT 要简要表达城市花式喷泉设计思路和调试流程等内容。
③ 用 PPT 展示任务实施过程。
④ PPT 汇报思路清晰、语言表达流畅，展示职业素养和职业精神。
相关内容请扫描二维码观看学习。

10.4　任务评价

“附录 B　PLC 操作技能考核评分表（一）”从职业素养与安全意识、控制电路设计、组态设计、接线工艺、通电运行、PPT 的应用与语言表达六个方面进行考核评分。请各小组参照附录 B 的要求，对任务 10 的完成情况进行小组自我评价。

10.5　习题

请扫码完成习题 10 测试。

习题 10

任务11

简易机械手的仿真控制

【知识目标】

① 熟悉子程序调用和返回指令 CALL、SRET 的使用方法；
② 了解主程序结束指令 FEND 的使用方法；
③ 了解程序流程控制指令的嵌套使用规矩；
④ 掌握 FX_{3U} 型 PLC 与 MCGS 模拟器的通信方式；
⑤ 了解用 MCGS 触摸屏循环策略脚本程序仿真机械手的方法。

【能力目标】

① 能根据控制要求分配出机械手控制电路的 I/O 地址；
② 会组态简易机械手监控画面；
③ 会用 MCGS 脚本程序仿真机械手现场检测信号；
④ 会用 MCGS 编写机械手的动画脚本；
⑤ 能根据组态监控判断简易机械手控制电路是否满足要求。

【素质目标】

了解虚拟仿真技术的行业现状及发展趋势，塑造民族品牌意识，增强民族自豪感。

11.1 任务引入

在自动机床的上下料、自动生产线的装卸和搬运等工作中，存在劳动条件差、单调重复、易疲劳等工况，有的工作场所属于有毒、易燃、易爆的危险场所，不适合人工长时间或现场实时操作。党的二十大报告提出，必须坚持科技是第一生产力。借助 PLC 技术和组态监控技术控制机械手，实现物料的全自动搬运控制，对提高企业生产和管理自动化水平有很大的帮助，同时又减轻了工人劳动强度、改善了工作环境，提高了生产效率和产品质量。

本任务采用三菱 FX_{3U} 系列 PLC 进行控制，用昆仑通泰触摸屏仿真机械手，通过循环策略脚本程序和 PLC 程序配合驱动机械手依次完成下降、夹紧、上升、右行、下降、放松、上升、左行八个动作，实现将工件从 A 工作台搬运到 B 工作台的功能。简易机械手工作示意如图 11-1 所示。

笔 记

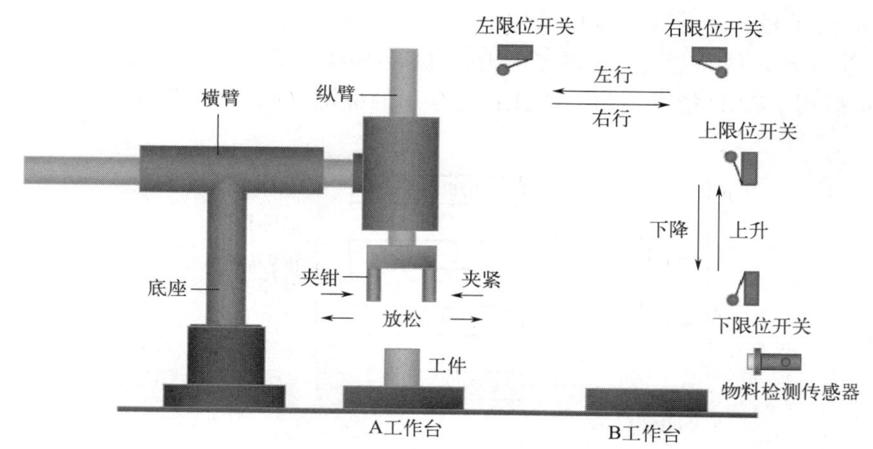

图 11-1 简易机械手工作示意图

11.2 知识准备

11.2.1 子程序调用和返回指令

(1) 子程序调用指令 CALL

CALL(P) 指令 (FNC 01) 格式如图 11-2 所示，在顺控程序中，对想要处理的程序进行调用的指令。当命令为 ON 时，执行 CALL 指令，向指针 P 标记的步跳转。用 FEND 结束主程序。子程序执行完毕后，执行 SRET 指令，返回到 CALL 指令的下一步。Pn.：表示指针编号，取值范围为：$n=0\sim62$、$64\sim4095$。由于 P63 为 CJ 专用，表示跳转到 END (程序结束指令)，所以不可以作为 CALL 指令的指针使用。

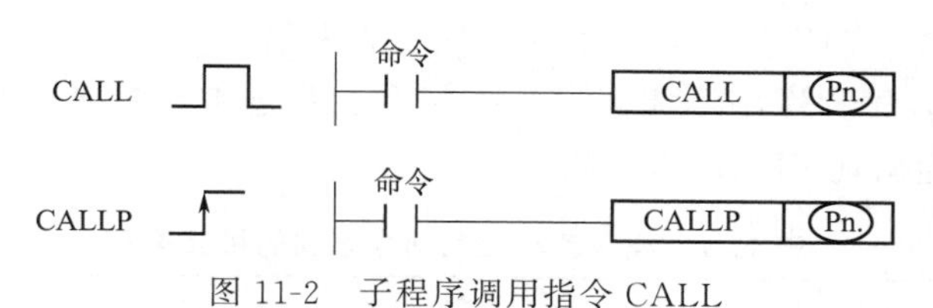

图 11-2 子程序调用指令 CALL

(2) 子程序返回指令 SRET

SRET 指令 (FNC 02)，从子程序返回到主程序的指令，无操作数。

执行了主程序中的 CALL 指令后，跳转到子程序，必须使用 SRET 指令返回到主程序。

(3) 主程序结束指令 FEND

FEND 指令 (FNC 06)，表示主程序结束的指令，无操作数。

笔记

执行FEND指令后，会执行与END指令相同的输出处理、输入处理、看门狗定时器的刷新，然后返回到0步的程序。在编写子程序和中断程序时需要使用这个指令。

(4) CALL指令应用举例

图11-3所示是一个子程序调用的例子，当触点X001为ON时，执行CALL指令，向标记P1的步跳转，执行标记P1的子程序。执行SRET后，返回CALL指令的下一步。主程序的最后用FEND指令编程。CALL指令用的标记（P），在FEND指令后编程。

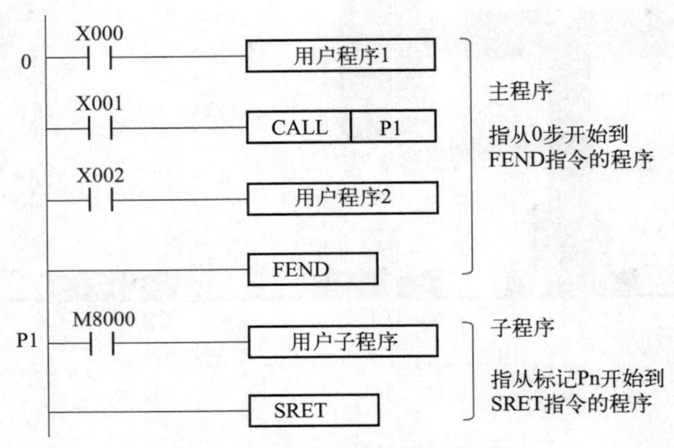

图11-3 子程序调用程序举例

微课视频50
程序流程控制指令之间的嵌套关系

11.2.2 程序流程控制指令之间的嵌套关系

程序流程控制指令之间的嵌套关系见表11-1。表中图符◎表示有包含关系的情况，左列的指令包含上排的指令。图符⚭表示区间有前后重复的情况，左列的指令在前，上排的指令在后。例如：左列指令是MC—MCR，上排指令是CJ—P，图符◎表示两组指令的关系为：MC—CJ—P—MCR，图符⚭表示两组指令的关系为：MC—CJ—MCR—P。

MC-MCR表示主控指令组合，CJ-P表示跳转指令组合，EI-DI表示允许中断和禁止中断，FOR-NEXT表示循环指令组合，STL-RET表示步进指令组合，P-SRET表示子程序，I-IRET表示中断程序。FEND-END区间是子程序和中断程序。0-FEND区间是主程序，后面带有子程序。0-END区间是不带子程序的主程序。

由表11-1可知，子程序中不能嵌套主控指令、步进控制指令、其他子程序和中断程序。子程序中也不能出现FEND指令和END指令。

表11-1 程序流程控制指令之间的相互关系

指令	相互关系	MC-MCR	CJ-P	EI-DI	FOR-NEXT	STL-RET	P-SRET	I-IRET	FEND-END
MC-MCR	◎	○8层	○	○	○	○	×	×	×
	⚭	×	△	○	×	×	×	×	×
CJ-P	◎	○	○	○	○	○	△	△	×
	⚭	△	△	○	△	△	△	△	○
EI-DI	◎	○	○	○	○	○	○	○	*1
	⚭	○	○	○	○	○	○	○	○

笔　记

续表

指令	相互关系	MC-MCR	CJ-P	EI-DI	FOR-NEXT	STL-RET	P-SRET	I-IRET	FEND-END
FOR-NEXT	◎	×	○	○	○5 层	×	×	×	×
	ꝏ	×	△	○	*2	×	×	×	×
STL-RET	◎	×	△	○	○1 个	×	×	×	×
	ꝏ	×	△	○	×	×	×	×	×
P-SRET	◎	×	○	○	○	×	×	×	×
	ꝏ	×	△	○	×	×	×	×	×
I-IRET	◎	×	○	○	○	×	×	×	×
	ꝏ	×	×	○	×	×	×	×	×
FEND-END	◎	○	○	○	○	△	○	○	*3
	ꝏ	×	×	*1	×	×	×	×	*3
0-FEND	◎	○	○	○	○	○	×	×	*3
	ꝏ	×	○	○	×	×	×	×	*3
0-END（无 FEND）	◎	○	○	○	○	○	×	×	*3
	ꝏ	×	×	*1	×	×	×	×	*3

注：○：没有问题，可以使用的组合。

×：禁止使用的组合，可能导致出错。

△：并非禁止使用，但会使动作变得复杂，建议尽量不要使用的组合。

*1：会出现遗漏 DI（禁止中断）的状态，并非错误。

*2：实际按包含关系执行。

*3：最初的 FEND 和 END 有效，并非当初想要的程序，并非错误。

11.2.3　三菱 PLC 与 MCGS 模拟器通信方式

微课视频51
三菱PLC与MCGS
模拟器通信设置

MCGS 嵌入版组态软件包括组态环境、运行环境、模拟运行环境三部分。其中，组态环境和模拟运行环境运行在上位机 PC 中；运行环境安装在下位机 TPC 中。组态环境是用户组态工程的平台。模拟运行环境可以在 PC 机上模拟工程的运行情况，用户可以不必连接下位机 TPC 对工程进行检查。运行环境是下位机 TPC 真正的运行环境。

当组态好一个工程后，可以在上位机 PC 的模拟运行环境中试运行，以检查是否符合组态要求。也可以将工程下载到下位机 TPC 中，在实际环境中运行。

(1) 通信连接

将模拟触摸屏 TPC 作为上位机 PC，与下位机 PLC 通信进行数据交换时，可采用 USB-SC09-FX 下载线连接两台设备，如图 11-4 所示。

图 11-4　模拟触摸屏与 PLC 的通信连接

笔 记

(2) MCGS设备组态参数

① 通用串口父设备参数设置。添加通用串口父设备0--[通用串口父设备]。双击“通用串口父设备0”条目，打开“通用串口设备属性编辑”对话框，设置串口端口号、通信波特率（图中为“通讯波特率”）、数据位位数、停止位位数和数据校验方式等参数，如图11-5(a)所示。设置的参数必须与上位机PC设备管理器下，端口（COM和LPT）的“USB Serial Port（COM＊）属性”对话框的“端口设置”参数完全一致，如图11-5(b)所示，每秒位数选“9600”，数据位选“7”，奇偶校验选“偶”，停止位选“1”，流控制选“无”。

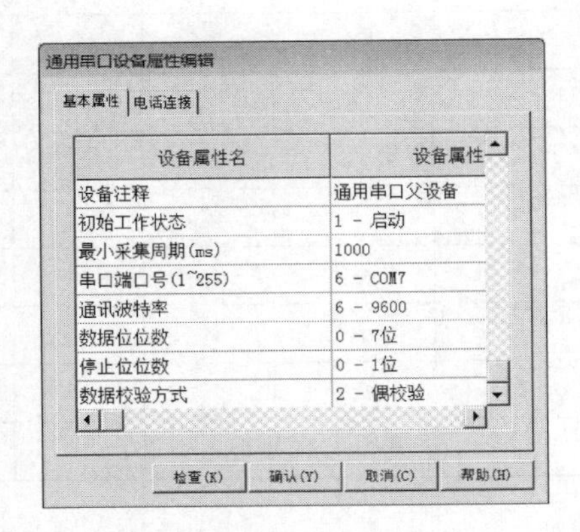

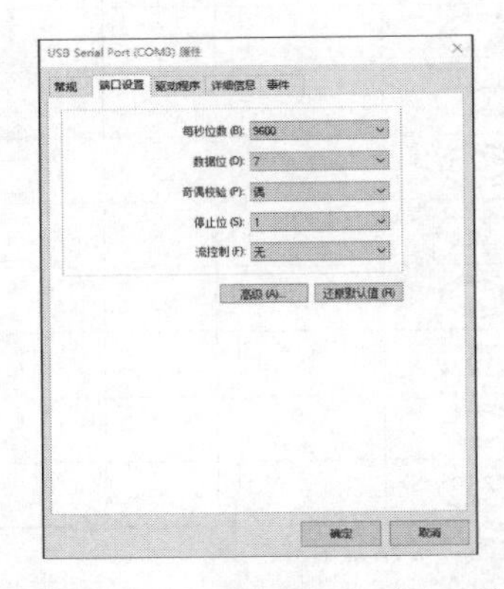

(a) MCGS通用串口设备属性　　(b) 计算机端口USB Serial Port（COM*）属性

图11-5　通用串口父设备参数设置

② FX系列编程口设备属性值设置。在通用串口父设备0--[通用串口父设备]下，添加“设备0--[三菱_FX系列编程口]”，如图11-6(a)所示。双击“设备0--[三菱_FX系列编程口]”条目，打开“设备编辑”窗口，如图11-6(b)所示。选择CPU类型，CPU类型要与实际类型一致，如FX3UCPU。

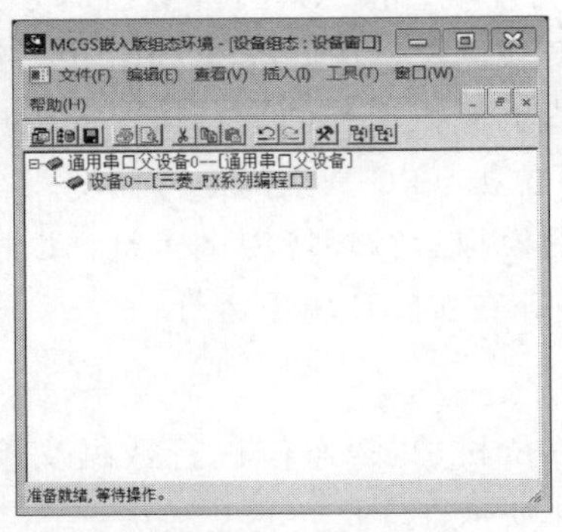

设备编辑窗口

驱动构件信息:
驱动版本信息: 3.035000
驱动模版信息: 新驱动模版
驱动文件路径: D:\MCGSE\Program\drivers\plc\三菱\三菱_fx系列编程口\fx-232ex
驱动预留信息: 0.000000
通道处理拷贝信息: 无

设备属性名	设备属性值
[内部属性]	设置设备内部属性
采集优化	1-优化
设备名称	设备0
设备注释	三菱_FX系列编程口
初始工作状态	1 - 启动
最小采集周期(ms)	100
设备地址	0
通讯等待时间	200
快速采集次数	0
CPU类型	4 - FX3UCPU

(a) MCGS设备组态窗口　　(b) 修改设备属性值

图11-6　FX系列编程口属性值设置

(3) 通信测试

PLC通电。单击MCGS组态环境的快捷工具，打开“下载配置”对话框，如图11-7所示。选择“模拟运行”，单击“通信测试”按钮，观察返回信息。如果显示“通信测试正常”，说明参数设置正确，模拟触摸屏可以模拟运行了。

笔 记

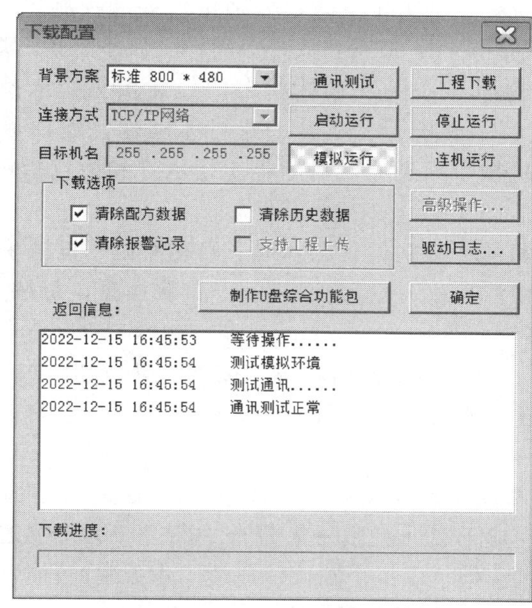

图 11-7　“下载配置”对话框

11.3　任务实施

(1) 简易机械手控制任务要求

微课视频52
简易机械手
仿真演示

某机械手用来将工件从 A 点搬运到 B 点，工作示意图如图 11-1 所示。机械手的 MCGS 仿真界面如图 11-8 所示，控制要求如下。

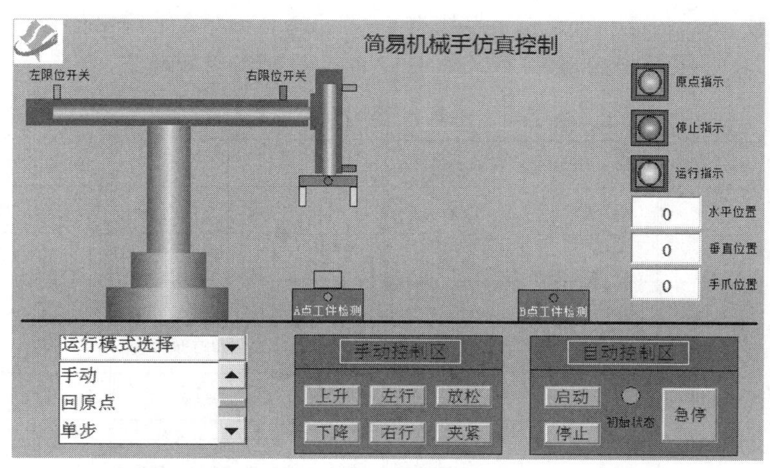

图 11-8　简易机械手仿真界面

① 机械手有 5 种工作方式。手动方式、回原点方式和自动方式，自动方式又有单步、单周期和连续三种方式。

② 系统初始状态。机械手在最上边和最左边，且机械手爪松开时，称为系统处于原点状态，或称为初始状态，原点指示灯亮。

笔记

③ 手动工作方式。选择手动工作方式，分别操作手动控制区的六个按钮，机械手可以执行下降、上升、右行、左行、夹紧和放松等动作。仅停止指示灯亮。

④ 回原点工作方式。机械手不在初始状态的任意位置，选择回原点工作方式，按下启动按钮，机械手依次完成松开、上升、左行等动作，返回原点位置。回原点过程中，运行指示灯闪烁。机械手回到原点后，停止指示灯和原点指示灯亮，初始状态指示灯也亮。

⑤ 单步工作方式。机械手在初始状态。按下启动按钮，机械手下降，下降到位停止。再次按下启动按钮，机械手夹紧，夹紧到位停止。依次操作，每按一次启动按钮，机械手执行完一步动作后停止。

⑥ 单周期工作方式。机械手在初始状态，按下启动按钮，或在单步工作中。机械手依次完成下降→夹紧→上升→右行→下降→放松→上升→左行八个动作后，返回原点停止。

⑦ 连续工作方式。机械手在初始状态，按下启动按钮，或在单步工作中，或在单周期工作中。机械手依次完成下降→夹紧→上升→右行→下降→放松→上升→左行八个动作，搬运一个工件后，继续搬运下一个工件。连续工作方式时，按下停止按钮，停止指示灯闪烁，机械手完成当前工件的搬运后，自动停止。

⑧ 自动方式工作时，运行指示灯亮。按下急停按钮，机械手暂停运动，直到按下启动按钮后，机械手继续执行当前动作。

⑨ 机械手有上/下、左/右和夹紧5个现场限位开关，A、B工作台均有工件检测传感器。机械手运行到相应位置，对应的限位指示灯亮。工作台上有工件时，对应的检测传感器指示灯亮。

⑩ 仿真界面可以显示机械手的水平、垂直和手爪位置坐标。

(2) 分析机械手控制对象并确定仿真I/O地址分配表

根据控制要求，机械手仿真控制系统有20个输入信号，8个输出信号，均是开关量信号。选择FX_{3U}-48MR/ES-A型PLC。任务11的I/O地址分配见表11-2。

表11-2 任务11的I/O地址分配表

输入地址	软元件注释	输入地址	软元件注释	输入地址	软元件注释	输出地址	软元件注释
X0	空	X10	空	X20	手动方式	Y1	下降线圈
X1	下限位开关	X11	下降按钮	X21	回原点方式	Y2	上升线圈
X2	上限位开关	X12	上升按钮	X22	单步方式	Y3	右行线圈
X3	右限位开关	X13	右行按钮	X23	单周期方式	Y4	左行线圈
X4	左限位开关	X14	左行按钮	X24	连续方式	Y5	夹紧线圈
X5	夹紧开关	X15	夹紧按钮	X25	空	Y10	原点指示
X6	光电开关A	X16	放松按钮	X26	启动按钮	Y11	运行指示
X7	光电开关B	X17	空	X27	停止按钮	Y12	停止指示

(3) 中间标志位设计

任务11用到的标志位等中间信号，以及MCGS组态仿真需要用中间继电器M代替输入信号 X，见表 11-3。

表 11-3 任务 11 的中间标志位

编程地址	数据类型	功能说明	编程地址	数据类型	功能说明
M0	Bit	初始步	M100	Bit	空
M1	Bit	空	M101	Bit	下限位开关
M6	Bit	转换允许	M102	Bit	上限位开关
M7	Bit	连续标志	M103	Bit	右限位开关
M8	Bit	空	M104	Bit	左限位开关
M10	Bit	回原点松开步	M105	Bit	夹紧开关
M11	Bit	回原点上升步	M106	Bit	光电开关 A
M12	Bit	回原点左行步	M107	Bit	光电开关 B
M13	Bit	回原点结束步	M111	Bit	下降按钮
M14	Bit	空	M112	Bit	上升按钮
M16	Bit	放松结束标志	M113	Bit	右行按钮
M17	Bit	放松中标志	M114	Bit	左行按钮
M18	Bit	空	M115	Bit	夹紧按钮
M20	Bit	下降 1 步	M116	Bit	放松按钮
M21	Bit	夹紧步	M120	Bit	手动方式
M22	Bit	上升 1 步	M121	Bit	回原点方式
M23	Bit	右行步	M122	Bit	单步方式
M24	Bit	下降 2 步	M123	Bit	单周期方式
M25	Bit	放松步	M124	Bit	连续方式
M26	Bit	上升 2 步	M125	Bit	空
M27	Bit	左行步	M126	Bit	启动按钮
M28	Bit	空	M127	Bit	停止按钮
T0	Word	夹紧延时	P0	DWord	手动子程序
T1	Word	放松延时	P1	DWord	回原点子程序
D0	Word	工作方式选择 ID	P2	DWord	自动子程序

(4) 机械手仿真控制系统软件设计

① 程序的总体结构。程序的总体结构如图 11-9 所示，包括公用程序、手动子程序、回原点子程序和自动子程序等部分。公用程序无条件执行，5 种工作方式只能选一种。选择手动方式时，调用手动子程序；选择回原点方式时，调用回原点子程序；选择单步、单

笔 记

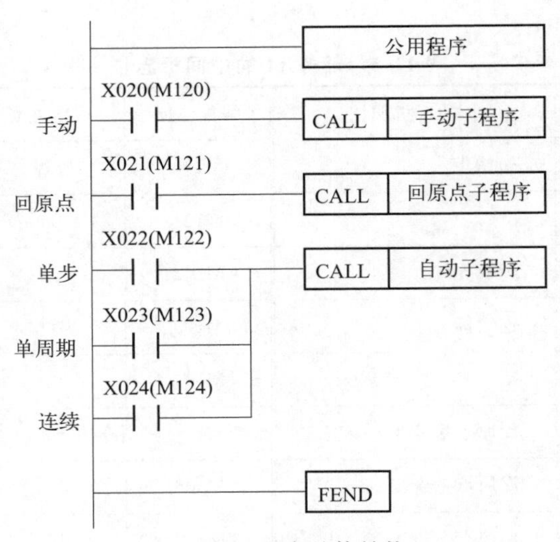

图 11-9　程序总体结构

周期或连续方式时，调用自动子程序。

创建一个新工程。选择正确的工程类型和 PLC 类型。命名并保存新工程，例如“任务 11　简易机械手的仿真控制”。在 MAIN 中编写公用程序、手动子程序、回原点子程序和自动子程序。

② 全局软元件注释。按照表 11-3 所示，注释全局软元件，结果如图 11-10 所示。

图 11-10　软元件注释

③ 公用程序（主程序）设计。公用程序即主程序，如图 11-11 所示。用于驱动原点指示灯和停止指示灯，复位运行指示灯，置位初始步；实现自动子程序与手动子程序和回原点子程序的切换时，复位相关标志位；调用各子程序。

④ 手动子程序设计。手动子程序 P0 如图 11-12 所示。用于手动方式下，实现机械手夹放、升降和左右移动控制。

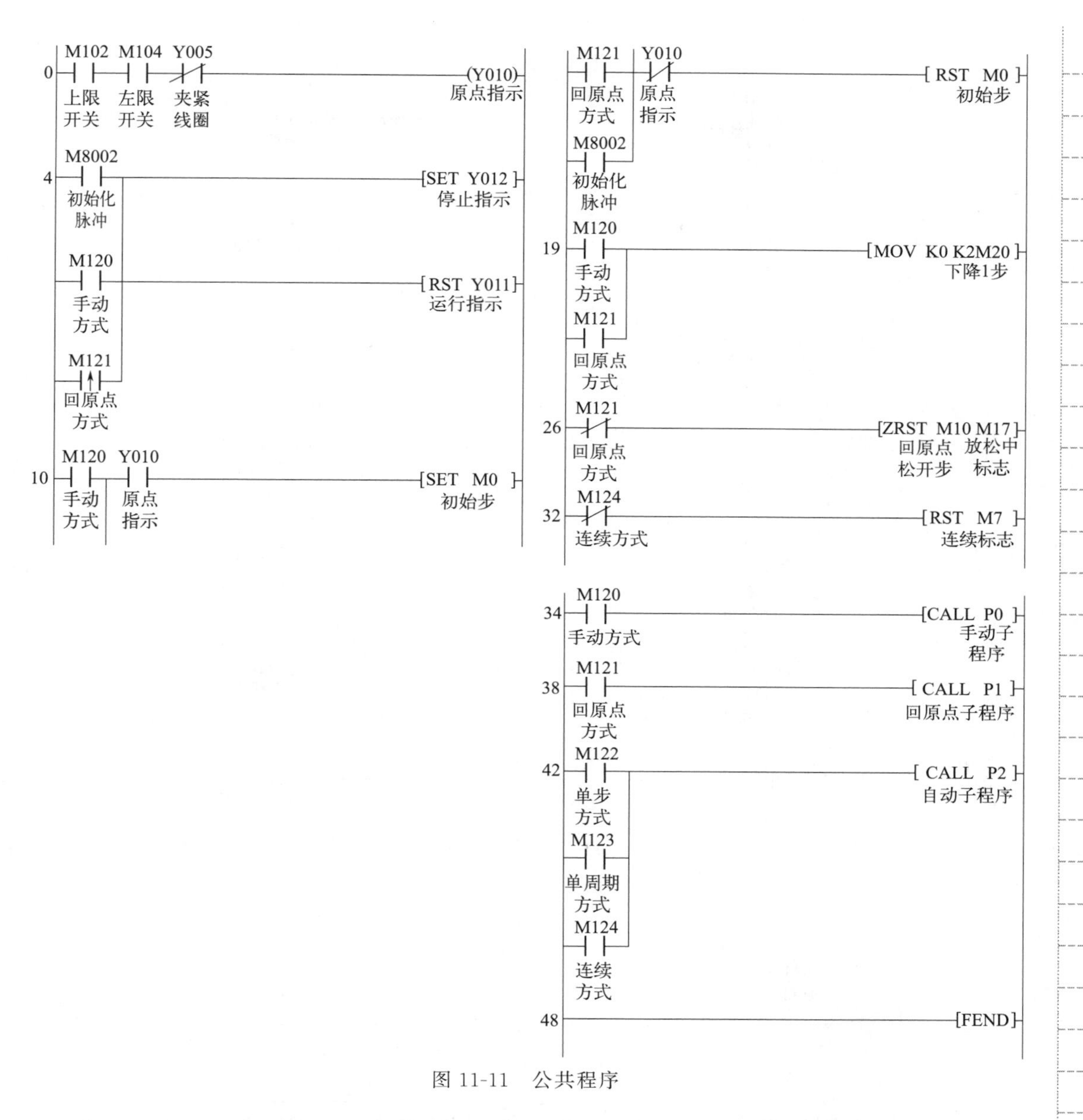

图 11-11 公共程序

⑤ 回原点子程序设计。回原点控制流程如图 11-13 所示，由回原点放松步 M10、回原点上升步 M11、回原点左行步 M12 和回原点结束步 M13 等状态步组成。在放松步 M10，先判断夹紧线圈 Y5 是否得电，得电则置位放松结束标志 M16，否则置位放松中标志 M17。回原点子程序 P1 调用结束，回原点结束步 M13 自动断电。

根据图 11-13 所示的流程图，用启保停电路设计的回原点子程序如图 11-14 所示。放松步 M10 的启动条件是按下启动按钮，停止条件是下一步回原点上升步 M11 得电。回原点上升步 M11 启动条件是回原点放松步 M10 和放松结束标志 M16 同时得电，停止条件是下一步回原点左行步 M12 得电。回原点左行步 M12 启动条件是回原点上升步 M11 和上限开关 M102 同时得电，停止条件是下一步回原点结束步 M13 得电。回原点结束步 M13 启动条件是回原点左行步 M12 和左限开关 M104 同时得电。

笔 记

```
P0       M115
手动子 49 ─┤ ├──────────────────────────[SET Y005 ]
程序      夹紧                              夹紧线圈
          按钮

         M116
      52 ─┤ ├──────────────────────────[RST Y005 ]
          放松                              夹紧线圈
          按钮

         M111  M101  Y002
      54 ─┤ ├──┤/├──┤/├────────────────────(Y001)
          下降  下限  上升                  下降线圈
          按钮  开关  线圈

         M112  M102  Y001
      58 ─┤ ├──┤/├──┤/├────────────────────(Y002)
          上升  上限  下降                  上升线圈
          按钮  开关  线圈

         M113  M103  Y004
      62 ─┤ ├──┤/├──┤/├────────────────────(Y003)
          右行  右限  左行                  右行线圈
          按钮  开关  线圈

         M114  M104  Y003
      66 ─┤ ├──┤/├──┤/├────────────────────(Y004)
          左行  左限  右行                  左行线圈
          按钮  开关  线圈

      70 ──────────────────────────────────[SRET]
```

图 11-12 手动子程序

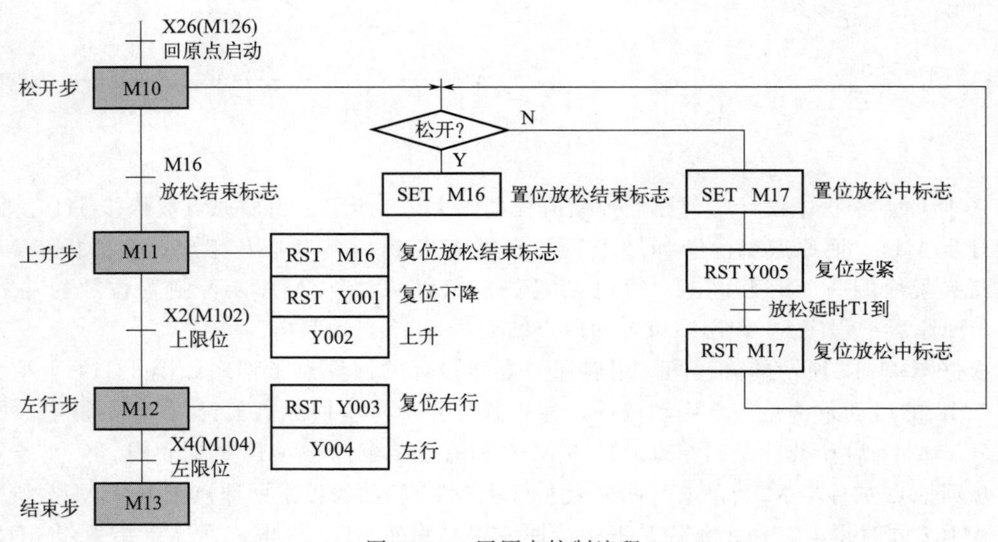

图 11-13 回原点控制流程

笔 记

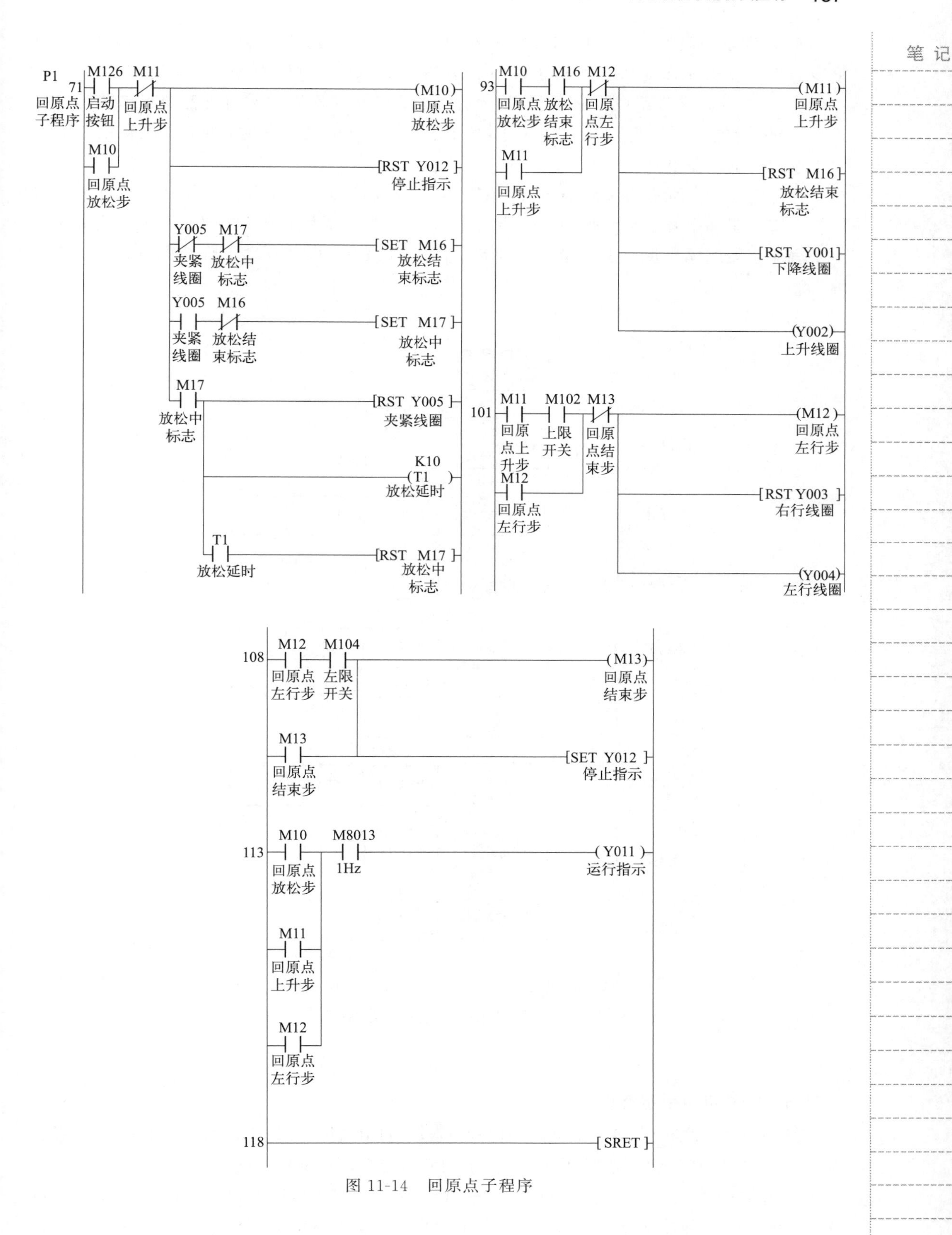

图 11-14 回原点子程序

笔 记

⑥ 自动程序设计。自动控制流程如图 11-15 所示，由初始步 M0、下降 1 步 M20、夹紧步 M21、上升 1 步 M22、右行步 M23、下降 2 步 M24、放松步 M25、上升 2 步 M26 和左行步 M27 等状态步组成。M6 是转换允许标志，每按一次启动按钮或者没有选择单步方式时，M6 得电。M7 是连续标志，选择连续方式并按下启动按钮时，M7 得电自锁，按下停止按钮时 M7 断电。

根据图 11-15 所示的流程图，用置位复位指令设计的自动子程序如图 11-16 所示。由于在下降 1 步和下降 2 步要驱动下降线圈 Y1，在上升 1 步和上升 2 步要驱动上升线圈 Y2。为了避免双线圈输出造成逻辑错误，因此采用 SET/RST 指令驱动下降线圈 Y1 和上升线圈 Y2。

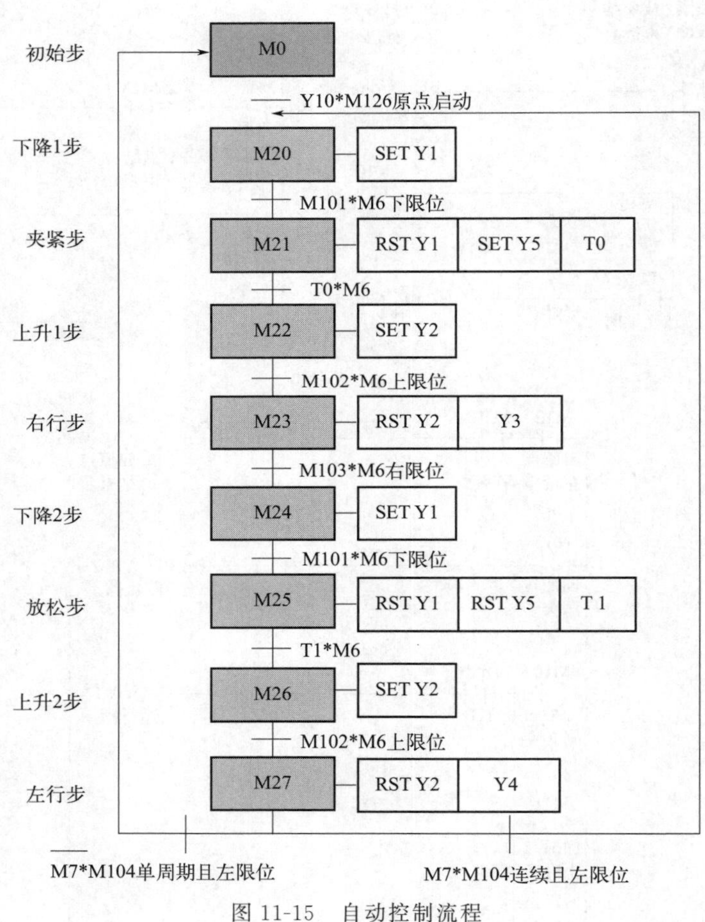

图 11-15　自动控制流程

(5) 简易机械手组态设计

① 创建新工程。直接双击桌面快捷图标，打开 MCGS 组态环境。创建一个后缀名为“. MCE”的新工程，选择 TPC 类型为 TPC7062Ti，其余参数默认。

② 命名新建工程。打开“保存为”窗口。将当前的“新建工程 x”取名为“任务 11 简易机械手的仿真控制”，保存在默认路径（D:\MCGSE\Work）下。

③ 设备组态。参照图 11-5 所示，添加“通用串口父设备 0--[通用串口父设备]”，并设置通用串口父设备参数。

参照图 11-6 所示，添加“设备 0--[三菱_FX 系列编程口]”，并设置 FX 系列编程口设备属性值。

在设备编辑窗口的右边，参照表 11-2，增加输入信号和输出信号的设备设备通道。输入信号参照表 11-3，用中间继电器代替。增加的设备通道及快速连接变量如图 11-17 所示。确认后，将连接变量全部添加到实时数据库中。

④ 组态实时数据库。打开“实时数据库”，单击“新增对象”按钮，打开“数据对象属性设置”对话框，参照表 11-4。表 11-4 中，定义：机械手上下移动的距离为 90 个像素，左右移动的距离为 240 个像素，手爪夹紧的距离为 8 个像素。

⑤ 组态监控界面。“用户窗口”→“新建窗口”，新建窗口 0。在窗口 0 中，参照图 11-8 所示，组态简易机械手仿真界面。各控件组态如下。

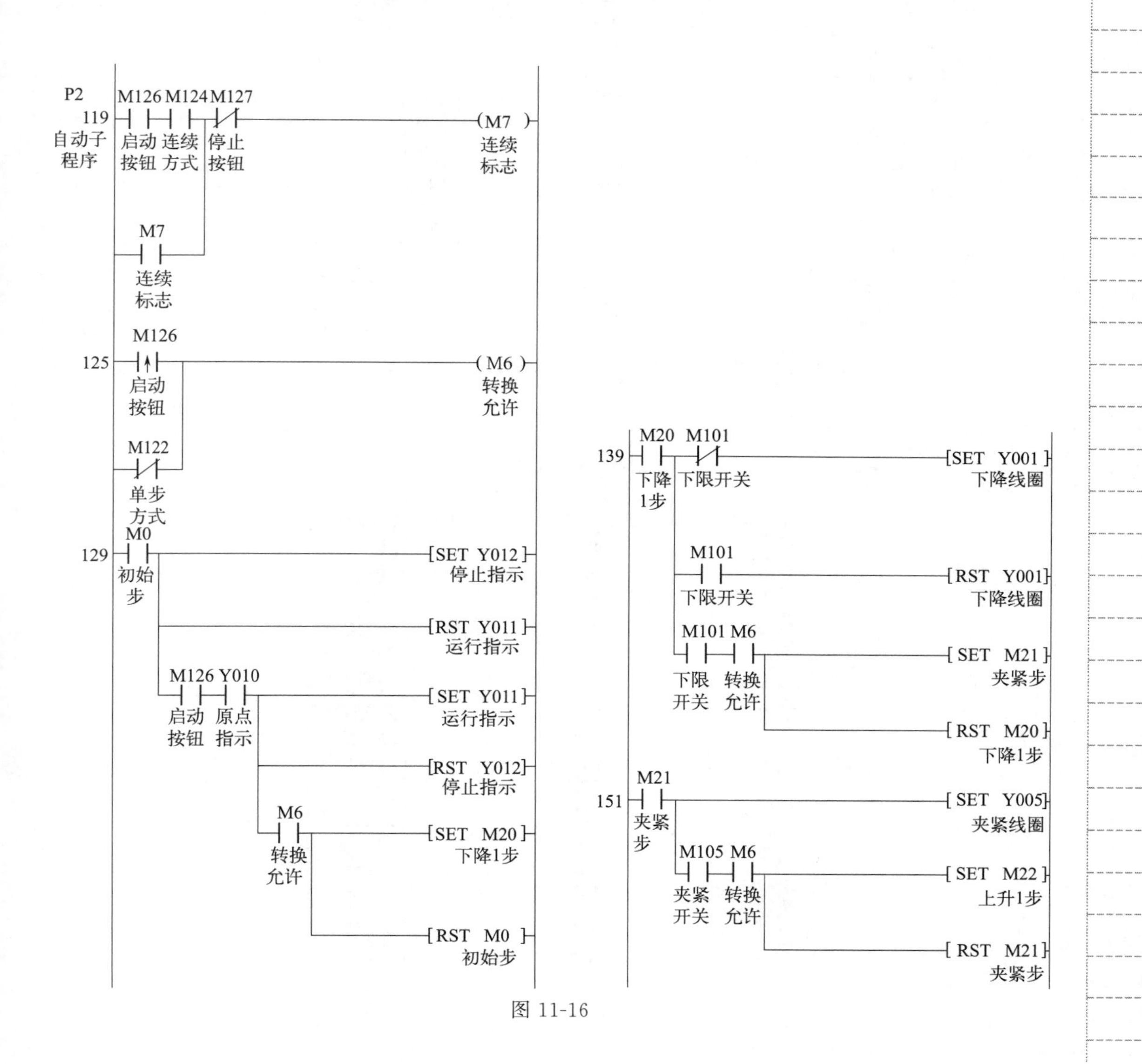

图 11-16

笔 记

157 M22 上升1步 — M102 上限开关 (常闭) — [SET Y002] 上升线圈
M102 上限开关 — [RST Y002] 上升线圈
M102 上限开关 M6 转换允许 — [SET M23] 右行步
— [RST M22] 上升1步

169 M23 右行步 — M103 右限开关 (常闭) — M102 上限开关 — (Y003) 右行线圈
M103 右限开关 M6 转换允许 — [SET M24] 下降2步
— [RST M23] 右行步

179 M24 下降2步 — M101 下限开关 (常闭) — M107 光电开关B (常闭) — [SET Y001] 下降线圈
M101 下限开关 / M107 光电开关B — [RST Y001] 下降线圈
M101 下限开关 M6 转换允许 — [SET M25] 放松步
— [RST M24] 下降2步

194 M25 放松步 — [RST Y005] 夹紧线圈
— (T1 K10) 放松延时
T1 放松延时 M6 转换允许 — [SET M26] 上升2步
— [RST M25] 放松步

203 M26 上升2步 — M102 上限开关 (常闭) — [SET Y002] 上升线圈
M102 上限开关 — [RST Y002] 上升线圈
M102 上限开关 M6 转换允许 — [SET M27] 左行步
— [RST M26] 上升2步

215 M27 左行步 — M104 左限开关 (常闭) — (Y004) 左行线圈
M104 左限开关 — [RST M27] 左行步
M7 连续标志 — [SET M20] 下降1步
M7 连续标志 (常闭) — [SET M0] 初始步

228 — [SRET]

229 — (END)

图 11-16 自动子程序

索引	连接变量	通道名称	通道处理
0000		通讯状态	
0001	Y1	读写Y0001	
0002	Y2	读写Y0002	
0003	Y3	读写Y0003	
0004	Y4	读写Y0004	
0005	Y5	读写Y0005	
0006	Y10	读写Y0010	
0007	Y11	读写Y0011	
0008	Y12	读写Y0012	
0009	M0	读写M0000	
0010	M7	读写M0007	
0011	M101	读写M0101	
0012	M102	读写M0102	
0013	M103	读写M0103	
0014	M104	读写M0104	
0015	M105	读写M0105	
0016	M106	读写M0106	
0017	M107	读写M0107	
0018	M111	读写M0111	
0019	M112	读写M0112	
0020	M113	读写M0113	
0021	M114	读写M0114	
0022	M115	读写M0115	
0023	M116	读写M0116	
0024	M120	读写M0120	
0025	M121	读写M0121	
0026	M122	读写M0122	
0027	M123	读写M0123	
0028	M124	读写M0124	
0029	M125	读写M0125	
0030	M126	读写M0126	
0031	M127	读写M0127	

增加设备通道
删除设备通道
删除全部通道
快速连接变量
删除连接变量
删除全部连接
通道处理设置
通道处理删除
通道处理复制
通道处理粘贴
通道处理全删
启动设备调试
停止设备调试
设备信息导出
设备信息导入
打开设备帮助
设备组态检查
确 认
取 消

图 11-17 增加设备通道及快速连接变量

表 11-4　实时数据对象一览表

序号	名字	类型	注释
1	D0	数值型	0——运行模式选择；1——手动；2——回原点；3——单步；4——单周期；5——连续
2	复位	数值型	0——无；1——复位
3	机械手上下移动	数值型	0——最上边；90——最下边
4	机械手爪旋转	数值型	0——放松；8——夹紧
5	机械手左右移动	数值型	0——最左边；240——最右边
6	急停	数值型	0——无；1——急停
7	秒脉冲	数值型	0——断开；1——接通
8	物块 1 显示隐藏	数值型	0——隐藏；1——显示
9	物块 2 显示隐藏	数值型	0——隐藏；1——显示
10	物块 3 显示隐藏	数值型	0——隐藏；1——显示

a. 组态机械手横臂、纵臂和手爪。

绘制横臂缸筒。先绘制缸筒上边，执行工具箱“矩形”命令，绘制一个矩形，矩形尺寸为［W：270］、［H：15］，注意长度要比 240 大 20～30 个像素点。复制得到缸筒下边。缸筒上下边对齐，中间间隔大约 14 个像素点，留作活塞杆位置。左端绘制一个缸筒底。选中缸筒上下边和筒底，将横臂缸筒转换为位图。

用同样方法，绘制纵臂缸筒，内孔高度大约 110～120 个像素点，并转换为位图。

绘制横臂活塞杆。执行“编辑”→“插入元件”→“管道 96”命令，插入横管道。

绘制纵臂活塞杆。执行“编辑”→“插入元件”→“管道 95”命令，插入纵管道。

用工具箱“矩形”工具，绘制手爪底座和手爪。

机械手组态结果如图 11-18 所示。

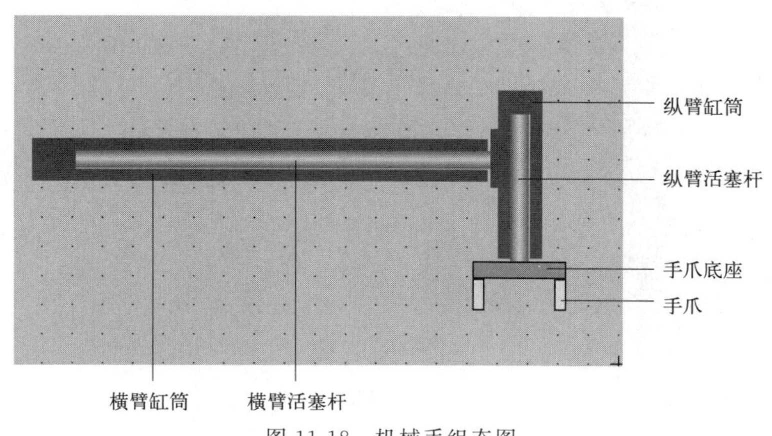

图 11-18　机械手组态图

笔记

组态机械手属性。静态属性、位置动画连接的水平移动和垂直移动等动态属性，见表 11-5。

表 11-5 机械手各部件的动画组态属性设置

部件名称	尺寸要求	静态属性		水平移动		垂直移动	
		填充颜色	边线颜色	表达式	偏移量和值	表达式	偏移量和值
横臂缸筒	内孔[W:270]、[H:14]	蓝色	蓝色	—	—	—	—
纵臂缸筒	内孔[W:14]、[H:110]	蓝色	蓝色	机械手左右移动	240	—	—
横臂活塞杆	[W:274]、[H:14]	黄色	橄榄色	机械手左右移动	240	—	—
纵臂活塞杆	[W:14]、[H:102]	黄色	橄榄色	机械手左右移动	240	机械手上下移动	90
手爪底座	[W:62]、[H:12]	自定义	黑色	机械手左右移动	240	机械手上下移动	90
左边手爪	[W:8]、[H:22]	黄色	黑色	机械手左右移动＋机械手爪旋转	240	机械手上下移动	90
右边手爪	[W:8]、[H:22]	黄色	黑色	机械手左右移动－机械手爪旋转	240	机械手上下移动	90

b. 组态物块（工件）。执行工具箱“矩形”命令，绘制物块，矩形尺寸为［W：30］、［H：20］，填充颜色“淡蓝色”，边线颜色“黑色”。先确定物块 2 位置：左边与手爪左边距离 16 个像素点，即间距 8 个像素点，上边与手爪上边距离 2 个像素点，即保证下边平齐。然后确定物块 1 的位置：水平位置与物块 2 平齐，垂直距离 90 个像素点。然后确定物块 3 的位置：垂直位置与物块 1 平齐，水平距离 240 个像素点。物块组态结果如图 11-19 所示。

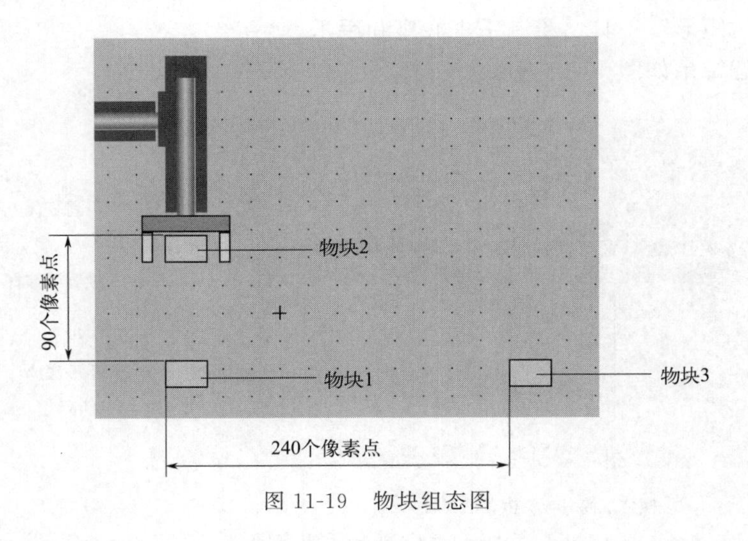

图 11-19 物块组态图

组态物块的水平移动、垂直移动和可见度等动画连接属性，见表 11-6。

笔 记

表 11-6　物块的动画组态属性设置

物块名称	水平移动		垂直移动		可见度	
	表达式	偏移量和值	表达式	偏移量和值	表达式	当表达式非零时
物块 1	—	—	—	—	物块 1 显示隐藏	对应图符可见
物块 2	机械手左右移动	240	机械手上下移动	90	物块 2 显示隐藏	对应图符可见
物块 3	—	—	—	—	物块 3 显示隐藏	对应图符可见

c. 组态机械手底座和工作台。

绘制底座。执行“编辑”→“插入元件”→“管道 95”，插入 3 个纵管道。填充颜色“浅灰”，边线颜色“深灰”。

绘制工作台。执行工具箱“矩形”命令，插入矩形。填充颜色“灰色”，边线颜色“黑色”。尺寸为［W：76］、［H：36］。工作台上边与物块 1 的底边平齐，A 工作台中垂线与物块 1 对齐，B 工作台中垂线与物块 3 对齐。

绘制台面。执行工具箱“直线”命令，插入直线，边线线性选第 3 个。

机械手底座和工作台组态结果如图 11-20 所示。

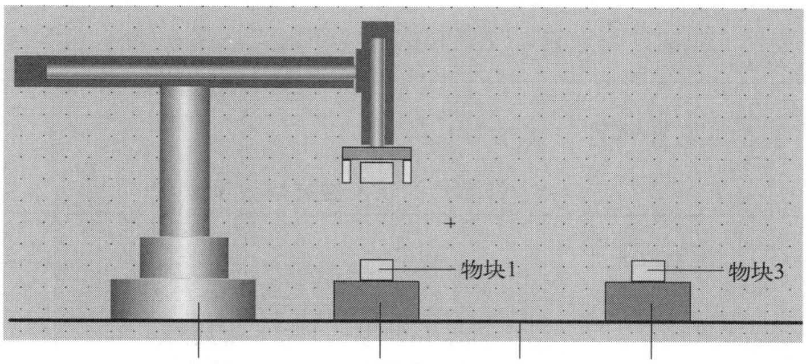

图 11-20　机械手底座和工作台组态图

d. 组态现场检测信号和指示灯。绘制横臂和纵臂的限位开关。执行工具箱“矩形”命令，插入矩形。左、右限位开关尺寸为［W：8］、［H：16］，左限位开关左边与横臂活塞杆左边对齐，右限位开关水平距离左限位开关 240 个像素点。上、下限位开关尺寸为［W：16］、［H：8］，上限位开关上边与纵臂活塞杆上边对齐，下限位开关垂直距离上限位开关 90 个像素点。位置如图 11-21 所示。

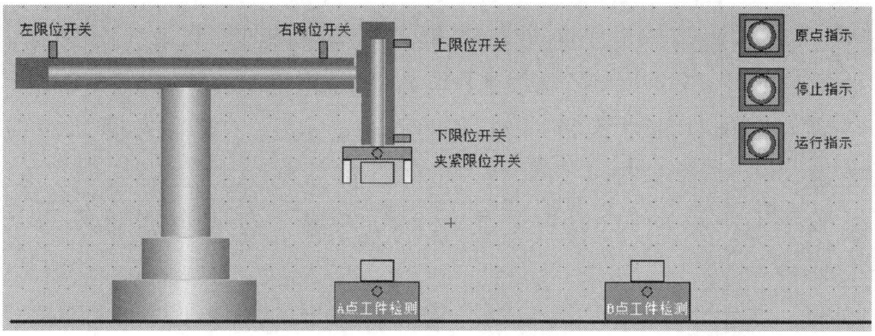

图 11-21　现场检测信号和指示灯组态图

笔记

绘制夹紧限位开关、A/B点工件检测传感器。执行工具箱“椭圆”命令，插入椭圆。椭圆尺寸为[W：10]、[H：10]。位置如图11-21所示。

绘制指示灯。执行“编辑”→“插入指示灯”→“指示灯2”，插入3个指示灯。指示灯尺寸为[W：40]、[H：40]。位置如图11-21所示。

用工具箱“标签”工具，给左/右限位开关、A/B点工件检测和3个指示灯添加文字说明。现场检测信号和指示灯组态结果如图11-21所示。

组态现场检测信号的动画组态属性，见表11-7。

表11-7 现场检测信号的动画组态属性设置

信号名称	填充颜色		
	表达式	分段点0	分段点1
左限位开关	M104	红色	绿色
右限位开关	M103	红色	绿色
上限位开关	M102	红色	绿色
下限位开关	M101	红色	绿色
夹紧限位开关	M105	红色	绿色
A点工件检测	M106	红色	绿色
B点工件检测	M107	红色	绿色

组态指示灯的动画组态属性，见表11-8。

表11-8 指示灯的动画组态属性设置

信号名称	数据对象	动画连接	可见度	静态属性
			当表达式非零时	边线颜色
原点指示	Y10	第一个图元	对应图符可见	浅绿色
		第二个图元	对应图符不可见	银色
停止指示	Y12 OR 秒脉冲	第一个图元	对应图符可见	红色
		第二个图元	对应图符不可见	银色
运行指示	Y11	第一个图元	对应图符可见	浅绿色
		第二个图元	对应图符不可见	银色

以停止指示灯为例，指示灯的动画组态属性设置过程如图11-22所示。

e. 组态机械手位置坐标。绘制输入框。执行工具箱“输入框”命令，插入输入框。输入框尺寸为[W：75]、[H：36]。3个输入框的位置参照图11-8。分别添加“水平位置”“垂直位置”“手爪位置”三个标签。机械手位置坐标组态结果如图11-23所示。

双击打开“输入框构件属性设置”对话框，设置水平位置输入框“对应数据对象的名称”的变量选择为“机械手左右移动”。设置垂直位置输入框“对应数据对象的名称”的变量选择为“机械手上下移动”。设置手爪位置输入框“对应数据对象的名称”的变量选择为“机械手爪旋转”。

f. 组态下拉框。执行工具箱“组合框”命令，插入组合框图符。位置参考图11-8，尺寸为[W：200]、[H：130]。执行“基本属性”→“构件类型”，选择“下拉组合框”，

笔 记

(a) 设置数据对象

(b) 选择第一个图元

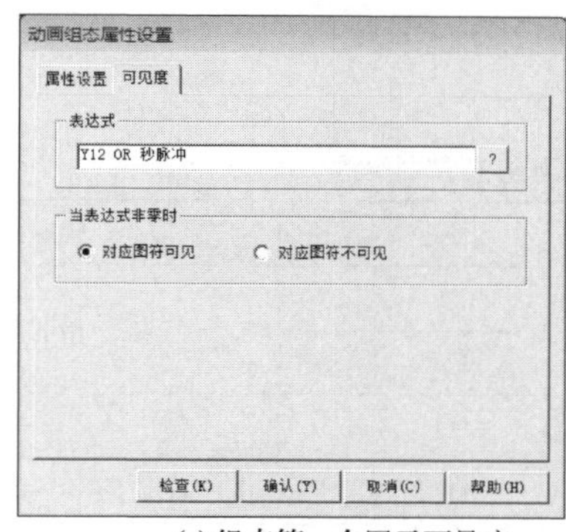

(c) 组态第一个图元可见度

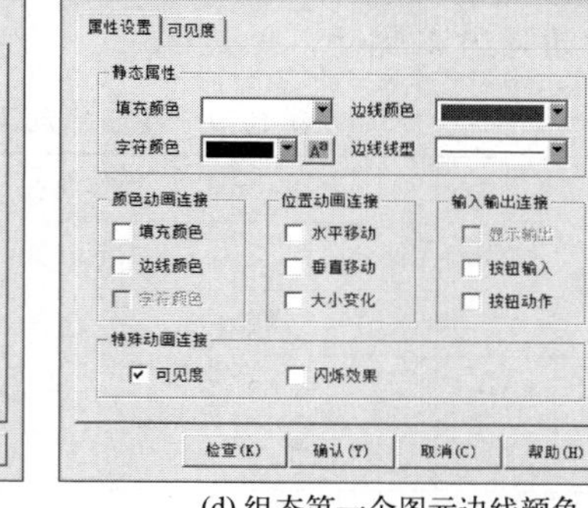

(d) 组态第一个图元边线颜色

图 11-22　组态停止指示灯的第一个图元

构件属性的 ID 号关联“D0”，在“选项设置”中输入文本：运行模式选择、手动、回原点、单步、单周期、连续，如图 11-24 所示，确认退出。

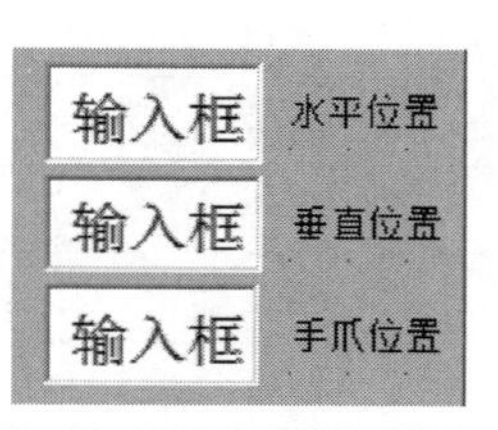

图 11-23　机械手位置坐标

g. 组态手动控制区和自动控制区。绘制手动控制区。执行工具箱“矩形”命令，插入矩形。尺寸为 [W：220]、[H：130]，填充颜色“艳粉色”，边线颜色“黑色”。矩形框上部添加标签“手动控制区”，填充颜色“艳粉色”，边线颜色“白色”。标签与按钮之间用直线分隔开。手动控制区的位置，参考图 11-8。

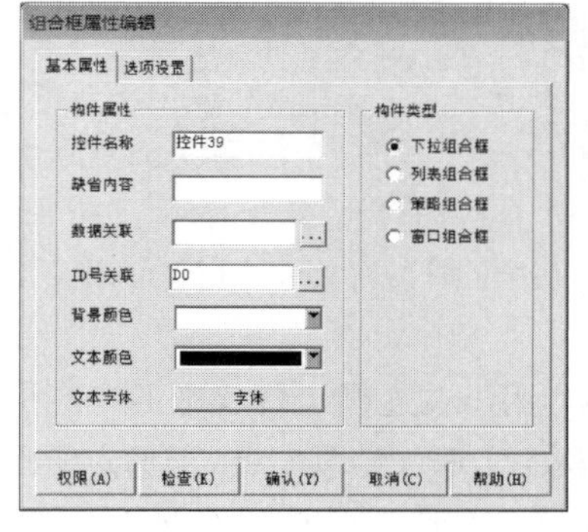

图 11-24　组态下拉框

笔记

组态按钮。执行工具箱“标准按钮”命令，插入标准按钮。尺寸为［W：60］、［H：24］，6个按钮的名称和位置，参考图11-25。

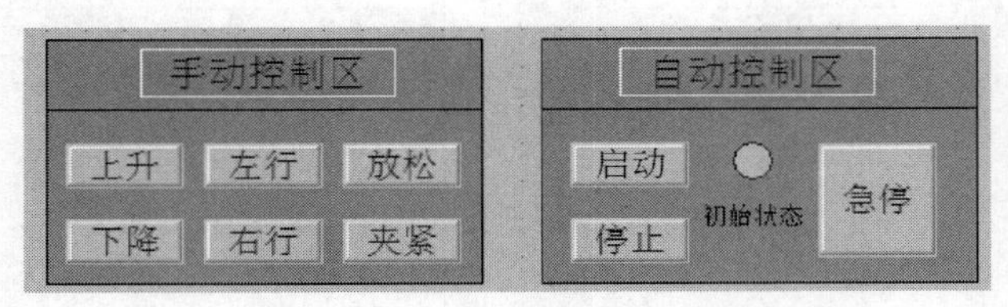

图11-25　组态手动控制区和自动控制区

复制“手动控制区”的图标，得到“自动控制区”。添加3个按钮和初始状态指示灯。按钮和指示灯名称和位置，参考图11-25。初始状态指示灯的填充颜色表达式选择“M0”，分段点0对应颜色为“银色”，分段点1对应颜色为“绿色”。

组态按钮的动画组态属性，见表11-9。

表11-9　按钮的动画组态属性设置

按钮名称	操作属性		脚本程序
	抬起功能		抬起脚本
	操作	变量	
上升	按1松0	M112	—
下降	按1松0	M111	—
左行	按1松0	M114	—
右行	按1松0	M113	—
放松	按1松0	M116	—
夹紧	按1松0	M115	—
启动	按1松0	M126	急停＝0
停止	按1松0	M127	—
急停	—	—	*1

注：*1急停按钮组态按下脚本，脚本程序如下。

```
IF  D0<>1  THEN
    急停＝1
ELSE
    急停＝0
ENDIF
```

h. 添加标题和LOGO。可参照图11-8，用工具箱“标签”命令，添加标题“简易机械手的仿真控制”，选择字体和大小。用工具箱“位图”命令，可插入相关LOGO。

⑥ 组态脚本程序。

a. 用户窗口的脚本程序。组态一个秒脉冲，用于在连续运行状态下有停止信号时，实现停止指示灯的闪烁。运行指示灯的闪烁用PLC程序实现（见图11-14回原点子程序的113步）。

双击窗口0的空白处，弹出如图11-26所示的对话框。设置循环时间为500ms，组态用户窗口的循环脚本如下。

笔记

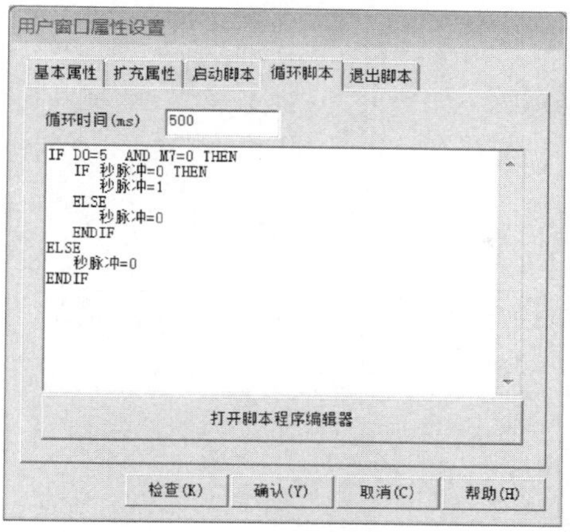

图 11-26　用户窗口属性设置

```
IF  D0=5  AND  M7=0  THEN
    IF  秒脉冲=0  THEN
        秒脉冲=1
    ELSE
        秒脉冲=0
    ENDIF
ELSE
    秒脉冲=0
ENDIF
```

b. 循环策略的脚本程序。“运行策略”→“循环策略”→“新增策略行”，新增按照设定的时间循环运行的策略行。鼠标右键单击策略行的图标“”，打开“策略工具箱”，添加“脚本程序”，结果如图 11-27 所示。双击按照设定的时间循环运行的图标“”，打开“循环策略属性”对话框，设置“定时循环执行，循环时间”为 100ms，如图 11-28 所示。

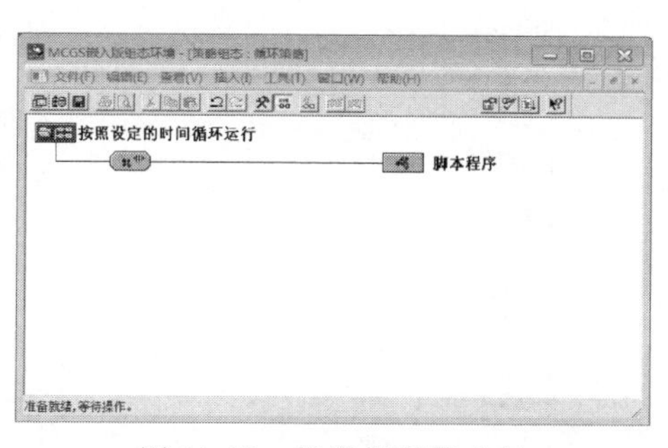

图 11-27　新增循环策略行

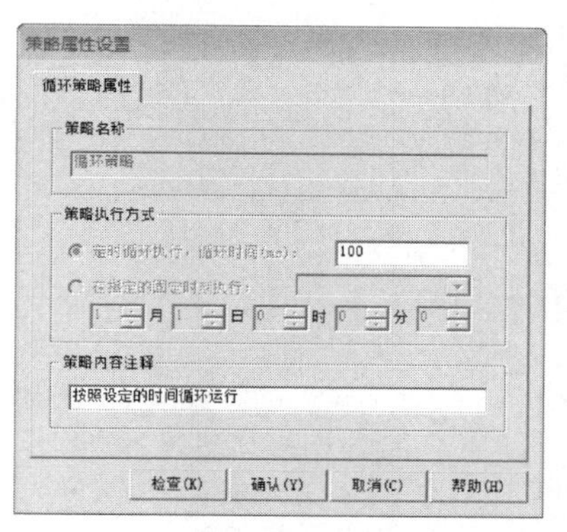

图 11-28　策略属性设置

双击策略行的“脚本程序”图标，打开“脚本程序”编辑对话框，输入如下脚本程序。执行“检查”命令，确定“组态设置正确，没有错误!”，“确认”退出。

笔 记

```
'****** 机械手限位开关******
IF  机械手上下移动＞＝90 THEN
    M101＝1
ELSE
    M101＝0
ENDIF
IF  机械手上下移动＜＝0 THEN
    M102＝1
ELSE
    M102＝0
ENDIF
IF  机械手左右移动＞＝240 THEN
    M103＝1
ELSE
    M103＝0
ENDIF
IF  机械手左右移动＜＝0 THEN
    M104＝1
ELSE
    M104＝0
ENDIF
IF  机械手爪旋转＞＝8 THEN
    M105＝1
ELSE
    M105＝0
ENDIF
'****** 运行模式选择******
IF  D0＝1 THEN
    M120＝1
ELSE
    M120＝0
ENDIF
IF  D0＝2 THEN
    M121＝1
ELSE
    M121＝0
ENDIF
IF D0＝3 THEN
    M122＝1
ELSE
    M122＝0
ENDIF
```

笔 记

```
IF D0＝4 THEN
   M123＝1
ELSE
   M123＝0
ENDIF
IF D0＝5 THEN
   M124＝1
ELSE
   M124＝0
ENDIF
'****** 机械手运动状态******
'****** 机械手下降******
IF  Y1＝1 AND 急停＝0 THEN
    机械手上下移动＝机械手上下移动＋2
    IF  机械手上下移动＞＝90 THEN
        机械手上下移动＝90
    ENDIF
ENDIF
'****** 机械手上升******
IF  Y2＝1 AND 急停＝0 THEN
    机械手上下移动＝机械手上下移动－2
    IF  机械手上下移动＜＝0 THEN
        机械手上下移动＝0
    ENDIF
ENDIF
'****** 机械手右移******
IF  Y3＝1 AND 急停＝0 THEN
    机械手左右移动＝机械手左右移动＋4
    IF  机械手左右移动＞＝240 THEN
        机械手左右移动＝240
    ENDIF
ENDIF
'****** 机械手左移******
IF  Y4＝1 AND 急停＝0 THEN
    机械手左右移动＝机械手左右移动－4
    IF  机械手左右移动＜＝0 THEN
        机械手左右移动＝0
    ENDIF
ENDIF
'****** 机械手抓紧******
IF  Y5＝1 AND 急停＝0 THEN
    机械手爪旋转＝机械手爪旋转＋1
```

笔 记

```
    IF  机械手爪旋转>=8 THEN
        机械手爪旋转=8
    ENDIF
ENDIF
'****** 机械手放松******
IF  Y5=0 AND 急停=0 THEN
    机械手爪旋转=机械手爪旋转-1
    IF  机械手爪旋转<=0 THEN
        机械手爪旋转=0
    ENDIF
ENDIF
'****** 物块显示与隐藏******
IF  机械手爪旋转<8 THEN
    物块 2 显示隐藏=0
ENDIF
IF  物块 2 显示隐藏=0 AND 机械手左右移动<=200 THEN
    物块 1 显示隐藏=1
ENDIF
IF  物块 1 显示隐藏=1 AND 机械手左右移动=0 AND 机械手上下移动=90 AND 机械手爪旋转>=8
THEN
    物块 1 显示隐藏=0
    物块 2 显示隐藏=1
ENDIF
IF  物块 2 显示隐藏=1 AND 机械手左右移动=240 AND 机械手上下移动>=90 THEN
    物块 2 显示隐藏=0
    物块 3 显示隐藏=1
ENDIF
IF  机械手左右移动<=120 THEN
    物块 3 显示隐藏=0
ENDIF
M106=物块 1 显示隐藏
M107=物块 3 显示隐藏
```

(6) 简易机械手仿真调试

用 USB-SC09-FX 下载线连接上位机 PC 和下位机 PLC，设置好通信参数。

打开 PLC 控制程序“任务 11 简易机械手的仿真控制 . gxw”，下载到 PLC 中，PLC 工作方式开关置于 RUN 位置。执行“在线”→“远程操作”命令，打开“远程操作”对话框，如图 11-29 所示。可远程观察 PLC 工作状态，或远程操作 PLC“RUN”或“STOP”。

打开 MCGS 组态工程“任务 11　简易机械手的仿真控制 . MCE”，执行“下载工程并进入运行环境”命令，打开“下载配置”对话框，将工程下载到模拟运行环境。图 11-30 所示是工程下载成功后的对话框。然后启动运行。

参照表 11-10 所列的调试项目和过程，进行运行调试，将观察结果如实记录在表 11-10 中。如果出现异常情况，请小组讨论分析，找到解决办法，并排除故障，直到满足简易机械手控制要求。

笔 记

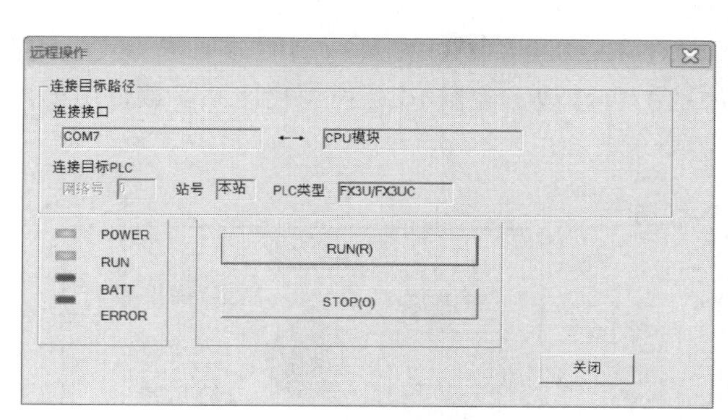

图 11-29 远程操作对话框

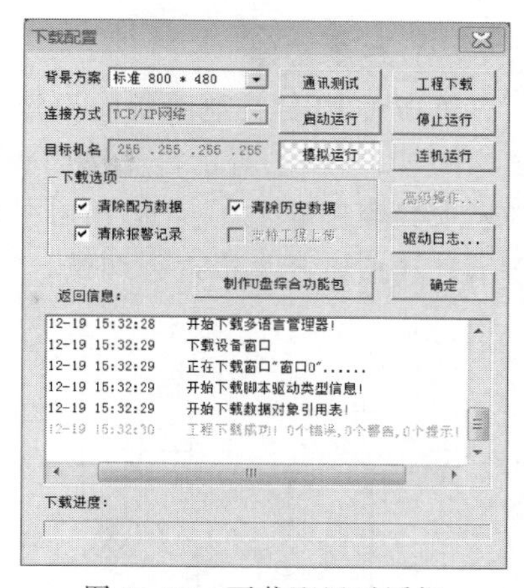

图 11-30 下载配置对话框

表 11-10 任务 11 运行调试小卡片

序号	检查调试项目	观察指示灯和机械手状态	是否正常
1	观察仿真界面初始状态	点亮的指示灯：______； 机械手位置：______	
2	选择手动工作方式。 分别操作手动控制区的下降、上升、右行、左行、夹紧、放松按钮	点亮的指示灯：______； 机械手动作：______	
3	机械手位于水平和垂直位置某处，手爪夹紧，选择回原点工作方式。 (1)分别操作手动控制区的下降、上升、右行、左行、夹紧、放松按钮。 (2)操作自动控制区的启动按钮	(1)点亮的指示灯：______； 机械手动作：______。 (2)点亮的指示灯：______； 机械手动作：______	
4	机械手位于原点，初始状态灯亮，选择单步工作方式。 (1)第一次按下启动按钮。 (2)机械手下降到位后，按下启动按钮。 (3)机械手夹紧后，按下启动按钮。 (4)机械手上升到位后，按下启动按钮。 (5)机械手右行到位后，按下启动按钮。 (6)机械手下降到位后，按下启动按钮。 (7)机械手放松后，按下启动按钮。 (8)机械手上升到位后，按下启动按钮。 (9)机械手左行到位后，按下启动按钮	(1)点亮的指示灯：______； 机械手动作：______。 (2)点亮的指示灯：______； 机械手动作：______。 (3)机械手动作：______。 (4)机械手动作：______。 (5)机械手动作：______。 (6)机械手动作：______。 (7)机械手动作：______。 (8)机械手动作：______。 (9)机械手动作：______	
5	机械手位于原点，初始状态灯亮，选择单周期工作方式。 (1)按下启动按钮。 (2)机械手返回原点后。 (3)再次按下启动按钮	(1)机械手动作：______ ______。 (2)点亮的指示灯：______； 机械手动作：______。 (3)机械手动作：______	
6	机械手位于原点，初始状态灯亮，选择连续工作方式。 (1)按下启动按钮。 (2)机械手返回原点后。 (3)运行期间，按下急停按钮。 (4)急停后，按下启动按钮。 (5)运行期间，按下停止按钮。 (6)机械手返回原点后	(1)点亮的指示灯：______； 机械手动作：______。 (2)机械手动作：______。 (3)机械手动作：______。 (4)机械手动作：______。 (5)点亮的指示灯：______； 机械手动作：______。 (6)点亮的指示灯：______； 机械手动作：______	

笔记

(7) 任务拓展

机械手PLC控制系统的设计、安装与调试（高级电工PLC实操题）。机械手运行示意图如图11-31(a) 所示，操作面板如图11-31(b) 所示，I/O接线原理图参照图11-32，控制要求参照任务11。完成PLC控制系统的I/O接线，编制PLC控制程序并下载，用模拟指示灯和按钮开关板进行调试，达到控制要求。

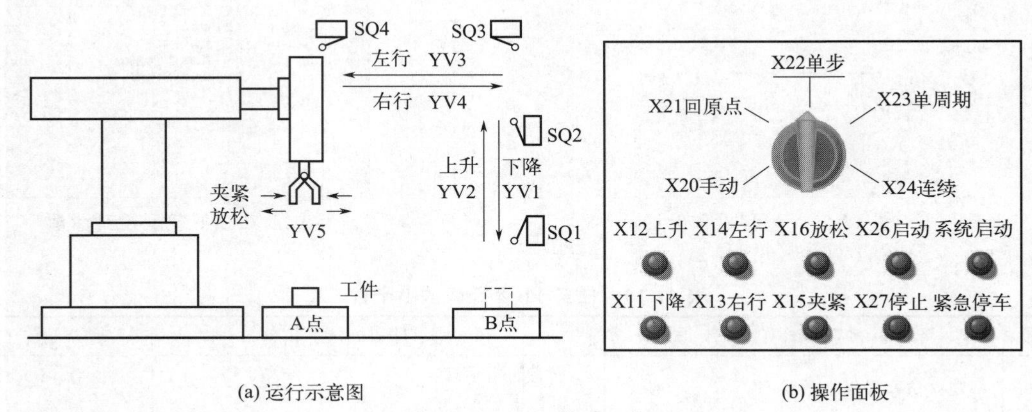

(a) 运行示意图　　(b) 操作面板

图11-31　机械手运行示意图和操作面板

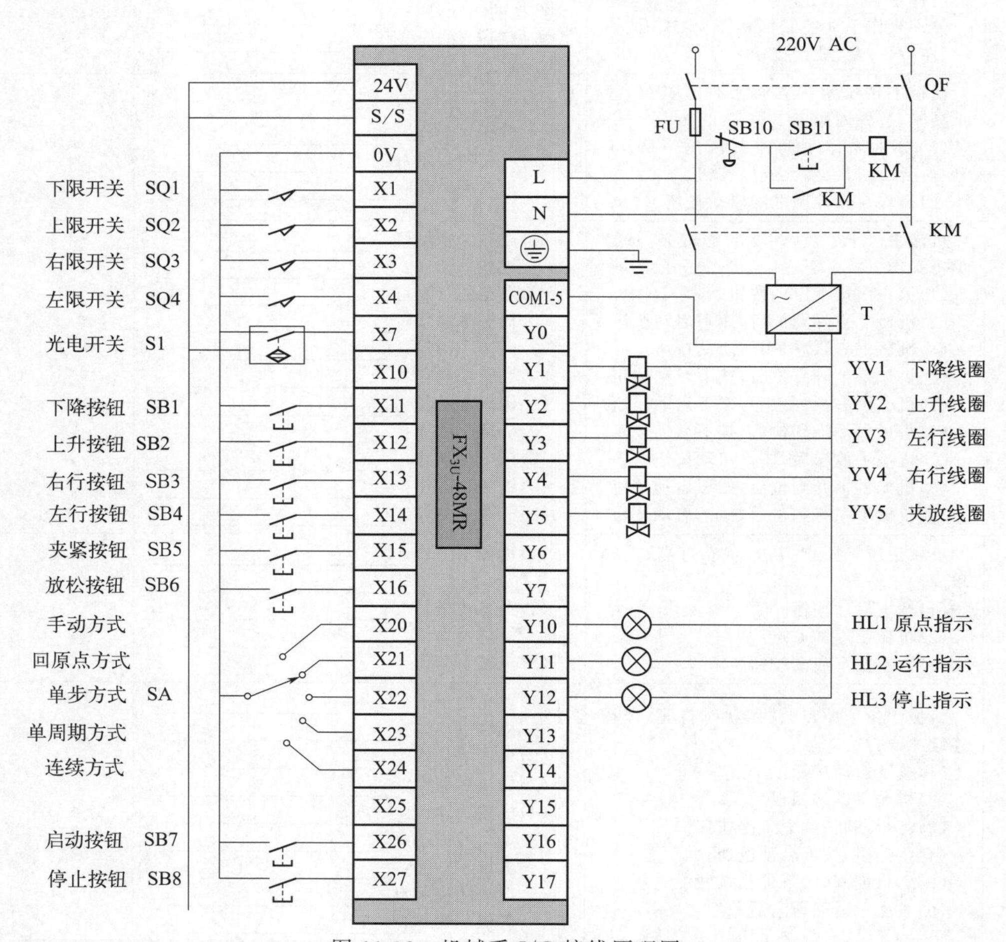

图11-32　机械手I/O接线原理图

(8) 虚拟仿真技术的行业现状及发展趋势

① 虚拟仿真的定义。

② 国内外虚拟仿真的行业现状。

③ 虚拟仿真的行业趋势。

以上内容请扫描二维码观看学习。

笔记

素养训练视频11 虚拟仿真技术的行业现状及发展趋势

11.4　任务评价

按照表 11-11“任务 11　简易机械手仿真控制考核评分表”，从职业素养、控制系统程序设计、组态设计、仿真调试四个方面进行考核评分。请各小组参照表 11-11 的要求，对任务 11 的完成情况进行小组自我评价。

表 11-11　任务 11 简易机械手仿真控制考核评分表

项目	评分点	配分	评分标准	扣分	得分
职业素养（15 分）	安全意识	7 分	(1)带电操作，扣 3 分； (2)未按要求穿戴服装，扣 2 分； (3)其他危险用电情况，扣 2～6 分		
	操作规范	4 分	(1)操作过程中工具使用不合理，扣 1 分； (2)操作过程中设备、工具、耗材等乱放，扣 1 分； (3)操作过程中，不记录或记录不全，扣 2 分		
	课堂纪律	2 分	(1)不听从评分组安排，提前进行操作，扣 1 分； (2)团队协作不合理，在实操中大声喧哗，扣 1 分		
	绿色生产	2 分	(1)实训工位不整洁的，扣 1 分； (2)实训结束后，不清扫整理的，扣 1 分		
控制系统程序设计（15 分）	器件选型程序下载	2 分	(1)设备型号选择错误，扣 1 分； (2)不会下载和清除 PLC 程序，扣 1 分		
	地址注释	3 分	错漏一处扣 0.2 分，扣完为止		
	PLC 控制程序	10 分	设计错漏一处扣 1 分，扣完为止		
组态设计（20 分）	通信测试	1 分	通信失败未能下载，扣 1 分		
	机械手	8 分	(1)参考图 11-8，查看画面、文字完整度，漏画、错画和错别字的扣 0.5 分/处，扣完为止； (2)整体布局不美观，扣 1 分		
	指示灯和位置显示	3 分	(1)参考图 11-8，查看画面、文字完整度，漏画、错画和错别字的扣 0.5 分/处，扣完为止； (2)整体布局不美观，扣 0.5 分		
	操作区域	8 分	(1)参考图 11-8，查看画面、文字和按钮完整度，漏画、错画和错别字的扣 0.5 分/处，扣完为止； (2)整体布局不美观，扣 1 分		

笔 记

续表

项目	评分点	配分	评分标准	扣分	得分
仿真调试（50分）	手动调试	14分	(1)6个动作及操作讲解，各2分，扣完为止； (2)限位开关、检测传感器和指示灯显示不正确，每处扣0.5分		
	回原点调试	6分	(1)动作及讲解，4分； (2)限位开关、检测传感器和指示灯显示2分，每处错误扣0.5分		
	单步调试	16分	(1)8个动作及操作讲解，各1.5分，扣完为止； (2)检测传感器、位置和指示灯显示4分，每处错误扣0.5分		
	单周期调试	6分	(1)动作及操作讲解，4分； (2)限位开关、指示灯显示2分，每处错误扣0.5分		
	连续调试	8分	(1)连续动作及操作讲解，4分； (2)停止操作及讲解，2分； (3)位置和指示灯显示正确2分，每处错误扣0.5分		
合计		100分			

11.5 习题

请扫码完成习题11测试。

习题11

任务12

传送带五段固定频调速控制

【知识目标】

① 了解变频电动机的特点和应用；
② 熟悉三菱变频器 FR-E720 变频器的一般参数设置；
③ 理解变频器与 PLC 之间控制逻辑的匹配关系；
④ 掌握变频器多段速给定和控制方法。

【能力目标】

① 会安装 FR-E720 变频器及进行相关接线；
② 会清除 FR-E720 变频器的所有参数；
③ 会设置 FR-E720 变频器的一般参数；
④ 能组态监控变频电动机的运行状态。

【素质目标】

通过了解变频技术的行业现状及趋势，塑造民族品牌意识，增强民族自豪感。

12.1 任务引入

变频器是通过调整频率实现交流电动机调速的电力控制设备，主要作用有：节能、调速、保护、提高工艺水平和质量、延长设备的使用寿命等。它在医学、通信、交通、运输、电力、电子、环保等领域得到空前的发展和应用，几乎国民经济的各行各业都与变频器密不可分。我国科技工作者要响应党的二十大报告提出的“推动制造业高端化、智能化、绿色化发展”号召，在工业自动化控制领域大力推广变频技术，尤其在重点用能设备系统节能技术中推荐国产高性能低压变频技术。

某灌装贴标系统是将液体产品装入固定容器中，并在容器外贴上标签，工艺示意图如图 12-1 所示。灌装机由电动机 M1 驱动，压盖机由双速电动机 M2 驱动，贴标机由电动机 M3 驱动，传送带由变频电动机 M4 驱动，由变频器进行多段速控制。第一段速为 10Hz，

笔记

第二段速为20Hz，第三段速为30Hz，第四段速为40Hz，第五段速为50Hz，加速/减速时间均为0.1s。

物料传感器SQ11～SQ15分布在A、B、C、D、E五个位置，用于检测容器是否到达指定工位。

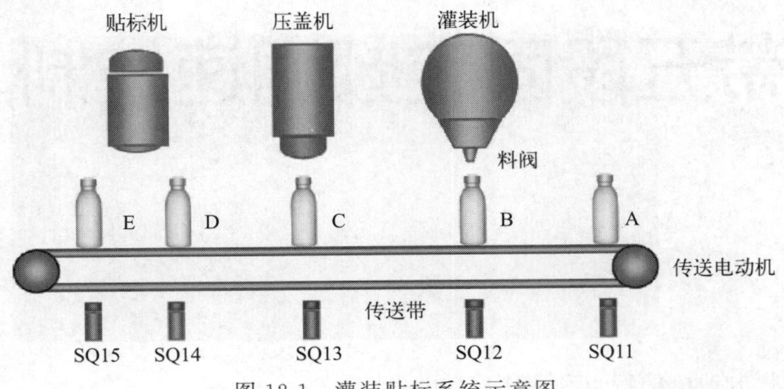

图12-1 灌装贴标系统示意图

本系统采用三菱FX_{3U}系列PLC进行控制，用一台三菱FR-E720S-0.4K-CHT型变频器作为传动装置，驱动变频电动机带动传送带五段固定频调速运行。

微课视频53
变频电动机

12.2 知识准备

12.2.1 变频电动机

(1) 变频电动机的概念

变频电动机是用变频器驱动的电动机的统称。为变频器设计的电动机为变频专用电动机，由传统的笼型电动机发展而来，并且提高了电动机绕组的绝缘性能。在要求不高的场合，如小功率和在额定频率工作情况下，可以用普通笼型电动机代替。在低频调速和散热等方面的性能比普通的笼型电动机优越。

变频电动机采用“专用变频感应电动机+变频器”的交流调速方式，使机械自动化程度和生产效率大为提高，调速系统器件化、模块化、高功率密度化、小型化，使得变频调速在工业控制领域应用日益广泛，变频电动机的使用也日益广泛起来。

(2) 变频电动机与普通电动机的区别

① 调速范围。变频电动机在其调速范围内可任意调速，而电动机不会损坏。普通电动机一般只能在AC 380V/50Hz的条件下运行，普通电动机虽能降频或升频使用，但范围不能太大，否则电动机会发热甚至烧坏。

② 散热系统。普通风机的散热风扇跟风机机芯用同一条线，而变频风机中这两个是分开的。普通电动机是根据市电的频率和相应的功率设计的，只有在额定的情况下才能稳定运行，如果普通风机变频过低时，可能会因过热而烧掉。而变频电动机要克服低频时的过热与振动，所以变频电动机在设计上要比普通电动机性能要好。

③ 调速精度。原则上普通电动机是不能用变频器来驱动的，但在实际中为了节约资

金，在很多需要调速的场合都用普通电动机代替变频电动机，但普通电动机的调速精度不高。

④ 绝缘等级。变频电动机由于要承受高频磁场，所以绝缘等级要比普通电动机高。

12.2.2 FR-E700 系列变频器

(1) 外观和型号说明

FR-E700 系列变频器是三菱公司的一种小型、高性能通用变频器。FR-E700 系列变频器的外观和型号定义如图 12-2 所示。三菱 FR-E720S-0.4K-CHT 型变频器，额定电压等级为单相 220V，适用电机容量 0.4kW 及以下的电动机。

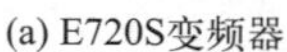
(a) E720S变频器

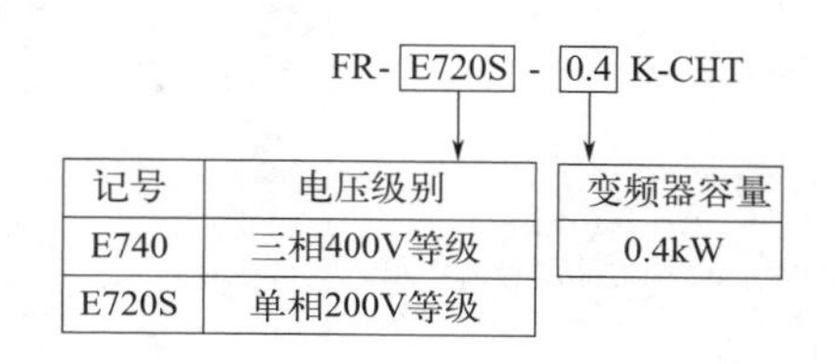

记号	电压级别
E740	三相400V等级
E720S	单相200V等级

变频器容量
0.4kW

(b) E700变频器型号定义

图 12-2　FR-E700 系列变频器

(2) E700 系列变频器的接线

① 主电路接线。E740 变频器主电路的接线如图 12-3 所示。

R、S、T（或 L1、L2、L3）是三相交流电源输入端；L1、N 是单相电源输入端。U、V、W 是变频器输出端，用于连接三相笼型电动机。输入/输出一定不能接错。

直流电抗器、制动电阻器、制动单元等的连接如图 12-3 所示。FR-E720S-0.1K、0.2K 没有内置制动晶体管，不能连接制动电阻器。

变频器必须接地。接地线尽量用粗线，接地点尽量短，最好是专用接地。共用接地时，必须在接地点共用。

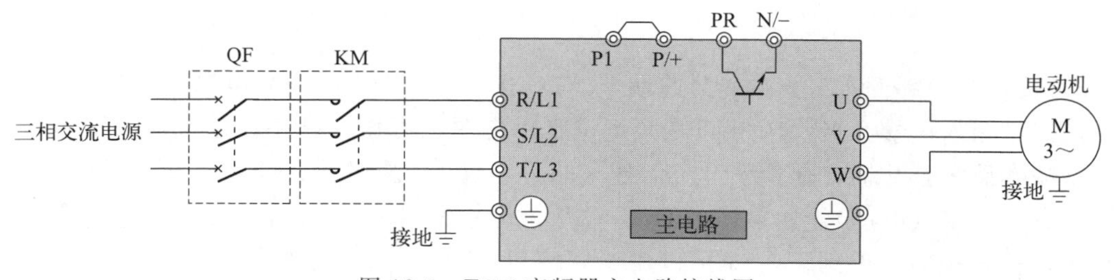

图 12-3　E740 变频器主电路接线图

② 控制电路接线。E740 变频器控制电路的接线如图 12-4 所示。

开关量输入信号有 7 个。STF 正转启动，ON 时正转，OFF 时停止。STR 反转启动，ON 时反转，OFF 时停止。STF 和 STR 同时 ON 时，为停止指令。

笔记

RH为高速频率设定（默认50Hz），RM为中速频率设定（默认30Hz），RL为低速频率设定（默认10Hz）。通过RH、RM和RL信号的组合可以进行4～7段速度的频率设定。

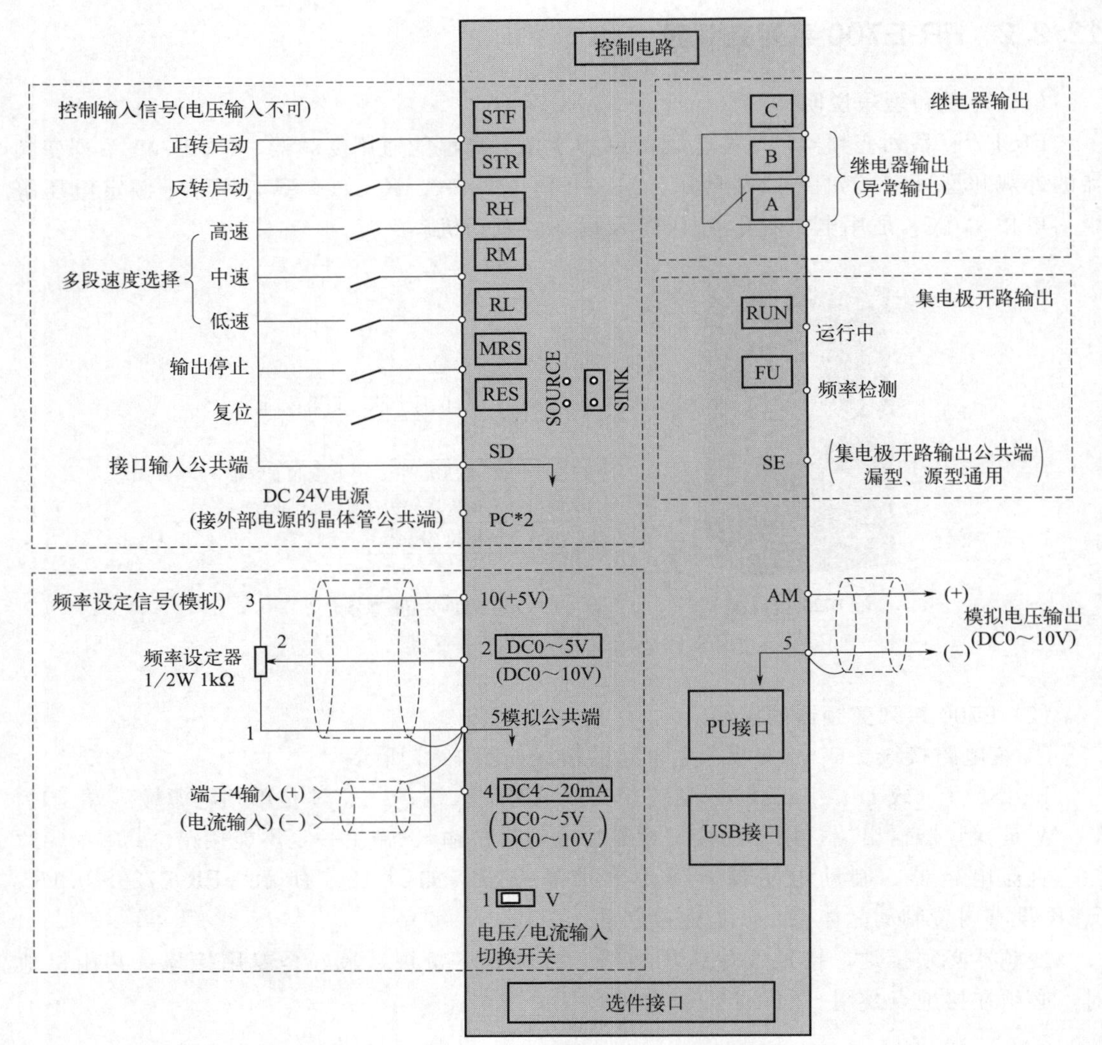

图12-4　E740变频器控制电路接线图

SD接口为内部DC 24V电源公共端子。PC接口为外部DC 24V电源公共端子。

模拟量输入信号2组。10接口是频率设定用电源，可作为频率设定电位器的电源，5接口是频率设定公共端，是频率设定信号（端子2或4）及端子AM的公共端子。2、5接口用于频率设定（电压）。如果输入DC0～5V（或者0～10V），在5V（10V）时为最大输出频率，输入输出成正比。4、5接口用于频率设定（电流），如果输入DC4～20mA，在20mA时为最大输出频率，输入输出成正比。4、5接口用于电压输入时，请将电压/电流输入切换开关切换至“V”位置。

开关量输出信号3个。A、B、C是变频器异常信号（继电器输出）；异常时，A—C间接通，B—C间断开。RUN是变频器正在运行信号（集电极开路输出），变频器输出

笔 记

频率大于等于启动频率时为低电平，停止或直流制动时为高电平。FU 是频率检测信号（集电极开路输出），输出频率大于等于任意设定的检测频率时为低电平，未达到时为高电平。

模拟量输出信号 1 个。AM 端子模拟电压输出，可以从多种监视项目中选一种为输出。变频器复位中不输出。

PU 接口可进行 RS-485 通信。USB 接口，与个人电脑通过 USB 连接后，可以实现三菱变频器软件“FR Configurator”的操作。

(3) 控制逻辑

变频器的控制逻辑，是指控制信号是低电平有效，还是高电平有效。控制逻辑有两种：漏型逻辑（SINK）和源型逻辑（SOURCE）。输入信号出厂设定为漏型逻辑（SINK），为了切换控制逻辑，需要切换控制端子上方的跳线器，如图 12-5 所示。跳线器的转换请在未通电的情况下进行。

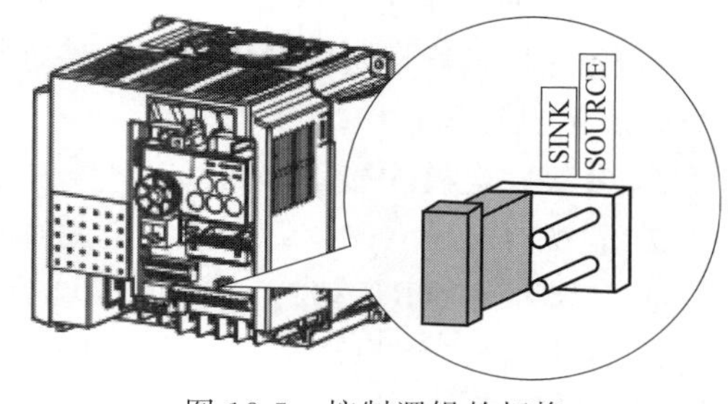

图 12-5　控制逻辑的切换

漏型（SINK）逻辑指信号输入端子有电流流出时信号为 ON 的逻辑。使用内部电源时，端子 SD 是输入信号的公共端子（负端）。使用外部电源时，端子 PC 是输入信号的公共端子（正端），如图 12-6 所示。

源型（SOURCE）逻辑指信号输入端子有电流流入时信号为 ON 的逻辑，使用内部电源时，端子 PC 是输入信号的公共端子（正端）。使用外部电源时，端子 SD 是输入信号的公共端子（负端），如图 12-7 所示。

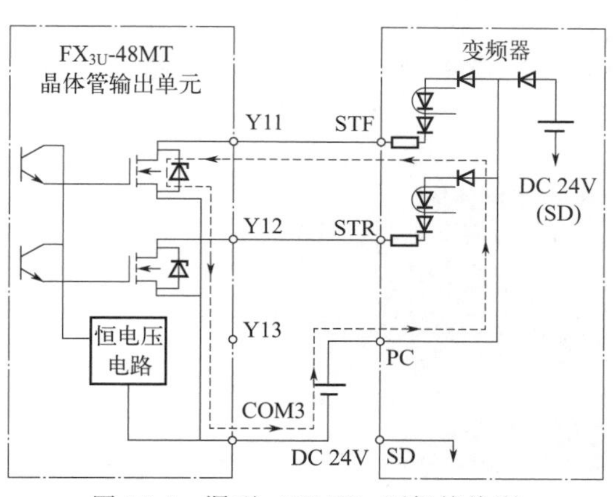

图 12-6　漏型（SINK）逻辑接线图

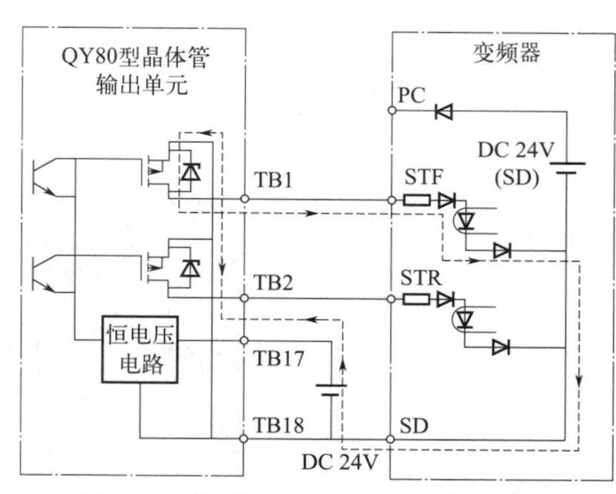

图 12-7　源型（SOURCE）逻辑接线图

【学生练习】参考图 1-6 晶体管漏型输出电路，变频器与 FX_{3U}-48MT/ES-A 型 PLC 连接时，应该选择漏型逻辑还是源型逻辑？结果记录如下。

笔 记

微课视频55
FR-E720S变频器操作面板

12.2.3 变频器操作面板

(1) 操作面板各部分名称

操作面板如图 12-8 所示。面板上有四位数码管、八个 LED 指示灯、五个按钮和一个旋钮。

① 运行模式显示。PU 指示灯，PU 运行模式时亮。EXT 指示灯，外部运行模式时亮。NET 指示灯，网络运行模式时亮。

② 单位显示。Hz 指示灯，显示频率时亮，显示设定频率监视时闪烁。A 指示灯，显示电流时亮，显示电压时熄灯。

③ 监视器（4 位数码管）。显示频率、参数编号等。

④ M 旋钮。用于变更频率设定、参数的设定值。

⑤ 运行状态显示（RUN）。变频器动作中亮灯/闪烁。亮灯，表示正转运行中。缓慢闪烁，表示反转运行中。

⑥ 参数设定模式显示（PRM）。参数设定模式时亮灯。

⑦ 监视器显示（MON）。监视模式时亮灯。

⑧ 启动指令（RUN）。通过 Pr. 40 的设定，可以选择旋转方向。

⑨ 停止运行（STOP/RESET）。停止运转指令。保护功能（严重故障）生效时，也可以进行报警复位。

⑩ 模式切换（MODE）。用于切换各设定模式。和PU/EXT同时按下也可以用来切换运行模式。长按此键（2s）可以锁定操作。

⑪ 各设定的确定（SET）。运行中按此键则监视器按照“运行频率→输出电流→输出电压→运行频率”显示。

⑫ 运行模式切换（PU/EXT）。用于切换 PU 运行模式/EXT 外部运行模式。

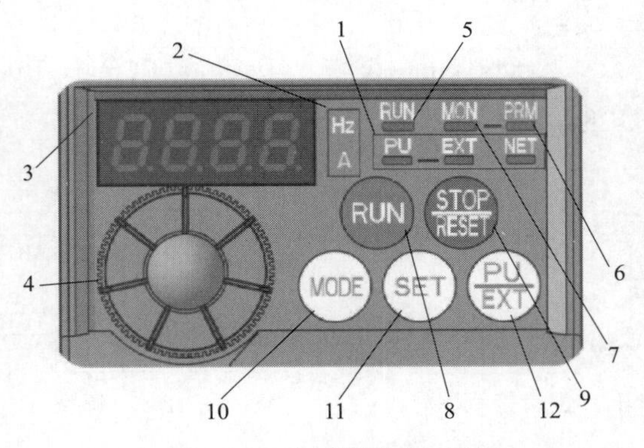

图 12-8 变频器操作面板

1—运动模式显示；2—单位显示；3—监视器；4—M 旋钮；5—运行状态显示；6—参数设定模式显示；7—监视模式显示；8—启动指令；9—停止运行；10—模式切换；11—各设定的确定；12—运行模式切换

微课视频56
E700变频器的运行模式

(2) 运行模式

所谓运行模式，是指对输入到变频器的启动指令和设定频率的命令来源的指定。变频器常用运行模式见表 12-1。

笔 记

一般来说，使用控制电路端子、在外部设置电位器和开关来进行操作的是“外部运行模式”。使用操作面板以及参数单元（FR-PU04-CH/FR-PU07）输入启动指令、设定频率的是“PU 运行模式”。通过 PU 接口进行 RS-485 通信或使用通信选件的是“网络运行模式（NET 运行模式）”。运行模式可以通过操作面板或通信的命令代码来进行切换。

表 12-1　变频器运行模式

运行模式	操作面板显示	运行方法	
		启动指令	频率指令
PU 运行模式	79-1（PRM 闪烁，PU 闪烁）	RUN	旋钮
外部运行模式（可切换外部、网络运行模式）	79-2（PRM 闪烁，EXT 闪烁）	外部信号输入(STF、STR)	模拟电压输入
组合运行模式 1	79-3（PRM 闪烁，PU EXT 闪烁）	外部信号输入(STF、STR)	旋钮 或外部信号输入(多段速设定、端子 4—5 间模拟量)
组合运行模式 2	79-4（PRM 闪烁，PU EXT 闪烁）	RUN、PU 的 FWD/REV 键	外部信号输入(端子 2、4、JOG、多段速选择等)

(3) 简单设定运行模式

可通过简单的操作来完成 Pr. 79 运行模式选择设定。例如，设定组合运行模式 1：启停指令由外部（STF/STR）端子给定，频率指令由面板旋钮给定。设定操作过程如图 12-9 所示。

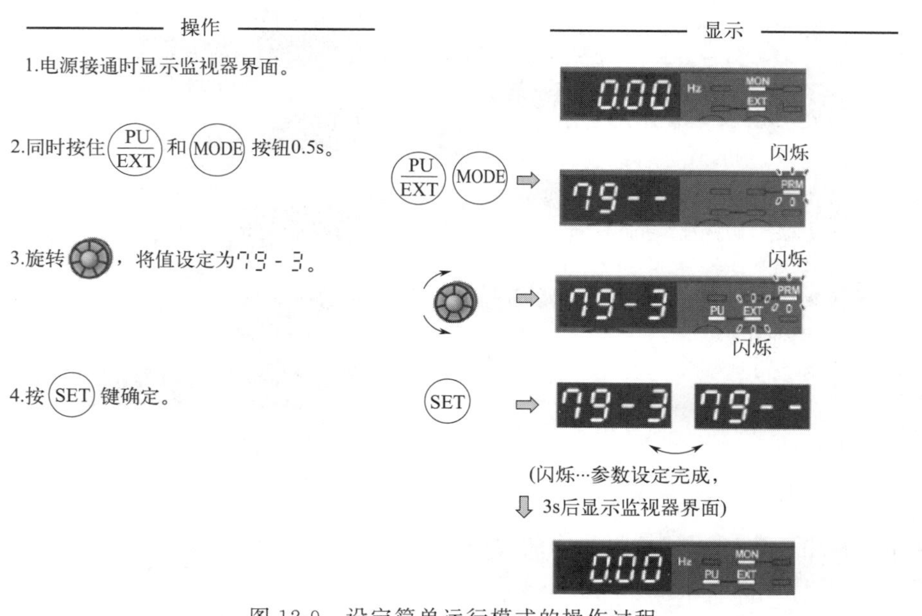

图 12-9　设定简单运行模式的操作过程

笔 记

操作过程中，可能出现的两种故障显示及其处理方法。

① 显示 Er 1。分为两种情况：一种情况是用户参数组读取选择＝Pr. 160 “1”，用户参数组中未登录 Pr. 79；将 Pr. 160 参数改为 “0” 即可。另一种情况是 Pr. 77＝ “1”，禁止写入参数；将参数修改为 “0” 即可。

② 显示 Er 2。表示运行中不能设定，请关闭启动命令。

(4) 监视输出电流和输出电压

在监视模式中按(SET)键可以切换监视器的显示内容，显示内容分别有 “输出频率、输出电流、输出电压” 三种。操作过程如图 12-10 所示。

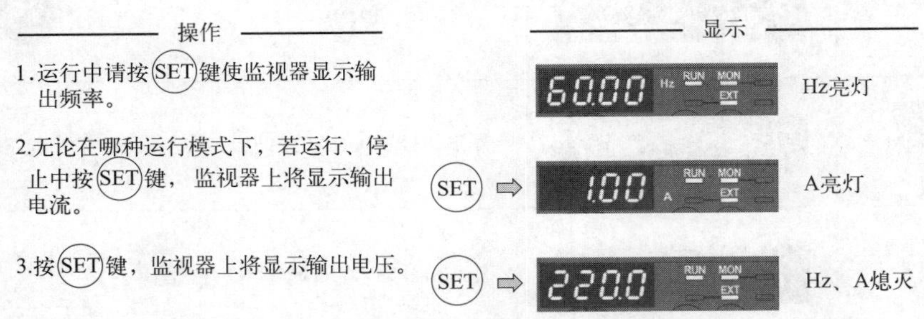

图 12-10　监视输出电流和输出电压的操作过程

(5) 变更参数的设定值

例如变更 Pr. 1 的上限频率为 50Hz，操作过程如图 12-11 所示。

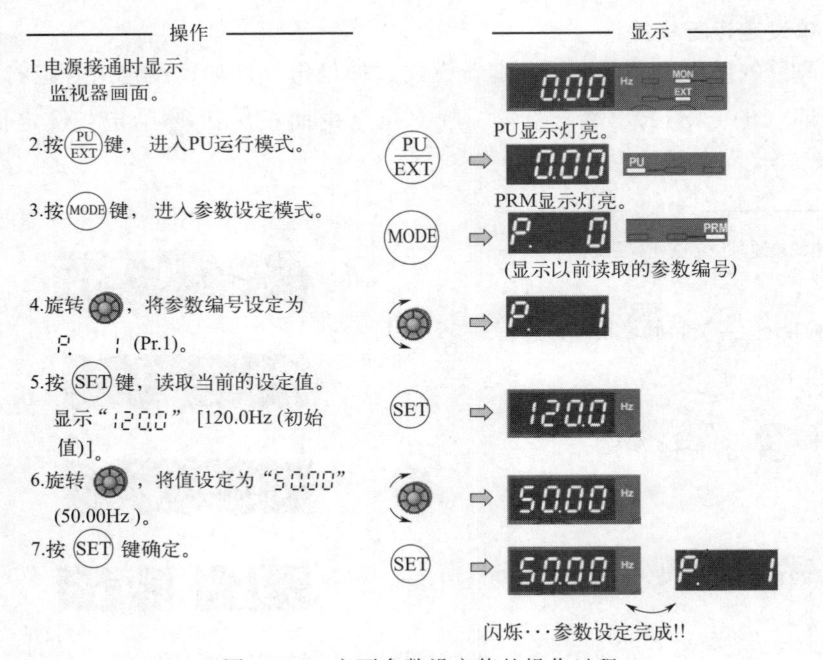

图 12-11　变更参数设定值的操作过程

操作过程中，出现下列故障显示的原因。

① 显示 Er 1。表示禁止写入错误。

② 显示 Er 2。表示运行中写入错误。

③ 显示 Er 3。表示校正错误。

④ 显示 Er 4。表示模式指定错误。

（6）参数清除、全部清除

设定 Pr. CL 参数清除、ALLC 参数全部清除＝“1”，可使参数恢复为初始值（如果设定 Pr. 77＝“1”，则无法清除）。参数清除、全部清除操作过程如图 12-12 所示。

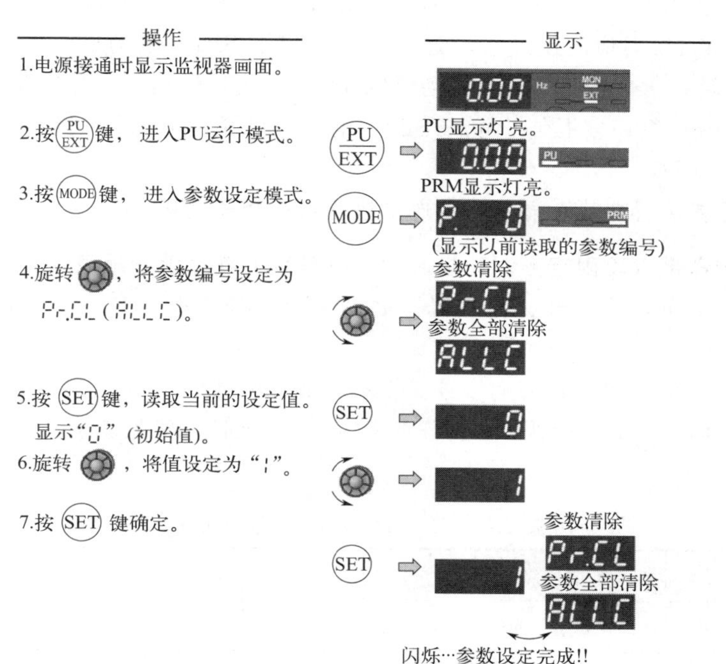

图 12-12　参数清除、全部清除的操作过程

【学生练习】参考图 12-12 参数清除、全部清除的操作过程，请清除指定工位变频器的全部参数。参数清除操作过程中，如果运行模式没有切换到 PU 运行模式，监视器会显示什么？

【学生练习】设定变频器上限频率 Pr. 1＝50Hz，下限频率 Pr. 2＝5Hz，加速时间 Pr. 7＝2s，减速时间 Pr. 8＝1s，启动频率 Pr. 13＝5Hz，PU 模式下运行，运行频率 f＝42Hz。①按［RUN］键，观察电动机运行情况及面板指示灯情况；②按［STOP］键，观察电动机运行情况及面板指示灯情况。（提示：运行频率的设定方法，按两次操作面板上的［MODE］键，切换到［频率设定］画面下，设定运行频率 f＝42Hz。）

笔记

12.3 任务实施

(1) 传送带五段固定频调速控制任务要求

某灌装贴标系统如图12-1所示。其中传送带调试要求如下。

按下启动按钮SB1，传送电动机M4以20Hz对应的速度正转启动；再次按下按钮SB1，电动机以40Hz对应的速度正转运行；再次按下SB1，电动机M4停止，2s后自动以10Hz速度反转；再次按下SB1，电动机以30Hz速度反转运行；再次按下SB1，电动机以50Hz速度反转运行；按下停止按钮SB2，电动机停止，电动机M4调试结束。调试过程中指示灯HL4闪烁。

触摸屏有位置传感器状态显示、传送带运行指示和速度显示。

(2) 分析传送带五段固定频调速控制对象并确定I/O地址分配表

输入信号有7个，均是开关量信号。启动按钮和停止按钮各一个，现场检测传感器5个。

输出信号有6个，均是开关量信号。传送调试指示灯HL4，变频器信号5个。

选择FX_{3U}-48MT/ES-A型PLC。任务12的I/O地址分配见表12-2，根据实际情况完成地址分配。

表12-2　任务12的I/O地址分配表

输入地址	输入信号	软元件注释	说明	输出地址	输出信号	软元件注释	说明
	SQ11	A点传感器	光纤式光电开关		HL3	备用	
	SQ12	B点传感器	光纤式光电开关		HL4	调试指示灯	绿色,DC 24V
	SQ13	C点传感器	光纤式光电开关		STF	变频器正转	
	SQ14	D点传感器	光电开关		STR	变频器反转	
	SQ15	E点传感器	光电开关		RL	变频器低速	
	SB1	启动按钮	常开型,就地控制		RM	变频器中速	
	SB2	停止按钮	常开型,就地控制		RH	变频器高速	

(3) 传送带五段固定频调速控制硬件设计

根据PLC选型及表12-2的I/O地址分配，传送带变频电动机调试控制的接线电路如图12-13所示。电动机功率很小，变频器选择E720S-0.4K-CHT型即可。由于PLC为晶体管集电极开路输出，电流从其端口流入，故变频器应跳线为漏型逻辑（SINK）。

完成图12-13的地址分配，并按图12-13完成接线。

(4) 变频器参数设置

① 多段速设定。通过端子RH、RM、RL及其组合可以进行7段速频率设定，如图12-14所示。

1速（高速），RH＝ON，以Pr.4给定的频率运行。

笔 记

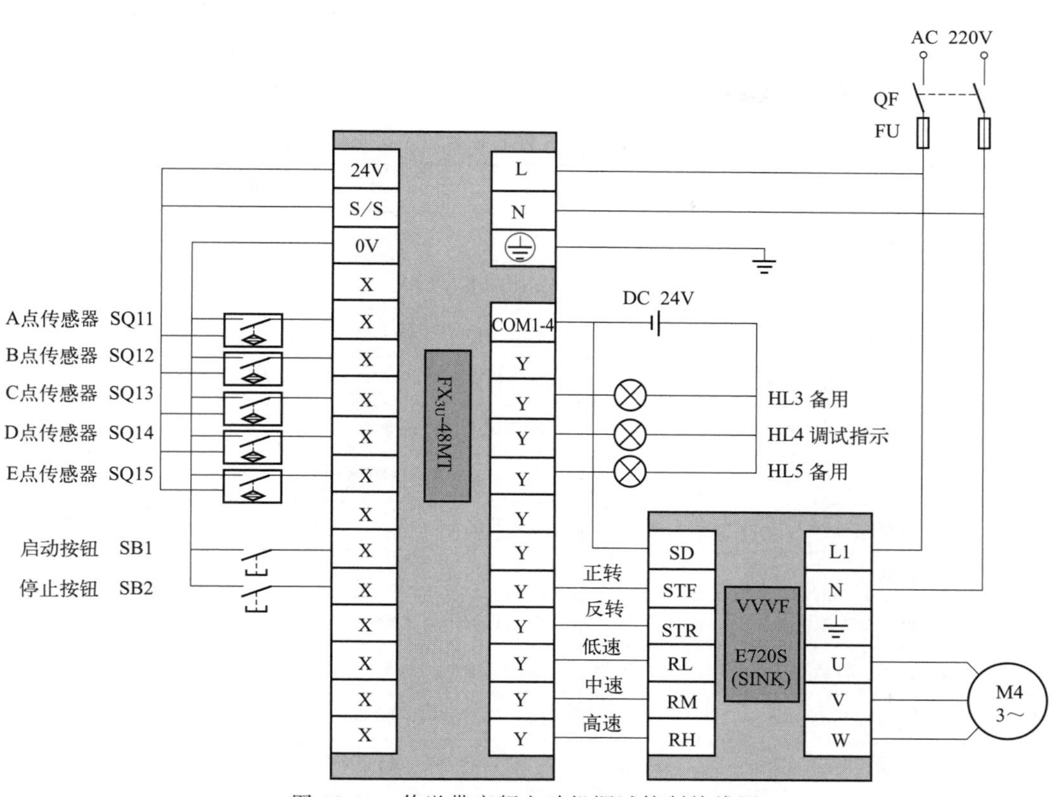

图 12-13 传送带变频电动机调试控制接线图

2 速（中速），RM＝ON，以 Pr. 5 给定的频率运行。

3 速（低速），RL＝ON，以 Pr. 6 给定的频率运行。

4 速，RM＝RL＝ON，以 Pr. 24 给定的频率运行。

5 速，RH＝RL＝ON，以 Pr. 25 给定的频率运行。

6 速，RH＝RM＝ON，以 Pr. 26 给定的频率运行。

7 速，RH＝RM＝RL＝ON，以 Pr. 27 给定的频率运行。

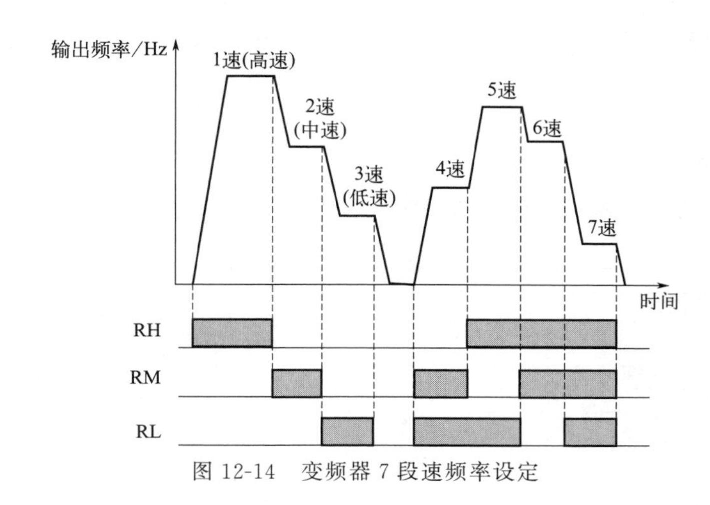

图 12-14 变频器 7 段速频率设定

笔 记

② 多段速变频器参数设定。驱动传送带的电动机型号为80YS25GY30，其参数如下：$P_N=25W$，$U_N=380V$，$I_N=0.13A$、$f_N=50Hz$，$n_N=1300r/min$。根据电动机铭牌数据，正确设置变频器参数，见表12-3。

表12-3 变频器参数设定

参数	名称	设定值	功能说明
Pr. 1	上限频率	50Hz	输出频率的上限
Pr. 2	下限频率	0Hz	输出频率的下限
Pr. 3	基准频率	50Hz	电机的额定频率
Pr. 4	多段速设定(高速)	50Hz	电动机高速运行频率
Pr. 5	多段速设定(中速)	30Hz	电动机中速运行频率
Pr. 6	多段速设定(低速)	10Hz	电动机低速运行频率
Pr. 7	加速时间	0.1s	电动机启动时间
Pr. 8	减速时间	0.1s	电动机停止时间
Pr. 9	电子过电流保护	0.13A	电动机的额定电流
Pr. 13	电动机启动频率	5Hz	电动机的启动频率
Pr. 19	电动机额定电压	380V	电动机的额定电压
Pr. 24	多段速设定(4速)	20Hz	电动机第4速运行频率
Pr. 25	多段速设定(5速)	40Hz	电动机第5速运行频率
Pr. 79	运行模式选择	3	设定为外部/PU(或外部多段速)组合模式1
Pr. 81	电动机极数	2	电动机同步转速整除额定转速INT(3000/1300)
Pr. 178	STF端子功能选择	60	正转
Pr. 179	STR端子功能选择	61	反转

注：变频器的参数设定应在PLC停止状态进行。

【学生练习】参考图12-12清除变频器中的全部参数，然后再参照表12-3设置变频器参数。

(5) 打点检测

完成任务12的打点检测，检测结果填入表12-4中。

表12-4 任务12 输入/输出打点检测结果记录表

输入地址	输入信号	测试结果	故障处理	输出地址	输出信号及组合	测试结果	故障处理
	SQ11				HL4		
	SQ12				STR * RL		
	SQ13				STR * RM		

笔 记

续表

输入地址	输入信号	测试结果	故障处理	输出地址	输出信号及组合	测试结果	故障处理
	SQ14				STR * RH		
	SQ15				STF * RL		
	SB1				STF * RL * RM		
	SB2				STF * RL * RH		

注：打点如果存在问题，请及时检查及维修输入和输出电路。

(6) 传送带五段固定频调速控制 PLC 程序设计

定义数据寄存器 D0 为速度切换 ID，D2 用于存放当前速度值。根据控制要求，D0 的取值与 RL、RM、RH 或其组合的对应关系见表 12-5。

表 12-5　D0 取值与多段速端子组合逻辑对应关系

速度切换 ID(D0)	对应速度值(D2)/Hz	电动机运行方向	端子 RH、RM、RL 及其组合逻辑
0	0	停止	—
1	20	正转	RL * RM
2	40	正转	RL * RH
3	延时 2s 后 10	延时 2s 后反转	RL
4	30	反转	RM
5	50	反转	RH

创建一个新工程。选择正确的工程类型和 PLC 类型，选择程序语言为“梯形图”。命名并保存新工程，例如“任务 12　传送带五段固定频调速控制”。根据表 12-2 添加软元件注释，参照图 12-15 所示编辑 PLC 控制程序，并补充完成图 12-15 中相关输入/输出地址。

图 12-15 中，M16 是触摸屏上的启动按钮，M17 是触摸屏上的停止按钮，M21 是延时 2s 中标志，M22 是变频器 10Hz 速度标志。

(7) 传送带五段固定频调速控制监控组态设计

① 创建新工程。直接双击桌面快捷图标，打开 MCGS 组态环境。创建一个后缀名为“. MCE”的新工程，选择 TPC 类型为 TPC7062Ti，其余参数默认。

② 命名新建工程。打开“保存为”窗口。将当前的“新建工程 x”取名为“任务 12　传送带五段固定频调速控制”，保存在默认路径（D：\ MCGSE \ Work）下。

③ 设备组态。

参照图 10-12 所示，添加“通用串口父设备 0--[通用串口父设备] ”，并设置通用串口父设备参数。

参照图 10-13 所示，添加“设备 0--[三菱_FX 系列串口] ”，并设置 FX 系列串口设备属性值。

在设备编辑窗口的右边，增加本任务的设备通道。输入/输出信号参照表 12-2。增加的设备通道及快速连接变量见表 12-6。确认后，将连接变量全部添加到实时数据库中。

笔 记

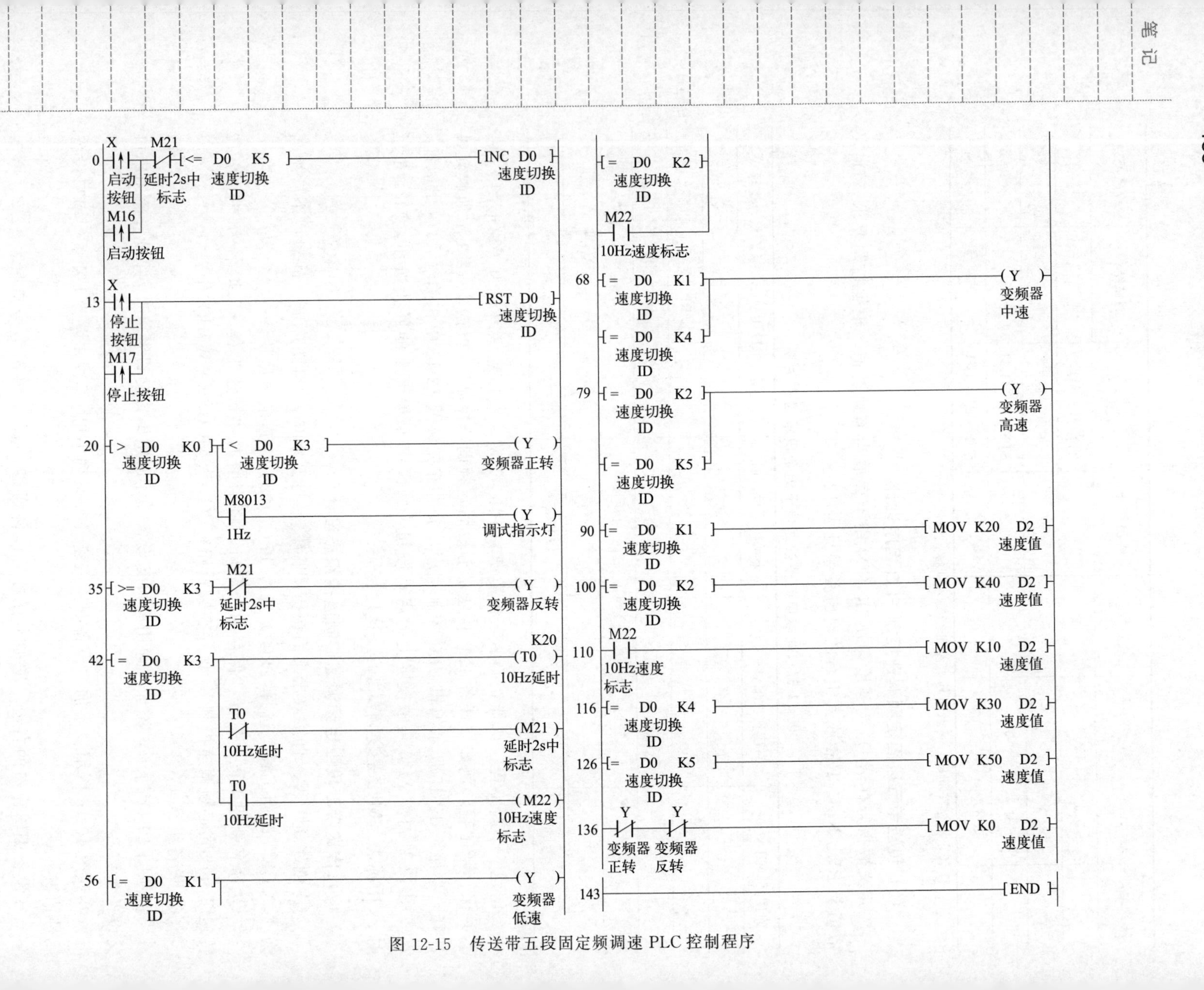

图 12-15 传送带五段固定频调速 PLC 控制程序

笔记

表 12-6　增加设备通道及快速连接变量

索引	连接变量	通道名称
0000	—	通信状态
0001	A 点	只读 X
0002	B 点	只读 X
0003	C 点	只读 X
0004	D 点	只读 X
0005	E 点	只读 X
0006	—	只读 X
0007	调试指示灯	读写 Y
0008	—	读写 Y
0009	变频器正转	读写 Y
0010	变频器反转	读写 Y
0011	变频器低速	读写 Y
0012	变频器中速	读写 Y
0013	变频器高速	读写 Y
0014	启动	读写 M0016
0015	停止	读写 M0017
0016	速度值	读写 DWUB0000

④ 组态监控界面。“用户窗口”→“新建窗口”，新建窗口 0。在窗口 0 中，组态传送带五段固定频调速控制监控界面，组态结果如图 12-16 所示。

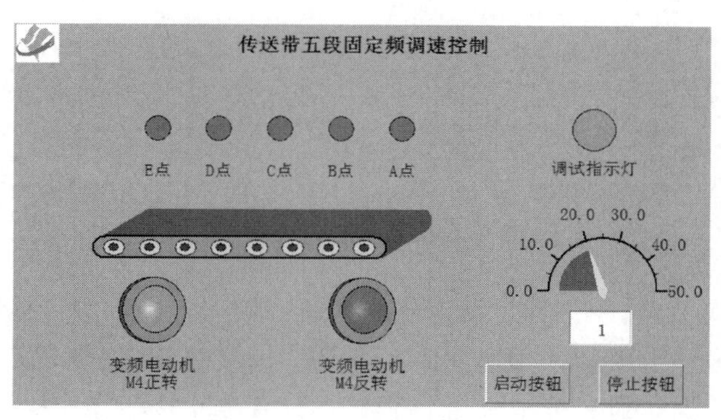

图 12-16　传送带五段固定频调速控制监控界面

各控件组态如下。

a. 组态传感器指示。插入工具“椭圆”。“A 点”的图符坐标为 [H：430]、[V：110]，尺寸为 [W：30]、[H：30]。“填充颜色”分段点 0 对应“灰色”，分段点 1 对应“绿色”，表达式“A 点”，确认，退出。“B 点”的图符坐标为 [H：360]、[V：110]，“连接表达式”为“B 点”。“C 点”的图符坐标为 [H：290]、[V：110]，“连接表达式”为“C 点”。“D 点”的图符坐标为 [H：220]、[V：110]，“连接表达式”为“D 点”。“E 点”的图符坐标为 [H：150]、[V：110]，“连接表达式”为“E 点”。

b. 组态传送带图标。执行“编辑”→“插入元件”→“传送带5”。坐标为［H：90］、［V：220］，尺寸为［W：390］、［H：60］。

c. 组态电动机运行指示。执行“编辑”→“插入元件”→“指示灯3”。“变频电动机M4正转”的图符坐标为［H：120］、［V：300］，“连接表达式”为“变频器正转”。“变频电动机M4反转”的图符坐标为［H：370］、［V：300］，“连接表达式”为“变频器反转”。第一个组合图符的可见度属性设置为“当表达式非零时”选择“对应图符不可见”；第二个组合图符的可见度属性设置为“当表达式非零时”选择“对应图符可见”。

d. 组态调试指示灯。插入工具“椭圆”。坐标为［H：640］、［V：100］，尺寸为［W：50］、［H：50］。“填充颜色”分段点0对应“灰色”，分段点1对应“绿色”，表达式“调试指示灯”，确认，退出。

e. 组态变频电动机M4的速度指示。插入工具“旋转仪表”。坐标为［H：560］、［V：200］，尺寸为［W：230］、［H：230］。旋转仪表构件属性设置如图12-17所示。

“刻度与标注属性”设置如图12-17(a)所示，主划线数目：5，次划线数目：2，标注间隔：1，小数位数：1。“操作属性”设置如图12-17(b)所示，表达式为“速度值”，最大逆时钟角度“90”对应的值为“0.0”，最大顺时钟角度“90”对应的值为“50.0”。

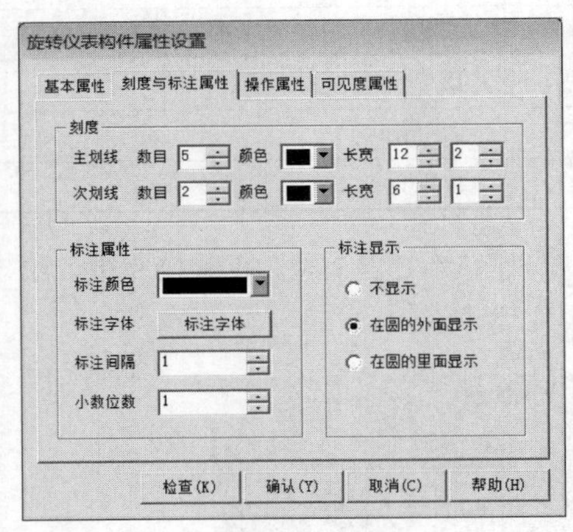

(a) 刻度与标注属性

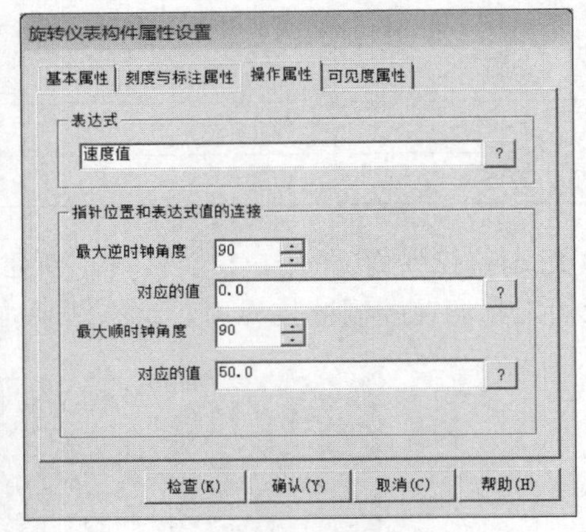

(b) 操作属性

图12-17　旋转仪表构件属性设置

f. 组态速度切换ID输入框和启动、停止按钮。插入工具“输入框”，设置操作属性对应数据对象的名称为“速度切换ID”。插入工具“标准按钮”，设置启动按钮操作属性抬起功能的数据对象值操作为“按1松0　启动”，设置停止按钮操作属性抬起功能的数据对象值操作为“按1松0　停止”。

g. 添加标题和LOGO。

⑤ 组态检查。单击快捷工具图标，检查组态。

⑥ 下载工程并进入运行环境。

a. 确认TCP与上位机PC的通信电缆已经可靠连接。

b. 确认TCP的IP地址与上位机PC的IP地址在同一个网段，比如都在“IP 192.168.0.X，子网掩码255.255.255.0”。

c. TPC通电。打开MCGS组态软件的“下载配置”窗口。通信测试成功后，单击

笔记

"工程下载"。下载工程"任务12　传送带五段固定频调速控制"。

d. 工程下载成功后，单击"启动运行"。

(8) 传送带五段固定频调速控制运行调试

完成调试前准备工作后，"任务12　传送带五段固定频调速控制"的PLC程序和组态程序均已经下载完成。参照表12-7所列的调试项目和过程，进行运行调试，将观察结果如实记录在表12-7中。如果出现异常情况，讨论分析，找到解决办法，并排除故障，直到满足传送带五段固定频调速控制要求。

表12-7　任务12运行调试小卡片

序号	检查调试项目	分别观察以下指示灯或设备的工作状态	是否正常
1	检查RS-485通信是否正常	RD和SD指示灯：________	
2	5个传感器逐一检测	PLC对应输入信号：________； HMI对应指示灯：________	
3	第一次按下启动按钮	传送带工作情况：________； 变频器显示频率：________； HMI显示情况：________	
4	第二次按下启动按钮	传送带工作情况：________； 变频器显示频率：________； HMI显示情况：________	
5	第三次按下启动按钮	传送带工作情况：________； 变频器显示频率：________； HMI显示情况：________	
6	第四次按下启动按钮	传送带工作情况：________； 变频器显示频率：________； HMI显示情况：________	
7	第五次按下启动按钮	传送带工作情况：________； 变频器显示频率：________； HMI显示情况：________	
8	按下停止按钮	传送带工作情况：________； 变频器显示频率：________； HMI显示情况：________	
9	再次按下启动按钮	传送带工作情况：________； 变频器显示频率：________； HMI显示情况：________	
10	再次按下停止按钮	传送带工作情况：________； 变频器显示频率：________； HMI显示情况：________	

(9) 任务拓展

变频器三段固定调速系统的设计、安装与调试（高级电工PLC实操题）。控制要求如下。

① 按下SB1，变频器以15Hz的频率正向运转。运转5s后；变频器以45Hz的频率正向运转，运转15s后；变频器以35Hz的频率正向运转，运转7s后停止。如图12-18所示。运行过程中，按下停止按钮，系统停止运行。

② 参数要求：加速时间1s，减速时间2s，设置过流保护、上限频率参数。

笔记

图 12-18　变频器三段速运行示意图

素养训练视频12 中国变频器行业市场现状及发展前景

(10) 我国变频器行业市场现状及发展前景

① 近几年我国变频器市场规模。

② 我国变频器目前现状和存在的问题。

③ 变频器的发展趋势。

以上内容请扫描二维码观看学习。

12.4　任务评价

“附录 B　PLC 操作技能考核评分表（二）”从职业素养与安全意识、控制电路设计、组态设计、接线工艺、通电运行、PPT 的应用与语言表达六个方面进行考核评分。请各小组参照附录 B 的要求，对任务 12 的完成情况进行小组自我评价。

12.5　习题

请扫码完成习题 12 测试。

习题 12

任务13

步进电动机的PLC控制

【知识目标】

① 了解步进电动机的用途、特点和工作原理；
② 了解步进驱动器的规格参数和接线方法；
③ 了解丝杠螺距和导程之间的关系；
④ 掌握步进电动机速度和位移的控制算法；
⑤ 理解高速脉冲指令的使用。

【能力目标】

① 会选用和设置步进驱动器，安装步进电动机；
② 能正确绘制步进驱动器与 PLC、步进电动机之间的接线图；
③ 能连接 PLC、步进驱动器、步进电动机之间的接线；
④ 能用 PLC 控制步进电动机实现精确移位控制。

【素质目标】

通过了解步进驱动技术的行业现状及趋势，塑造民族品牌意识，增强民族自豪感。

13.1 任务引入

机械手上下料所用的驱动机构主要有三种：液压驱动、气压驱动和电气驱动。其中，电气驱动是机械手使用得很多的一种驱动方式。其特点是电源方便，响应快，驱动力较大，信号检测、处理方便，并可采用多种灵活的控制方案。驱动电动机一般采用步进或直流伺服电动机为主要的驱动方式。党的二十大报告指出，科技是第一生产力。国内制造业不断发展的今天，国产步进电动机企业技术不断取得突破，汇川、华中数控、新时达等国产品牌不断崛起。

某数控车床上下料机械手结构如图 13-1 所示，主要由 X 轴步进装置、Y 轴步进装置和机械手吸盘装置组成，实现工件自动上下料功能。采用 PLC 控制步进电动机实现机械手的升降、左右移动，具有方法简单、可靠性高、柔性好等特点，可实现机械手的精确定位控制。

笔 记

图 13-1 某数控车床上下料机械手

13.2 知识准备

13.2.1 步进电动机概述

(1) 步进电动机的作用

① 步进电动机是一种将电脉冲信号转换为相应角位移或直线位移的电动机。

② 每来一个电脉冲，步进电动机转动一定角度，带动机械移动一小段距离。

③ 其输出的角位移或线位移与输入的脉冲数成正比，转速与脉冲频率成正比。因此，步进电动机又称脉冲电动机。

图 13-2(a) 是步进电动机及其驱动器，图 13-2(b) 是步进电动机外观。

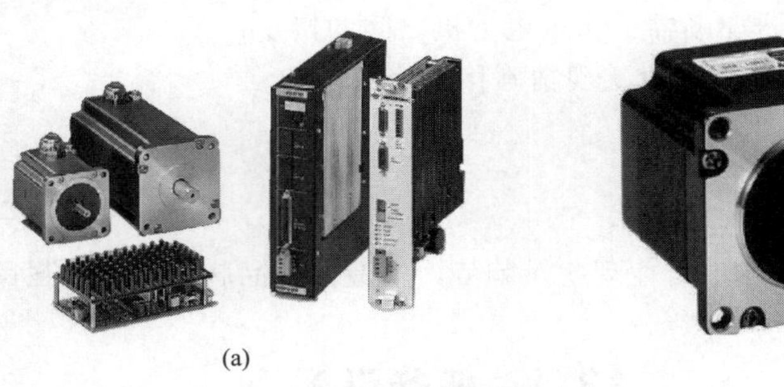

(a) (b)

图 13-2 步进电动机

(2) 步进电动机的特点

① 来一个脉冲，转一个步距角。

② 控制脉冲频率，可控制电动机转速。

③ 改变脉冲顺序，可改变转动方向。

(3) 步进电动机的种类

① 按励磁方式分，有反应式（VR）、永磁式（PM）和混合式（HB）三种。

② 按相数分，有单相、两相、三相和多相等。

永磁式一般为两相，转矩和体积较小，步距角一般为 7.5°或 1.5°。反应式一般为三相，可实现大转矩输出，步距角一般为 1.5°，但噪声和振动都很大，已被淘汰。混合式是指混合了永磁式和反应式的优点。它又分为两相、三相和五相，两相步距角一般为 1.8°，而五相步距角一般为 0.72°。

(4) 步进电动机的工作原理

以三相反应式步进电动机为例，如图 13-3 所示。定子内圆均匀分布着六个磁极，磁极上有励磁绕组，每两个相对的绕组组成一组。转子有四个齿。

① 三相单三拍。三个绕组依次通电一次为一个循环周期，一个循环周期包括三个工作脉冲。按 A→B→C→A→……的顺序给三相绕组轮流通电，转子便一步一步转动起来。每一拍转过 30°（步距角），每个通电循环周期（3 拍）转过 90°（一个齿距角）。如图 13-3 所示。

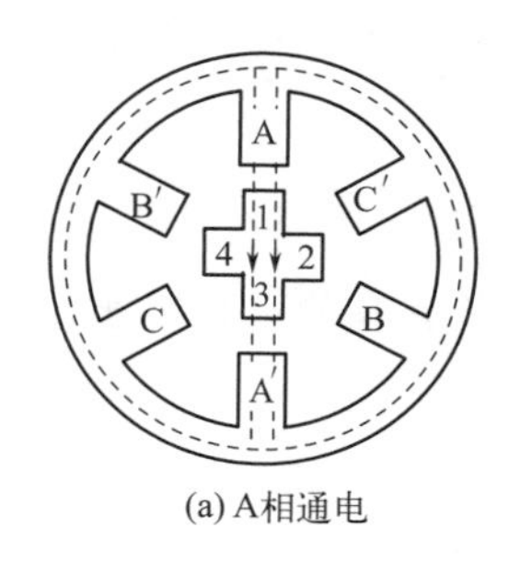

(a) A相通电

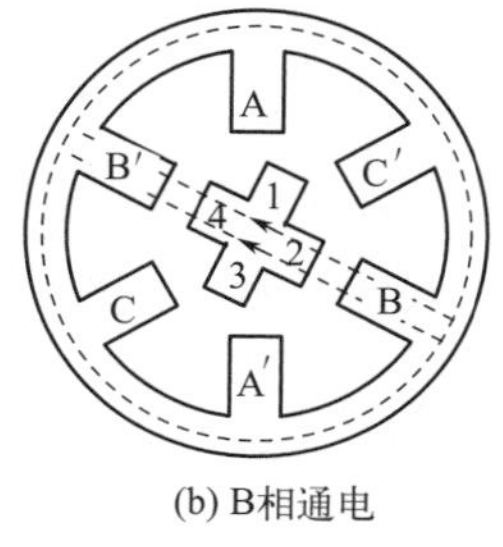

(b) B相通电

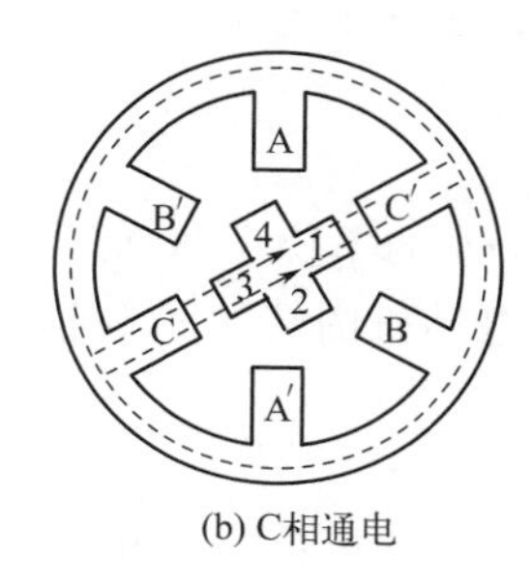

(b) C相通电

图 13-3　三相单三拍通电方式

② 三相单双六拍。通电循环周期如下：A→AB→B→BC→C→CA→A→……，每个循环周期分为六拍。每拍转子转过 15°（步距角），一个通电循环周期（6 拍）转子转过 90°（齿距角）。如图 13-4 所示。

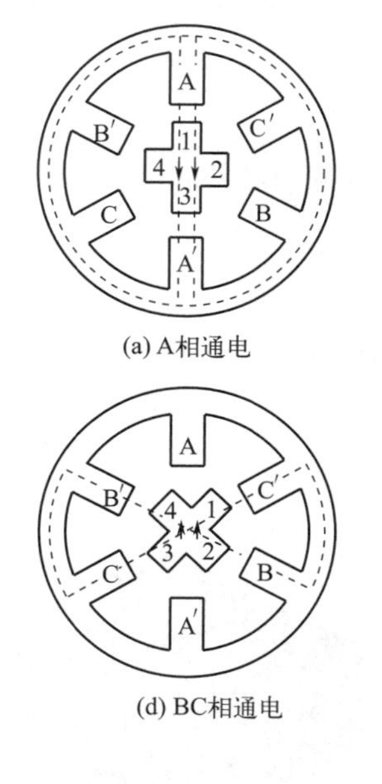

(a) A相通电

(d) BC相通电

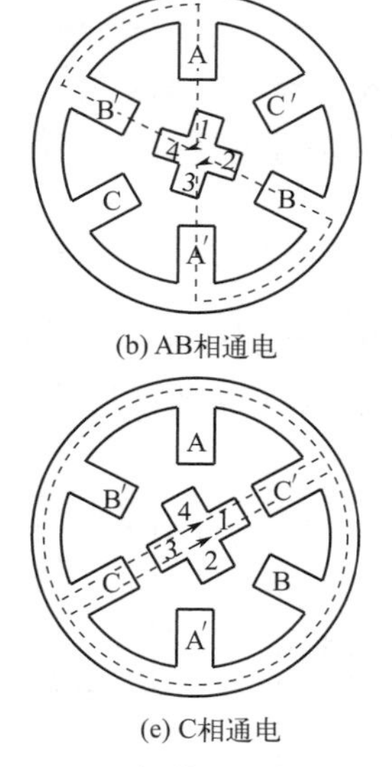

(b) AB相通电

(e) C相通电

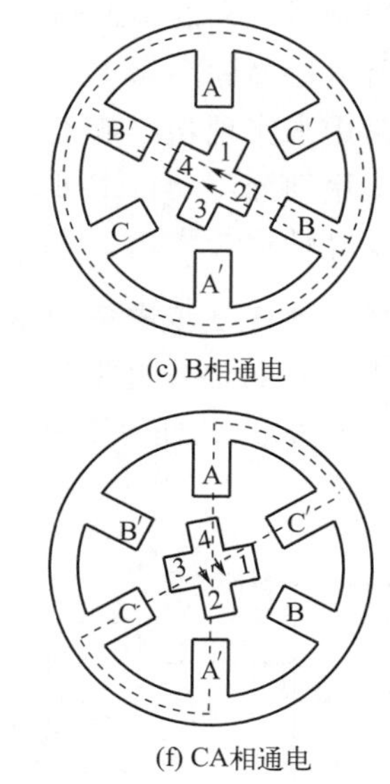

(c) B相通电

(f) CA相通电

图 13-4　三相单双六拍通电方式

③ 计算公式。为了获得小步距角，电动机的定子、转子都做成多齿的，如图 13-5 所示。减小步距角的一个有效途径是增加转子齿数。

笔 记

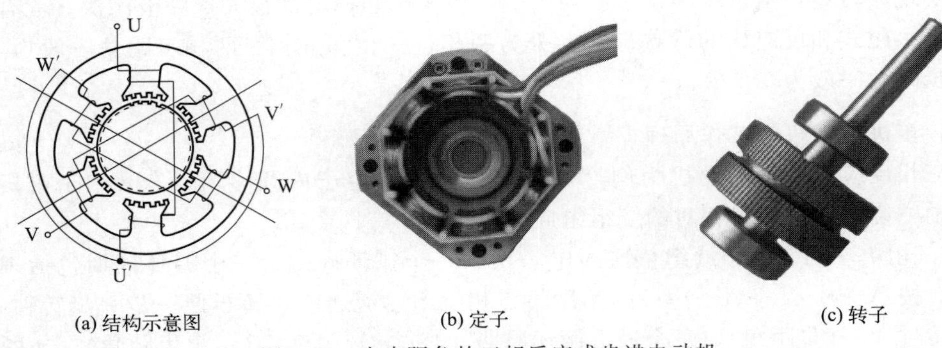

(a) 结构示意图 (b) 定子 (c) 转子

图 13-5 小步距角的三相反应式步进电动机

步进电动机的步距角 θ 与拍数 m、转子齿数 Z_r 有关，其步距角计算公式为

$$\theta=\frac{360^\circ}{mZ_r} \tag{13-1}$$

式中，θ 的单位为（°）。

步进电动机的转速 n 与拍数 m、转子齿数 Z_r 及脉冲频率 f 有关，其转速计算公式为

$$n=\frac{60f}{mZ_r} \tag{13-2}$$

式中，n 的单位为 r/min。

微课视频58
步进驱动器

13.2.2 步进驱动器

(1) 步进驱动器的作用

步进驱动器是一种能使步进电动机运转的功率放大器，工作原理如图 13-6 所示。它能把控制器发来的脉冲信号转化为步进电动机的角位移，电动机的转速与脉冲频率成正比，所以控制脉冲频率可以精确调速，控制脉冲数就可以精确定位。简而言之，步进驱动器就是用来实现功率放大、脉冲分配和电流控制的装置。

采用细分驱动技术可以大大提高步进电动机的步距分辨率，减小转矩波动，避免低频共振及降低运行噪声。

(2) 2M530 步进驱动器

① 2M530 型步进驱动器采用双极型恒流驱动方式，最大驱动电流可达每相 3.5A，可驱动电流小于 3.5A 的任何两相双极型混合式步进电机。其规格参数见表 13-1，外观如图 13-7 所示。

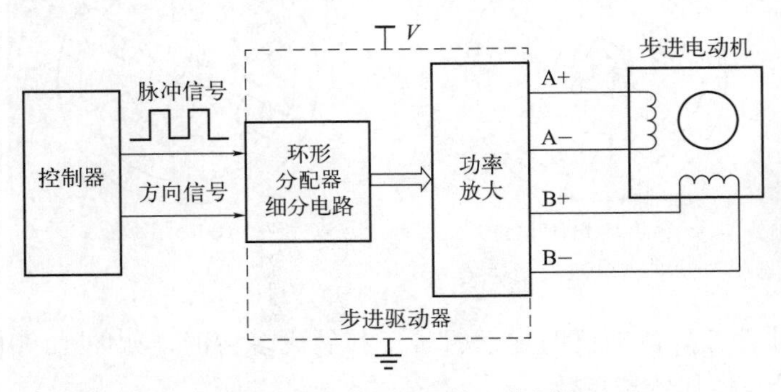

图 13-6 步进驱动器的工作原理

图 13-7 2M530 步进驱动器

表 13-1　2M530 规格参数

序号	项目	规格参数
1	供电电压	直流 24～48V
2	输出相电流	1.2～3.5A
3	控制信号输入电流	6～16mA
4	冷却方式	自然风冷
5	使用环境温度	－10～＋45℃
6	使用环境湿度	＜85％非冷凝
7	质量	0.7kg

② 典型接线图。2M530 型步进驱动器有两种接线逻辑，共阳接法和共阴接法，如图 13-8 所示。当控制信号电源 V_{CC} 选 5V 时，$R_0=0\Omega$；选 24V 时，$R_0=2k\Omega$。

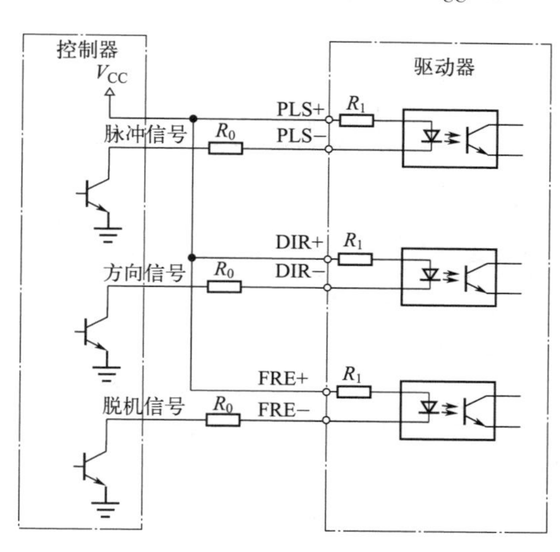

(a) 共阳接法

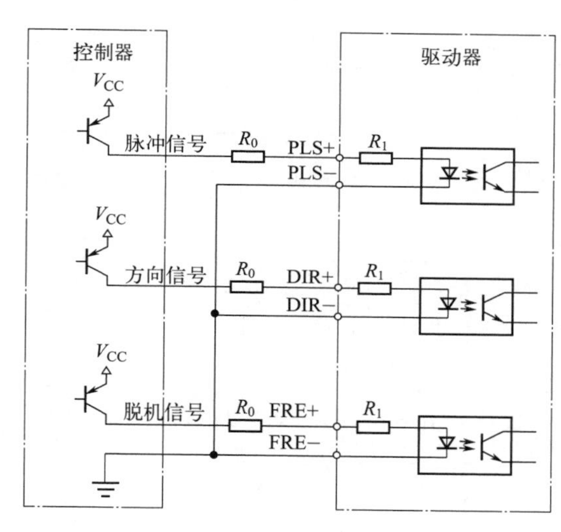

(b) 共阴接法

图 13-8　2M530 步进驱动器的典型接线

③ 电流调整和脉冲细分设定。在驱动器的侧面连接端子中间有一个红色的 8 位 DIP 功能设定开关，如图 13-9 所示，可以用来设定驱动器的工作方式和工作参数。更改数字开关的设定之前必须先切断电源！

DIP 开关的功能说明见表 13-2。图 13-9(a) 所示是 200 细分，输出电流值 3.5A，无自动半流功能；图 13-9(b) 所示为 10 细分，输出电流值 1.5A，有自动半流功能。

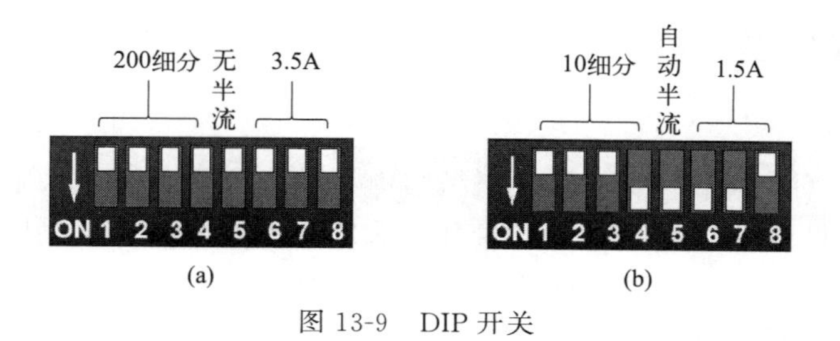

图 13-9　DIP 开关

笔 记

半流就是在电动机停止时，定子锁住转子的力会下降为一半，可以减少电动机的发热量和节能。全流力矩大，但振荡也较大，发热也大。根据不同的工况选择全流或半流。只有较先进的驱动器才有此功能。

表 13-2 DIP 开关功能说明

脉冲细分设定					半流功能	输出相电流设定			
DIP2	DIP3	DIP4	DIP1＝ON 细分数	DIP1＝OFF 细分数	DIP5	DIP6	DIP7	DIP8	输出电流峰值
ON	ON	ON	无效	2	ON时，自动半流功能有效；OFF时自动半流功能禁止	ON	ON	ON	1.2A
OFF	ON	ON	4	4		ON	ON	OFF	1.5A
ON	OFF	ON	8	5		ON	OFF	ON	1.8A
OFF	OFF	ON	16	10		ON	OFF	OFF	2.0A
ON	ON	OFF	32	25		OFF	ON	ON	2.5A
OFF	ON	OFF	64	50		OFF	ON	OFF	2.8A
ON	OFF	OFF	128	100		OFF	OFF	ON	3.0A
OFF	OFF	OFF	256	200		OFF	OFF	OFF	3.5A

④ 2M530型步进驱动器接线端子说明，见表13-3。

表 13-3 2M530 步进驱动器接线端子说明

序号	端子名称	性质	功能描述
1	PLS＋、PLS－	输入	步进电机的脉冲信号输入端
2	DIR＋、DIR－	输入	步进电机的方向信号输入端
3	FREE＋、FREE－	输入	脱机信号。接通时，驱动器会立即切断输出的相电流，电机无保持扭矩，转子处于自由状态
4	NC、NC	空	无
5	A＋、A－	输出	连接两相双极性步进电机A相绕组
6	B＋、B－	输出	连接步进电机B相绕组
7	GND、＋V	电源	接DC 24～48V电压
8	LED	指示灯	绿色表示驱动器正常，红色表示报警，驱动器停止工作

⑤ 2M530型步进驱动器与两相混合式步进电动机、PLC之间的接线，如图13-10所示。由于PLC是漏型输出，电流从PLC的Y口流入，从输出公共端流出。因此，步进驱动器采用共阳接法。

微课视频59
滑台和滚珠丝杠

13.2.3 滑台和滚珠丝杠

(1) 直线滑台

直线滑台是一种能提供直线运动的机械结构，可卧式或者立式使用，也可以组合成特定的运动机构使用，即自动化行业中通常称为XY轴、XYZ轴等多轴向运动机构。

直线滑台通常配合动力电动机使用，在其滑块上安装其他需求工件组成完整输送运动设备，以及设定一套合适的电动机正反转的程序，即可实现让工件自动循环往复运动的工作。

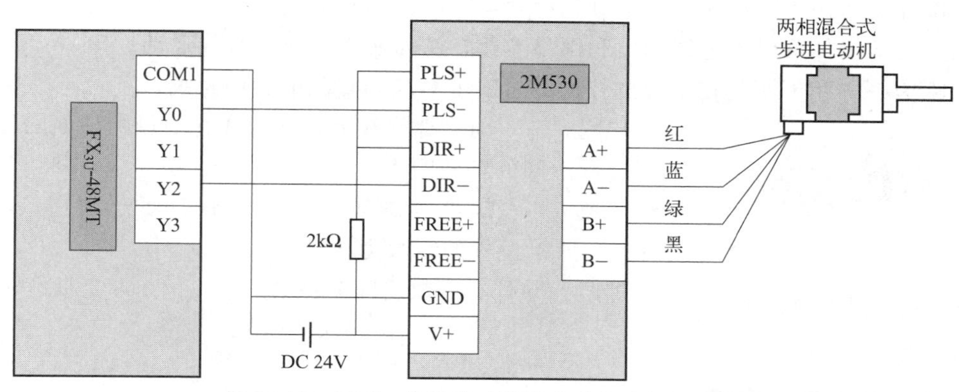

图 13-10　PLC、步进驱动器及步进电动机的接线

当前广泛使用的直线滑台可分为两种类型：同步带型和滚珠丝杠型。

同步带型直线模组，如图 13-11(a) 所示。主要组成有：皮带、直线导轨、铝合金型材、联轴器、电动机、光电开关等。

滚珠丝杠型直线模组，如图 13-11(b) 所示。主要组成有：滚珠丝杠、直线导轨、铝合金型材、滚珠丝杠支撑座、联轴器、电动机、光电开关等。

(a) 同步带型直线模组

(b) 滚珠丝杠型直线模组

图 13-11　直线模组

(2) 滚珠丝杠

滚珠丝杠由电机座、联轴器、导轨、丝杠、螺母座（滑块）、滚珠、缓冲块、轴承座等组成，如图 13-12 所示。滚珠丝杠是工具机械和精密机械上最常使用的传动元件，其主要功能是将旋转运动转化为直线运动；或将直线运动转化为旋转运动，具有传动效率高，定位准确等特点。由于具有很小的摩擦阻力，滚珠丝杠已基本取代梯形丝杠（俗称丝杠）被广泛应用于各种工业设备和精密仪器。丝杠与步进电机转轴之间采用联轴器连接。

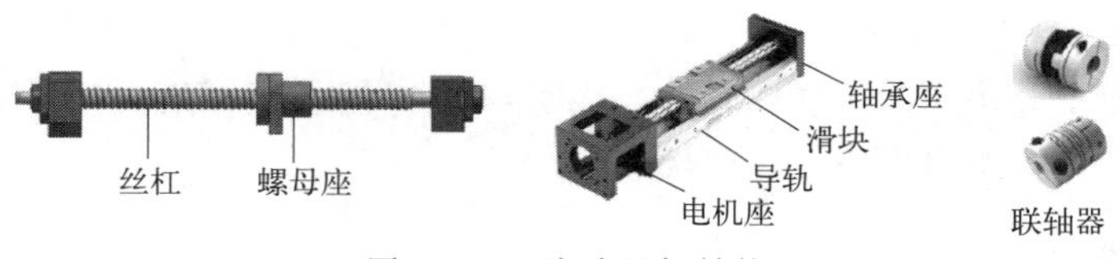

图 13-12　滚珠丝杠结构

笔 记

当滚珠丝杠作为主动体时，螺母就会随丝杠的转动角度按照对应规格的导程转化成直线运动，被动工件可以通过螺母座和螺母连接，从而实现对应的直线运动。

螺距 P——相邻两牙在中径圆柱面的母线上对应两点间的轴向距离。

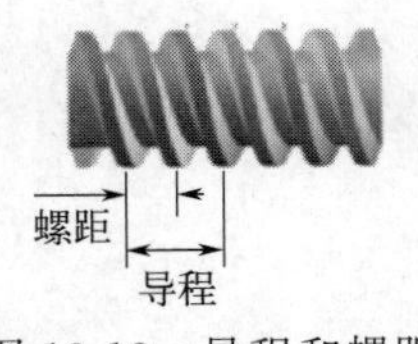

图 13-13 导程和螺距

导程 S——同一螺旋线上相邻两牙在中径圆柱面的母线上的对应两点间的轴向距离。

线数 n——螺纹螺旋线数目，一般为便于制造，$n \leqslant 4$。图 13-13 所示丝杠的线数为 2。

螺距、导程、线数之间关系为

$$S = n \cdot P(\text{mm}) \tag{13-3}$$

微课视频60 脉冲输出指令

13.2.4 脉冲输出指令

(1) 脉冲输出指令 (D) PLSY

① 条件满足时，从［D.］中输出频率（速度）为［S1.］的［S2.］个脉冲串。

② 在输出过程中条件断开，立即停止脉冲输出，当条件再次满足后，从初始状态开始重新输出［S2.］指定的脉冲数。

③［D.］用于设定输出口，FX_{3U} 系列 PLC 允许设定范围：Y0、Y1 和 Y2。

④ 16 位运算时，［S1.］设定频率范围：1～32767Hz；32 位运算时，特殊适配器允许［S1.＋1，S1.］设定频率范围：1～200000Hz，基本单元允许设定频率范围：1～100000Hz。

⑤ 16 位运算时，［S2.］设定脉冲数范围：1～32767；32 位运算时，［S2.+1 S2.］设定范围：1～2147483647。如果［S2.］的值为 K0 时，表示发送连续的脉冲，如果为其他值时，就表示具体的脉冲数。

如图 13-14 所示，当 X10 为 ON 时，从 Y0 端口以每秒 2000 个脉冲的速度高速输出 10000 个脉冲。如果脉冲数超过 32767 个，必须用 32 位运算。

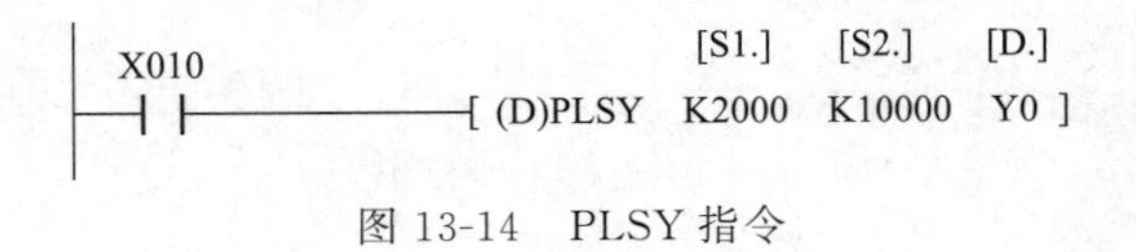

图 13-14 PLSY 指令

(2) 带加减速功能的脉冲输出指令 (D) PLSR

①［S1.］：最高频率。16 位指令允许设定范围：10～32767Hz。32 位指令设定范围：10～100000Hz。

②［S2.］：总输出脉冲数。16 位指令允许设定范围：1～32767。32 位指令允许设定范围：1～2147483647。

③［S3.］：加减速时间。允许设定范围：50～5000ms。

④［D.］：脉冲输出口，FX_{3U} 系列 PLC 允许设定范围：Y0、Y1 和 Y2。

如图 13-15 所示。当 X010 为 ON 时，从 Y0 端口高速输出 10000 个脉冲。加减速时间均为 200ms，脉冲稳定输出频率为 4000Hz。

(3) 相关软元件

跟脉冲输出有关的软元件和标识位，见表 13-4。

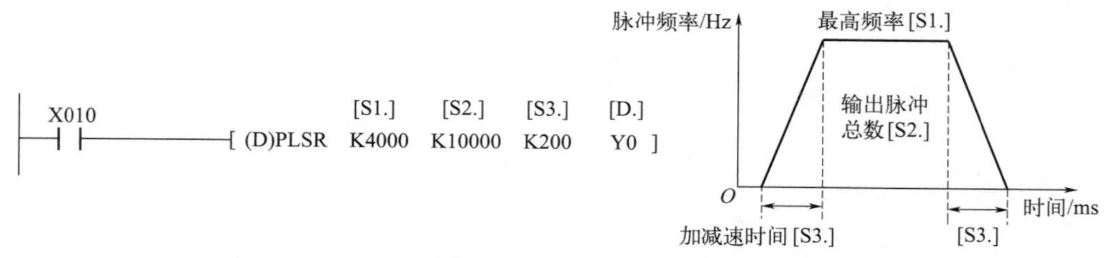

图 13-15　PLSR 指令

表 13-4　跟脉冲输出有关的软元件和标识位

软元件或标识位	含义	功能描述
M8029	指令执行结束标志	1——指定的脉冲数发生结束
D8141、D8140	脉冲数累计	PLSY、PLSR 指令时，Y0 的输出脉冲数累计
D8143、D8142	脉冲数累计	PLSY、PLSR 指令时，Y1 的输出脉冲数累计
D8341、D8340	当前脉冲累加器	Y0 的当前值寄存器，正转脉冲为正，反转脉冲为负
D8351、D8350	当前脉冲累加器	Y1 的当前值寄存器，正转脉冲为正，反转脉冲为负
D8361、D8360	当前脉冲累加器	Y2 的当前值寄存器，正转脉冲为正，反转脉冲为负
M8340	脉冲输出标志	1——Y0 正在输出脉冲，0——脉冲输出结束
M8350	脉冲输出标志	1——Y1 正在输出脉冲，0——脉冲输出结束
M8360	脉冲输出标志	1——Y2 正在输出脉冲，0——脉冲输出结束
M8349	停止脉冲输出	停止 Y0 脉冲输出（即刻停止）
M8359	停止脉冲输出	停止 Y1 脉冲输出（即刻停止）
M8369	停止脉冲输出	停止 Y2 脉冲输出（即刻停止）

如果 M8340（或 M8350、M8360）标志位为 ON 时，请勿执行指定了同一输出编号的定位指令和脉冲输出指令。再次输出脉冲时，如果 M8349（或 M8359、M8369）为 OFF 后，请对脉冲输出指令执行 OFF→ON 操作后再次驱动。

脉冲指令执行结束标志 M8029 应该放在本条脉冲输出指令之后，下一条脉冲输出指令之前。

(4) 原点回归指令（D）ZRN

① 条件满足时，执行原点回归，使机械位置与 PLC 内的当前值寄存器一致。

② [S1.] 指定开始原点回归时的速度。16 位指令允许设定范围：10～32767Hz；32 位指令范围：10～100000Hz。

③ [S2.] 指定爬行速度。允许设定数范围：10～32767Hz。

④ [S3.] 指定要输入近点信号（DOG）的软元件编号。允许设定数范围：X、Y、M、S。

⑤ [D.] 脉冲输出口，FX_{3U} 系列 PLC 允许设定范围：Y0、Y1 和 Y2。

ZRN 指令应用如图 13-16 所示。当 X012 为 ON 时，执行原点回归指令，以 5000Hz 的速度向近点（X2）运动，当近点信号由 OFF 变 ON 时，以 1000Hz 的速度爬行，直到近点信号由 ON 到 OFF，原点回归才算完成，运动轨迹如图 13-16(b) 所示。在 Y0 停止脉冲输出的同时，当前寄存器 [D8141，D8140] 中写入 0。在执行过程中，X012 断开，

笔 记

ZRN将不减速立刻停止脉冲输出。爬行速度输出频率越低，误差就越小。

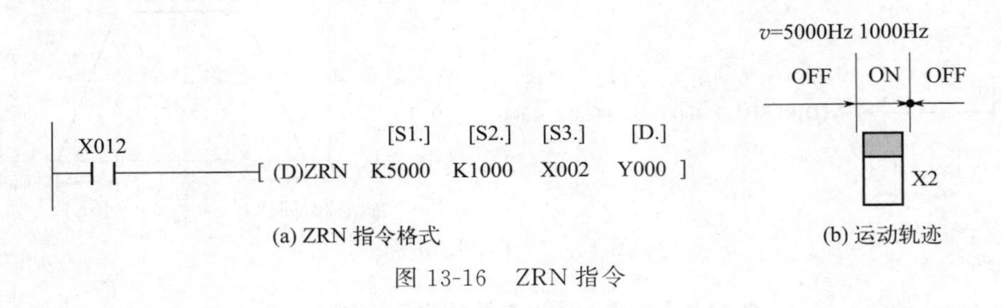

图13-16 ZRN指令

13.3 任务实施

(1) 机械手X轴步进电动机调试控制任务要求

某上下料机械手由X轴步进、Y轴升降气缸、手爪吸盘等部分组成，工艺示意图如图13-17所示。S1是X轴左限位传感器，S2是X轴原点（本任务也是近点），S3是X轴右限位传感器，SQ1是左极限位开关，SQ2是右极限位开关。

X轴由步进电动机驱动，通过丝杠带动机械手爪左右移动。已知两相混合式步进电动机型号为2S56Q-02054，额定电流3.0A，步距角1.8°。驱动器选用2M530型。单线丝杠螺距$P=5\text{mm}$。

步进电动机调试控制要求如下。

初始状态，步进电动机断电，手动调节机械手回原点S2。按钮SB1，实现机械手点动左行功能；按钮SB2，实现机械手点动右行功能。要求点动速度为5mm/s。调试中按下SB3后，机械手自动回原点S2。步进电动机调试过程中，左行时HL1以2Hz闪烁，右行时HL2以2Hz闪烁，回原点时HL3以1Hz闪烁，停止时HL3常亮。

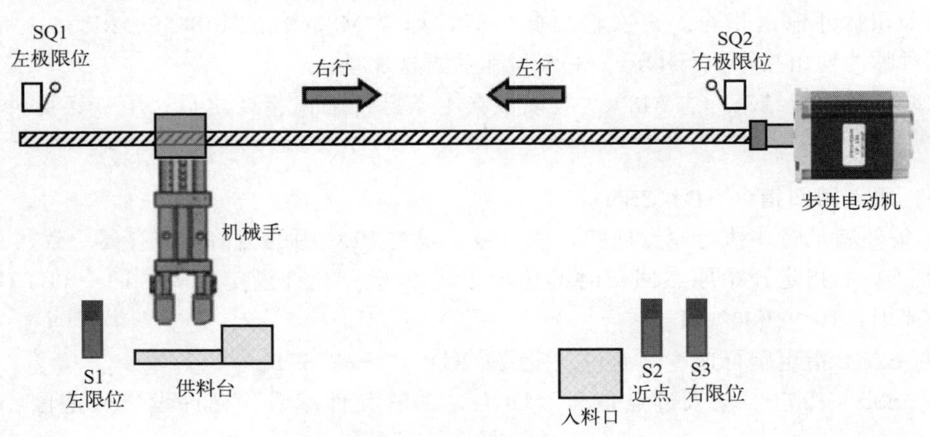

图13-17 上下料机械手工艺图

(2) 分析机械手X轴步进电动机调试控制对象并确定I/O地址分配表

输入信号有8个，均是开关量信号。现场检测传感器5个，按钮信号3个。

输出信号有5个，其中：高速脉冲1个，开关量信号4个。步进驱动器信号2个，指示灯信号3个。

选择 FX_{3U}-48MT/ES-A 型 PLC。任务 13 的 I/O 地址分配见表 13-5，根据实际情况完成地址分配。

表 13-5　任务 13 的 I/O 地址分配表

输入地址	输入信号	软元件注释	说明	输出地址	输出信号	软元件注释	说明
	S1	左限位	光电开关	Y0	PLS-	脉冲信号	低电平有效
	S2	近点	光电开关	Y1	—		
	S3	右限位	光电开关	Y2	DIR-	方向信号	低电平有效，左行*
	SQ11	左极限位	微动开关	Y3	—		
	SQ12	右极限位	微动开关		HL1	左行指示灯	绿色，DC 24V
	SB1	左行点动	常开型，就地控制		HL2	右行指示灯	绿色，DC 24V
	SB2	右行点动	常开型，就地控制		HL3	停止指示灯	红色，DC 24V
	SB3	回原点按钮	常开型，就地控制				

* 不同型号的步进驱动器，方向信号有效时，可能驱动步进电机右行。

（3）机械手 *X* 轴步进电动机调试控制硬件设计

I/O 接线原理如图 13-18 所示。左右限位检测选用电感式传感器（OBM-D04NK，S_n=4mm）。左右极限位选用微动开关（V-156-1C25）。步进驱动器选用步科 2M530 型，10 细分，自动半流。PLC 为晶体管集电极开路输出，步进驱动器采用共阳接法，电流从端口流出。

完成图 13-18 的地址分配，并按图 13-18 完成接线。

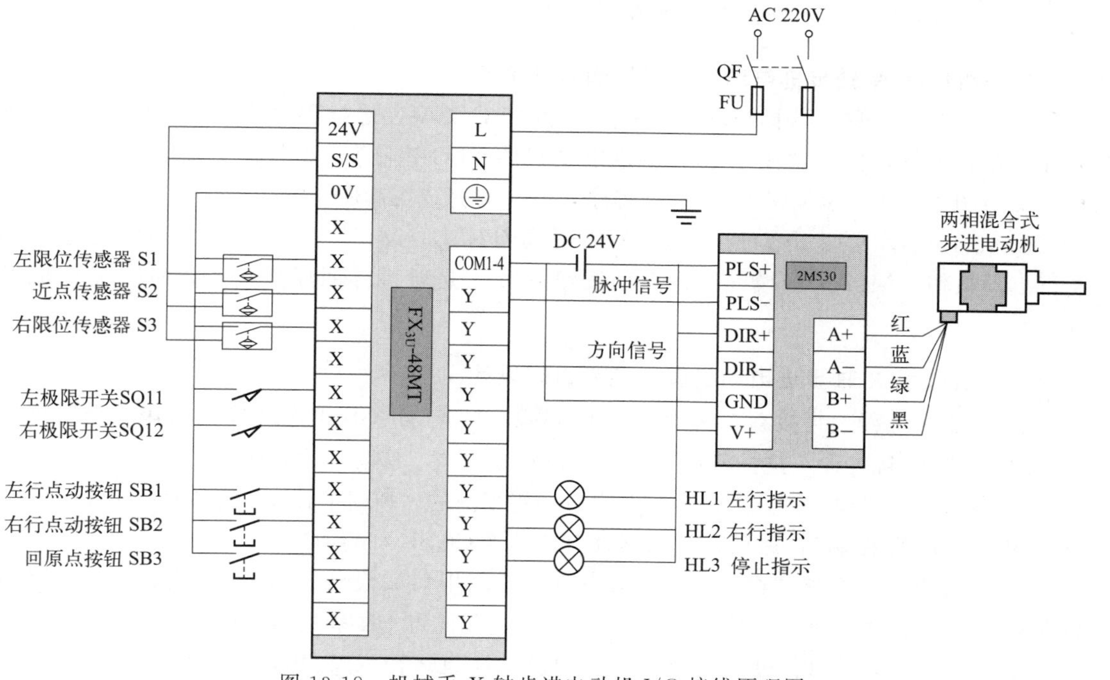

图 13-18　机械手 *X* 轴步进电动机 I/O 接线原理图

笔 记

(4) 步进参数计算

本任务需要计算脉冲输出频率 f。已知：机械手移动速度 $v=5\text{mm/s}$，丝杠导程 $S=2.5\text{mm/r}$，步进驱动器（2M530）的细分数 $k=10$，步距角 $\theta=1.8°$。

脉冲频率计算公式为

$$f=\frac{\nu}{S}\cdot\frac{360°k}{\theta} \tag{13-4}$$

式中，f 的单位为 Hz。

由式（13-4）可得，Y0 端口脉冲输出频率应设置为 4000Hz。

(5) 打点检测

完成任务 13 的打点检测，检测结果填入表 13-6 中。步进电动机的驱动信号，如脉冲和方向信号不用打点。

表 13-6 任务 13 输入/输出打点检测结果记录表

输入地址	输入信号	测试结果	故障处理	输出地址	输出信号	测试结果	故障处理
	S1				HL1		
	S2				HL2		
	S3				HL3		
	SQ11				—		
	SQ12				—		
	SB1				—		
	SB2				—		
	SB3				—		

注：打点如果存在问题，请及时检查及维修输入和输出电路。

(6) 机械手 X 轴步进电动机调试控制软件设计

创建一个新工程。选择正确的工程类型和 PLC 类型，选择程序语言为“梯形图”。命名并保存新工程，例如“任务 13　步进电动机的 PLC 控制”。根据表 13-5 添加软元件注释，参照图 13-19 所示编辑 PLC 控制程序，并补充完成图 13-19 中相关输入/输出地址。

图 13-19 中，M12 是 2Hz 标志，M14 是左行标志，M15 是右行标志，M16 是触摸屏左行点动按钮，M17 是触摸屏右行点动按钮，M24 是触摸屏回原点按钮，M25 是回原点标志。

(7) 机械手 X 轴步进电动机调试控制组态设计

① 创建新工程。直接双击桌面快捷图标，打开 MCGS 组态环境。创建一个后缀名为“. MCE”的新工程，选择 TPC 类型为 TPC7062Ti，其余参数默认。

② 命名新建工程。打开“保存为”窗口。将当前的“新建工程 x”取名为“任务 13　步进电动机的 PLC 控制”，保存在默认路径（D:\MCGSE\Work）下。

③ 设备组态。添加“通用串口父设备 0--[通用串口父设备]”，并设置通用串口父设备参数。添加“设备 0--[三菱_FX 系列串口]”，并设置 FX 系列串口设备属性值。

在设备编辑窗口的右边，增加本任务的设备通道。输入/输出信号参照表 13-5。增加的设备通道及快速连接变量见表 13-7。确认后，将连接变量全部添加到实时数据库中。

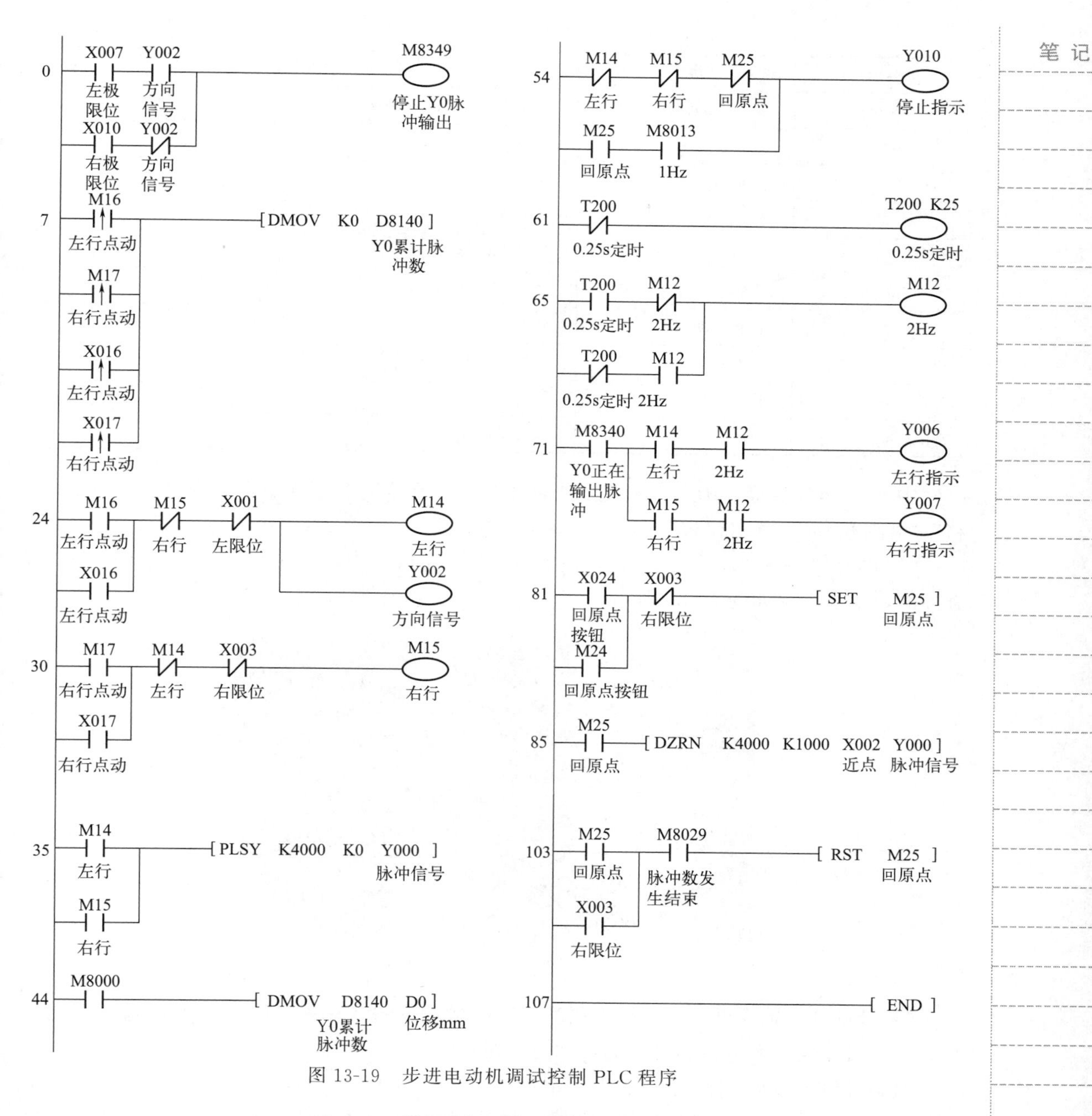

图 13-19 步进电动机调试控制 PLC 程序

表 13-7 增加设备通道及快速连接变量

索引	连接变量	通道名称
0000	—	通信状态
0001	左限位	只读 X
0002	近点	只读 X
0003	右限位	只读 X
0004	左极限位	只读 X
0005	右极限位	只读 X

笔记

续表

索引	连接变量	通道名称
0006	—	只读 X
0007	左行指示	读写 Y
0008	右行指示	读写 Y
0009	停止指示	读写 Y
0010	左行	读写 M0014
0011	右行	读写 M0015
0012	左行点动	读写 M0016
0013	右行点动	读写 M0017
0014	回原点按钮	读写 M0024
0015	D0	读写 DDUB0000

④ 组态监控界面。为了模拟显示机械手位置，在实时数据库新增3个对象。“初始位移”“相对位移”“绝对位移”，数据类型均为数值型。

“用户窗口”→“新建窗口”，新建窗口0。在窗口0中，组态步进电动机调试控制组态界面，组态结果如图13-20所示。

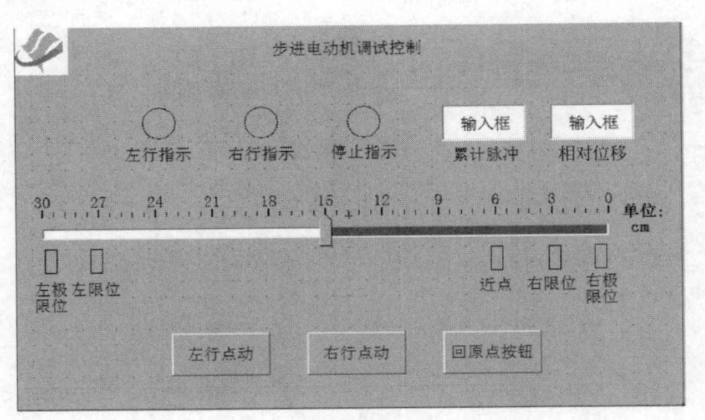

图13-20　步进电动机调试控制组态界面

“累计脉冲”输入框，设置操作属性对应数据对象的名称为“D0”；“相对位移”输入框，设置操作属性对应数据对象的名称为“相对位移”。

组态滑动输入器构件。插入工具“滑动输入器”，坐标为[H：17]、[V：210]，尺寸为[W：710]、[H：71]，“基本属性”设置：滑块高度为“40”，滑块宽度为“15”，滑轨高度为“10”，滑块指向“指向左（上）”。“刻度与标注属性”设置：主划线数目为“10”，次划线数目为“5”，标注间隔为“1”，小数位数为“0”。“操作属性”设置：对应数据对象的名称“绝对位移”，滑块在最左（下）边时对应的值为“30”，滑块在最右（上）边时对应的值为“0”。确认后退出。在滑动输入器图形右边，添加文本“单位：cm”。

其余指示灯、按钮、现场传感器等构件，组态结果如图13-20所示。

⑤ 组态循环脚本。在窗口0的“用户窗口属性设置”对话框，组态循环脚本程序。设置循环时间为100ms。累计脉冲数D0除以2000(步进驱动器的分辨率)，得到步进电动机旋转圈数，圈数乘以导程（2.5mm）得到相对位移（mm），再除以10，可将单位转换

笔 记

为 cm。为了使结果更准确些，先执行乘法运算，再执行除法运算。

循环脚本程序如下。

```
'****** 实时位置算法****
相对位移=D0* 2.5/20000
IF  近点=1  THEN
绝对位移=6
ENDIF
IF  左限位=1  THEN
    绝对位移=27
ENDIF
IF  右极限位=1  THEN
    绝对位移=3
ENDIF
IF  左行=1  THEN
    绝对位移=初始位移+相对位移
    IF  绝对位移>=27  THEN
        绝对位移=27
    ENDIF
ENDIF
IF  右行=1  THEN
    绝对位移=初始位移-相对位移
    IF  绝对位移<=3  THEN
        绝对位移=3
    ENDIF
ENDIF
```

(8) 机械手 *X* 轴步进电动机调试控制运行调试

① 正确设置步进驱动的参数，10 细分，输出电流值 3.0A，自动半流功能。

② 初始状态，步进电动机断电，手动调节机械手回原点 S2。

③ PLC 通电准备。

④ 下载“任务 13 步进电动机的 PLC 控制”的 PLC 程序和组态程序，检查 RS-485 通信。

⑤ 参照表 13-8 所列的调试项目和过程，进行运行调试，将观察结果如实记录在表 13-8 中。如果出现异常情况，请小组讨论分析，找到解决办法，并排除故障，直到满足机械手 *X* 轴步进电动机调试控制要求。

表 13-8 任务 13 运行调试小卡片

序号	检查调试项目	分别观察以下指示灯或设备的工作状态	是否正常
1	设置步进驱动的参数	DIP 开关状态：________	
2	机械手是否位于原位	原点指示灯：________	
3	检查 RS-485 通信是否正常	RD 和 SD 指示灯：________	
4	5 个传感器逐一检测	PLC 对应输入信号：________； HMI 对应指示灯：________	

笔 记

续表

序号	检查调试项目	分别观察以下指示灯或设备的工作状态	是否正常
5	按下左行点动按钮	步进电动机工作情况：______； HMI显示情况：______	
6	按下右行点动按钮	步进电动机工作情况：______； HMI显示情况：______	
7	机械手位于S1和S2之间 按下回原点按钮	步进电动机工作情况：______； HMI显示情况：______	
8	按下左行点动按钮，同时按下左限位	步进电动机工作情况：______； HMI显示情况：______	
9	按下右行点动按钮，同时按下右限位	步进电动机工作情况：______； HMI显示情况：______	
10	按下左行点动按钮，同时按下左极限位	步进电动机工作情况：______； HMI显示情况：______	
11	按下右行点动按钮，同时按下右极限位	步进电动机工作情况：______； HMI显示情况：______	

(9) 任务拓展

问题思考：如果机械手触发了左/右极限位开关，此时，M8349一直处于得电状态，机械手无法移动。请讨论，应该如何处理，才能使系统恢复正常。

(10) 我国步进电动机驱动技术现状及发展前景

素养训练视频13 步进电机驱动技术现状及发展前景

① 我国步进电动机的发展历史。

② 我国步进电动机细分驱动技术的发展情况。

③ 我国步进电动机驱动技术的发展趋势。

以上内容请扫描二维码观看学习。

13.4 任务评价

“附录B　PLC操作技能考核评分表（二）”从职业素养与安全意识、控制电路设计、组态设计、接线工艺、通电运行、PPT的应用与语言表达六个方面进行考核评分。请各小组参照附录B的要求，对任务13的完成情况进行小组自我评价。

13.5 习题

请扫码完成习题13测试。

习题13

任务14

送料自动线控制系统

【知识目标】

① 熟悉相对定位指令 DRVI 的使用方法；
② 熟悉绝对定位指令 DRVA 的使用方法；
③ 了解多线程 HMI 组态界面。

【能力目标】

① 能识读和绘制多工作方式搬运机械手的流程图；
② 能实现搬运机械手自动定位控制功能；
③ 能实现工件上下料、机械手搬运、皮带输送综合控制功能；
④ 能组态监控送料自动线控制系统。

14.1 任务引入

某送料自动线系统用来实现工件从料仓输送到收集盒，系统由上料单元、机械手单元和传送带单元三个部分组成，如图 14-1 所示。上料单元实现将工件推送到料台供料位，机械手单元实现工件搬运功能，传送带单元实现工件的输送功能。

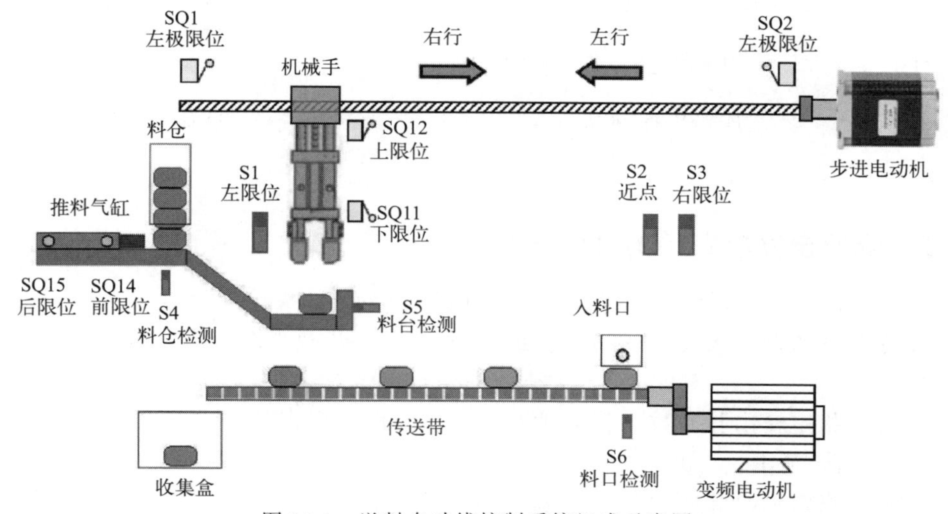

图 14-1 送料自动线控制系统组成示意图

笔 记

本系统采用三菱FX_{3U}系列PLC进行控制，上料单元由气缸驱动，机械手单元由步进电动机和气缸驱动，传送带单元由变频电动机驱动。

微课视频62 相对定位指令

14.2 知识准备

14.2.1 相对定位指令（D）DRVI

(D)DRVI指令，以相对驱动方式执行单速定位的指令。

① 用带正/负的符号指定从当前位置（P点）开始的移动距离的方式，也称为增量（相对）驱动方式。

② [S1.] 指定输出脉冲数（相对地址）。16位指令设定范围：－32768～＋32767(0除外)；32位指令范围：－999999～＋999999(0除外)。

③ [S2.] 指定输出脉冲频率。16位允许设定数范围：10～32767Hz，32位设定数范围：10～100000Hz。

④ [D1.] 指定输出脉冲的输出编号。FX_{3U}系列PLC允许设定范围：Y0、Y1和Y2。

⑤ [D2.] 指定旋转方向信号的输出对象编号。允许设定范围：晶体管输出Y。当[S1.] 为正时，方向信号 [D2.] 为ON，驱动步进电动机正转。当 [S1.] 为负时，方向信号 [D2.] 为OFF，驱动步进电动机反转。

DRVI指令应用如图14-2所示。第一段程序，当条件X2接通时，执行正方向的运行，Y2为ON。从Y0口以3000Hz的速度，高速输出90000个脉冲。驱动步进电动机正向旋转，从当前位置（P点）移动到目标位置（D1点）。第二段程序。当条件X3接通时，执行负方向的运行，Y3为OFF。从Y1口以3000Hz的速度，高速输出90000个脉冲。驱动步进电动机反向旋转，从当前位置（P点）移动到目标位置（D2点）。

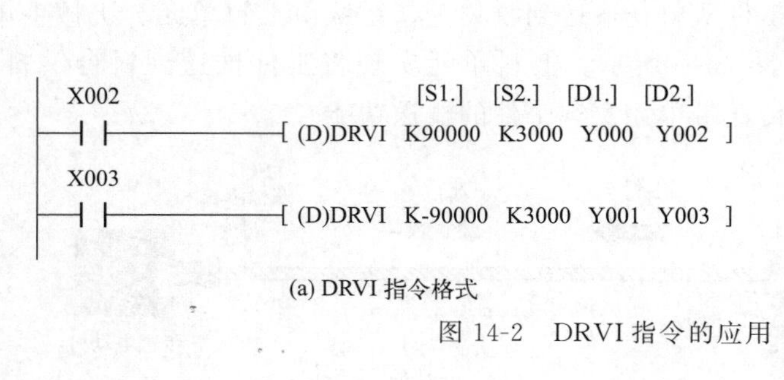

(a) DRVI指令格式

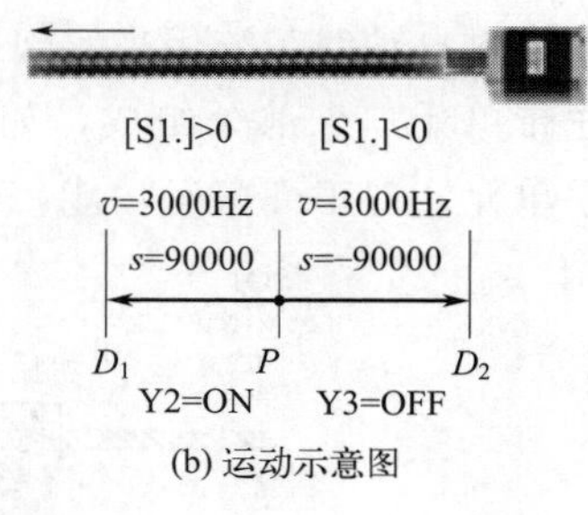

(b) 运动示意图

图14-2 DRVI指令的应用

微课视频63 绝对定位指令

14.2.2 绝对定位指令（D）DRVA

(D) DRVA指令，以绝对驱动方式执行单速定位的指令。

① 用绝对驱动方式从近点（零点，也叫DOG点）开始的移动距离的方式，也称为绝对驱动方式。

② [S1.] 指定输出脉冲数（绝对地址）。16位指令设定范围：－32768～＋32767(0除外)；32位指令范围：－999999～＋999999(0除外)。

③ [S2.] 指定输出脉冲频率。16位允许设定数范围：10～32767Hz，32位设定数范

围：10～100000Hz。

④［D1.］指定输出脉冲的输出编号。FX_{3U} 系列 PLC 允许设定范围：Y0、Y1 和 Y2。

⑤［D2.］指定旋转方向信号的输出对象编号。允许设定范围：晶体管输出 Y。

DRVA 指令应用例子 1 如图 14-3 所示。

假设 Y0 当前脉冲寄存器［D8340］=1000。由图 14-3(a) 程序可知，绝对地址［S1.］=1800，那么：相对脉冲数=1800－1000=800＞0。当条件 X12 接通时，执行正方向的运行，Y2 为 ON。即：从 Y0 口，以［S2.］=5000Hz 的速度，高速输出 800 个脉冲。驱动电动机正向旋转，从当前位置（P 点）移动到目标位置（D1 点），运动轨迹如图 14-3(b) 所示。

假设 Y0 当前脉冲寄存器［D8340］=2000。绝对地址［S1.］=1800，那么：相对脉冲数=1800－2000=－200＜0。当条件 X12 接通时，执行负方向的运行，Y2 为 OFF。即：从 Y0 口，以［S2.］=5000Hz 的速度，高速输出 200 个脉冲。驱动电动机反向旋转，从当前位置（P 点）移动到目标位置（D1 点）。运动轨迹如图 14-3(c) 所示。

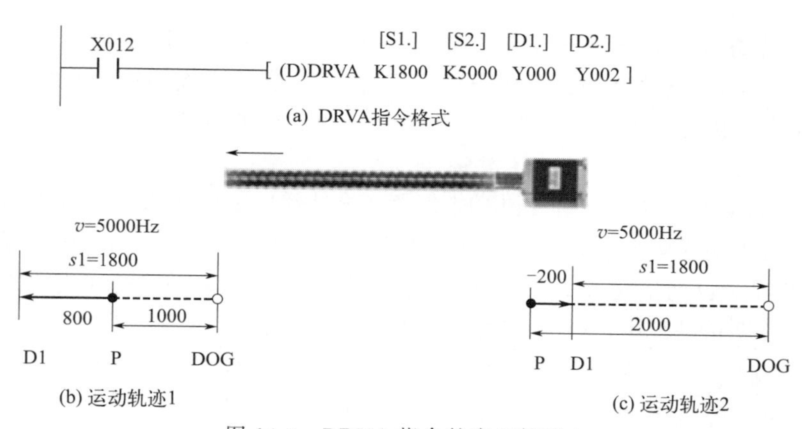

图 14-3　DRVA 指令的应用例子 1

DRVA 指令应用例子 2 如图 14-4 所示。

设 Y1 当前脉冲寄存器［D8350］=－1000。由图 14-4(a) 程序可知，绝对地址［S1.］=－1800，那么：相对脉冲数=－1800－(－1000)=－800＜0。当条件 X13 接通时，执行负方向的运行，Y3 为 OFF。即：从 Y1 口，以［S2.］=5000Hz 的速度，高速输出 800 个脉

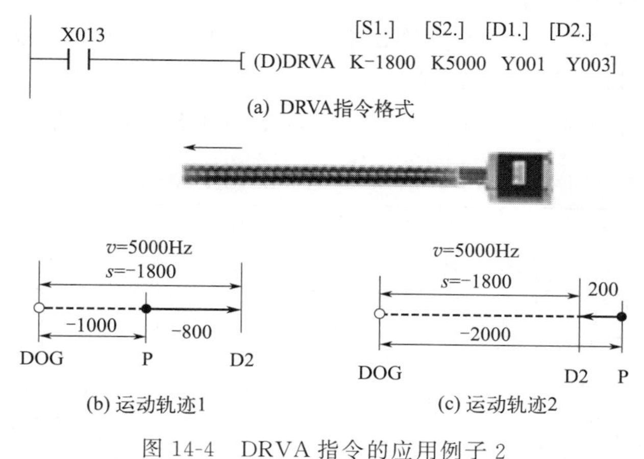

图 14-4　DRVA 指令的应用例子 2

笔 记

冲。驱动电机反向旋转，从当前位置（P点）移动到目标位置（D2点）。运动轨迹如图14-4(b)所示。

设Y1当前脉冲寄存器[D8350]=-2000。绝对地址[S1.]=-1800，那么：相对脉冲数=-1800-(-2000)=200>0。当条件X13接通时，执行正方向的运行，Y3为ON。即：从Y1口，以[S2.]=5000Hz的速度，高速输出200个脉冲。驱动电机正向旋转，从当前位置（P点）移动到目标位置（D2点）。运动轨迹如图14-4(c)所示。

14.3 任务实施

(1) 送料自动线控制系统任务要求

① 系统有2种工作方式，分别为自动复位工作方式和自动控制工作方式。

② 系统工作原点定义。机械手在抓料点正上方，推料气缸缩回，脉冲当前值寄存器数据定义有效。

③ 复位工作方式。系统不在工作原点时，按下复位操作按钮SB1，系统执行复位操作，指示灯HL1亮，复位完毕。系统原点指示灯HL3亮。重新通电、急停等操作后，必须执行复位操作。执行原点回归指令，将机械动作原点位置的数据事先写入脉冲当前值寄存器。

④ 自动工作方式。按下启动按钮SB2，送料自动线完成将工件从料仓推出，经上料→机械手搬运→皮带输送等环节，最后输送到收集盒的过程。自动运行时HL2亮。

⑤ 停止控制。自动工作方式下，按下停止按钮SB3，机械手搬运完当前工件后，返回工作原点，系统停止过程中，HL2闪烁。系统停止后，HL3亮。

⑥ 急停控制。任何时候拍下急停按钮SB4，系统立即停止工作，HL3闪亮。急停时，夹具保持；需在急停状态按下复位按钮SB1，夹具才松开。

⑦ 参数约定。丝杠导程S=2.5mm/r；步进驱动器（2M530）10细分；机械手移动速度v=6.25mm/s。气源表压力值在0.4～0.6bar(0.04～0.06MPa)。

(2) 送料自动线控制系统对象并确定I/O地址分配表

输入信号共16个点。按钮4个。现场检测信号12个，其中：电感式接近开关3个，光纤式接近开关3个，微动开关2个，磁性开关4个。

输出信号13个。步进驱动器的控制信号2个，单电控二位五通电磁阀（型号4V110-06）控制信号3个，指示灯3个，变频器控制信号5个。

选择FX_{3U}-48MT/ES-A型PLC。任务14的I/O地址分配见表14-1。

表14-1 任务14的I/O地址分配表

输入地址	输入信号	功能说明	输出地址	输出信号	功能说明
X1	S1	左限位电感式开关	Y0	PLS-	脉冲信号
X2	S2	近点电感式开关	Y1	—	
X3	S3	右限位电感式开关	Y2	DIR-	方向信号(左行)
X4	S4	料仓有料光电开关	Y3	YV1	下降电磁阀
X5	S5	料台有料光电开关	Y4	YV2	吸盘电磁阀

笔 记

续表

输入地址	输入信号	功能说明	输出地址	输出信号	功能说明
X6	S6	料口有料光电开关	Y5	YV3	推料电磁阀
X7	SQ1	左极限位行程开关	Y6	HL1	复位指示灯
X10	SQ2	右极限位行程开关	Y7	HL2	运行指示灯
X11	SQ11	机械手下限位	Y10	HL3	停止/报警指示灯
X12	SQ12	机械手上限位	Y11	STF	变频器正转
X14	SQ14	推料前限位	Y12	STR	变频器反转
X15	SQ15	推料后限位	Y13	RL	变频器低速
X24	SB1	复位按钮	Y14	RM	变频器中速
X25	SB2	启动按钮	Y15	RH	变频器高速
X26	SB3	停止按钮	Y16	—	
X27	SB4	急停按钮(常闭)	Y17	—	

(3) 中间标志位设计

任务 14 用到的中间标志位和数据信号，以及 MCGS 组态仿真需要用中间继电器 M 代替输入信号 X，见表 14-2。

表 14-2　任务 14 的中间标志位及数据

编程地址	数据类型	功能说明	编程地址	数据类型	功能说明
K2M0	Byte	对应输入地址 K2X000	M40	Bit	右行回近点步
K2M10	Byte	对应输入地址 K2X010	M41	Bit	左行调整步
M20	Bit	系统自动工作状态	M42	Bit	左行回原点步
M24	Bit	HMI 复位按钮	M50	Bit	传送带输送标志
M25	Bit	HMI 启动按钮	M500	Bit	复位完成标志
M26	Bit	HMI 停止按钮	D0	Word	工件数量统计
M30	Bit	初始步	D1	Word	传送带运行时间
M31	Bit	抓料等待步	D4	DWord	搬运间距
M32	Bit	抓料步	D6	DWord	入料口绝对位置
M33	Bit	右行步	D8	DWord	左行调整距离($>N_3$)
M34	Bit	放料步	D10	DWord	料台绝对位置
M35	Bit	左行步			

(4) 送料自动线控制系统硬件设计

送料自动线控制系统硬件设计如图 14-5 所示。DC 24V 电源由外部开关电源模块（型号 NKY1-D50）供电。注意直流负载和交流负载千万不能混接。

完成接线后，自行打点检测。步进电动机的驱动信号不用打点。

(5) 参数计算

① 频率（速度）计算。

笔 记

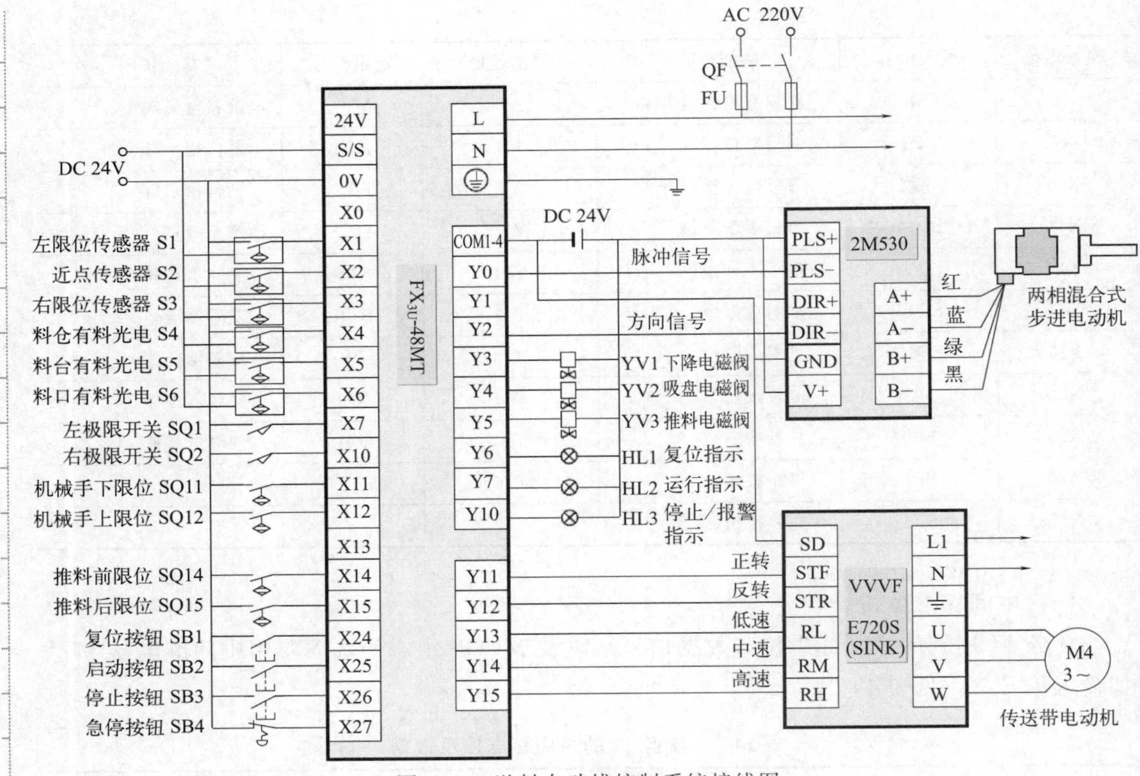

图 14-5 送料自动线控制系统接线图

已知：机械手自动移动速度 $v=6.25\text{mm/s}$；丝杠导程 $S=2.5\text{mm/r}$；步进驱动器（2M530）的细分数 $k=10$，步距角 $\theta=1.8°$。

由式（13-4）计算可得：自动时，Y0口脉冲输出频率应设置为5000Hz。

② 绝对脉冲数估算。机械手运动的供料台、入料口、近点和右限位点之间的位置关系如图14-6所示。

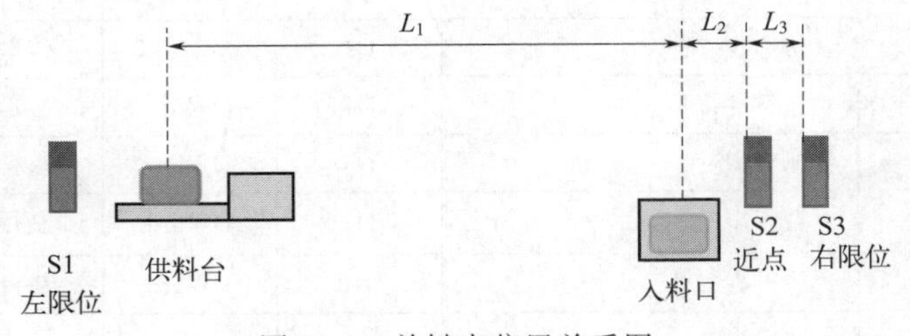

图 14-6 关键点位置关系图

根据已知参数：丝杠导程 $S=2.5\text{mm/r}$；步进驱动器的细分数 $k=10$，步距角 $\theta=1.8°$。

脉冲数计算公式为：

$$N=\frac{L}{S}\cdot\frac{360°k}{\theta} \tag{14-1}$$

式中 N——脉冲数；

L——移动距离，mm；

S——丝杠导程，mm。

根据实物，测量各段距离，并根据式（14-1）计算各段距离对应的计算脉冲数，填入表 14-3 中。

表 14-3　各实际距离与绝对脉冲值对应关系一览表

名称	实测距离/mm	计算脉冲数(p)
搬运间距	$L_1=$	D4$=N_1=$
入料口绝对位置	$L_2=$	D6$=N_2=$
左行调整距离($>N_3$)	$L_3=$	D8$>N_3=$
料台绝对位置	$L_1+L_2=$	D10$=N_1+N_2=$

(6) 送料自动线控制系统软件设计

① 控制流程图设计。根据送料自动线的控制工艺要求，控制流程如图 14-7 所示。

左行调整步 M41，机械手左行调整距离 D8 应该大于 L_3，即脉冲数要大于 N_3（16000p）。

左行回原点步 M42 和左行步 M35，机械手的绝对移动距离应等于 L_1+L_2，即绝对脉冲数等于 N_1+N_2。

右行步 M33，机械手的绝对移动距离应等于 L_2，即绝对脉冲数等于 N_2。

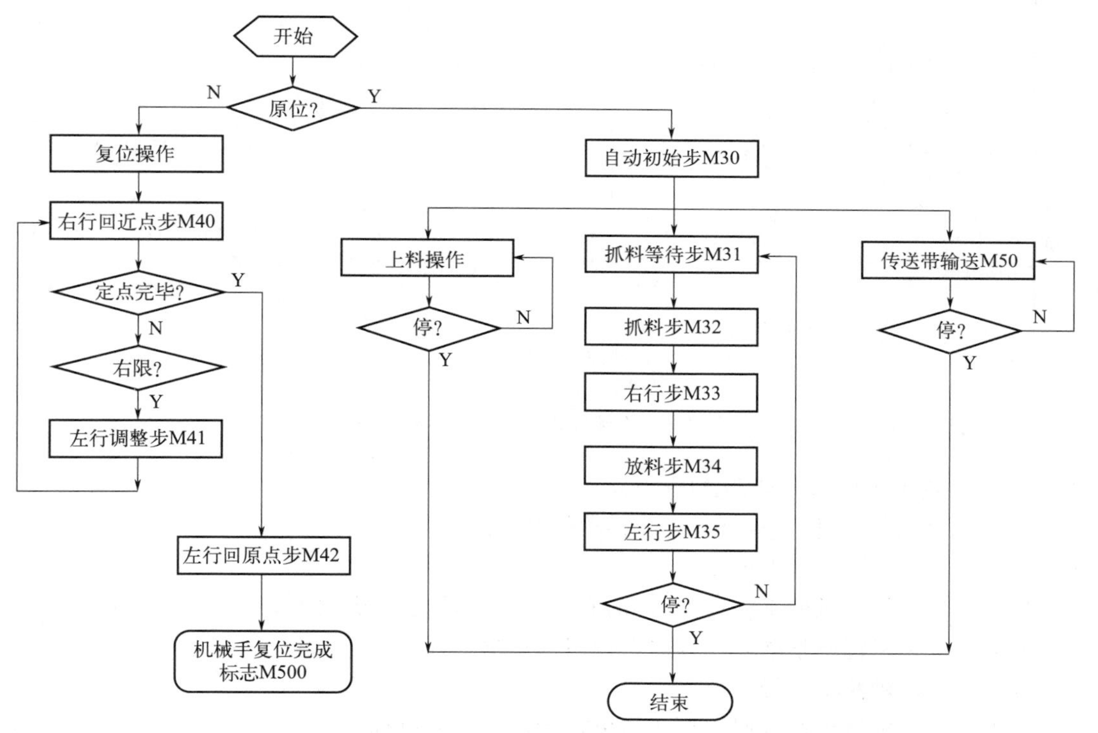

图 14-7　送料自动线控制流程

② 控制程序设计。创建一个新工程，选择 PLC 型号为 FX_{3UC}，编程语言为梯形图，设置工程名称为“任务 14　送料自动线控制系统”。控制程序按图 14-7 所示的工艺流程可分为公共程序、自动复位程序和自动控制程序三部分。自动控制程序段又由上料程序、机

笔 记

械手搬运和传送带输送三部分组成。

a. 公共程序段，如图 14-8 所示。

第 0 步，通电、急停或者极限位故障时，复位所有输出和标志位，夹具（吸盘）需要另外复位操作。

第 30 步，传送带运行时间和机械手移动距离参数赋初始值。搬运间距 D4、入料口绝对位置 D6 和左行调整距离 D8 的脉冲数要根据表 14-3 的计算结果赋值。

第 71 步，现场检测与 HMI 的通信，料台绝对位置［D10］计算。

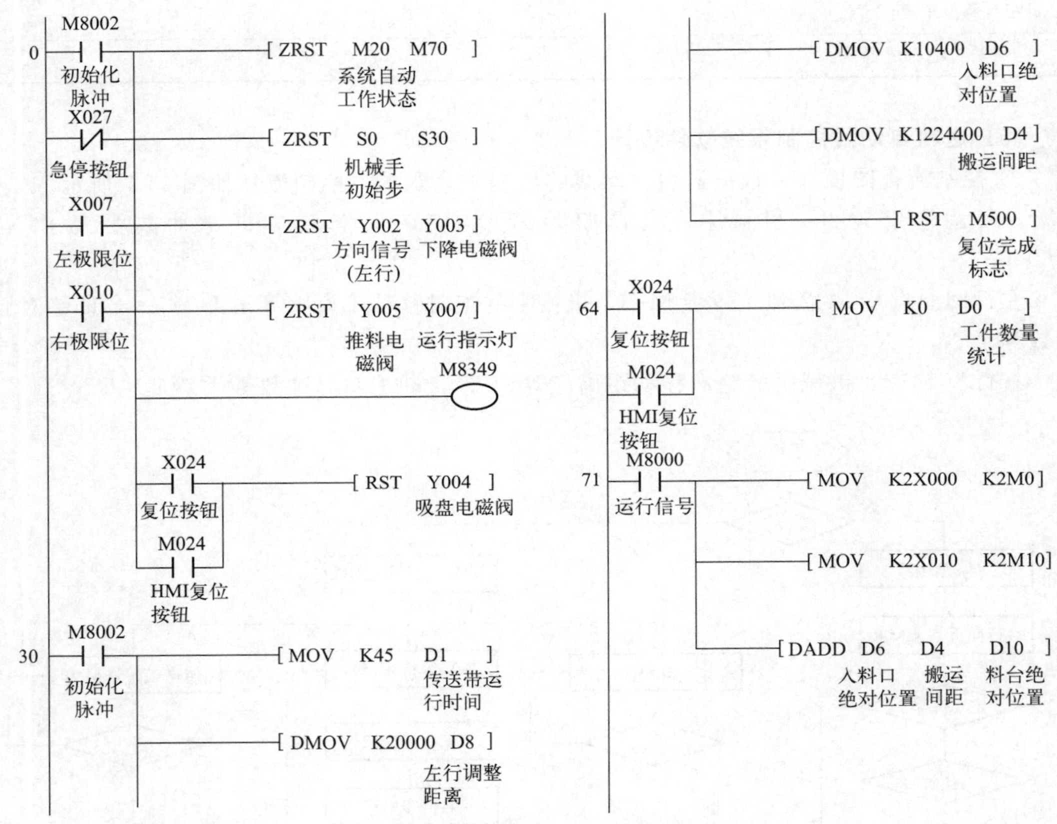

图 14-8 送料自动线控制公共程序段

b. 自动复位程序段，如图 14-9 所示。

第 95 步和第 103 步，复位启动防抖动处理电路。

第 107 步，右行回近点电路。

第 130 步，如果机械手在近点 S2 的右边，机械手右行到右限位后进入左行调整步。

第 153 步，左行调整结束，返回右行回近点步。

第 158 步，机械手左行回原点步。

第 181 步，机械手左行回原点步结束，置位复位完成标志。

c. 运行和停止指示灯显示、上料和传送带输送程序段，如图 14-10 所示。

第 188 步，停止/报警指示电路。第 195 步运行指示电路。

第 199 步，系统自动工作启动电路。第 208 步，系统自动工作停止电路。

第 211 步，自动上料控制电路。

笔 记

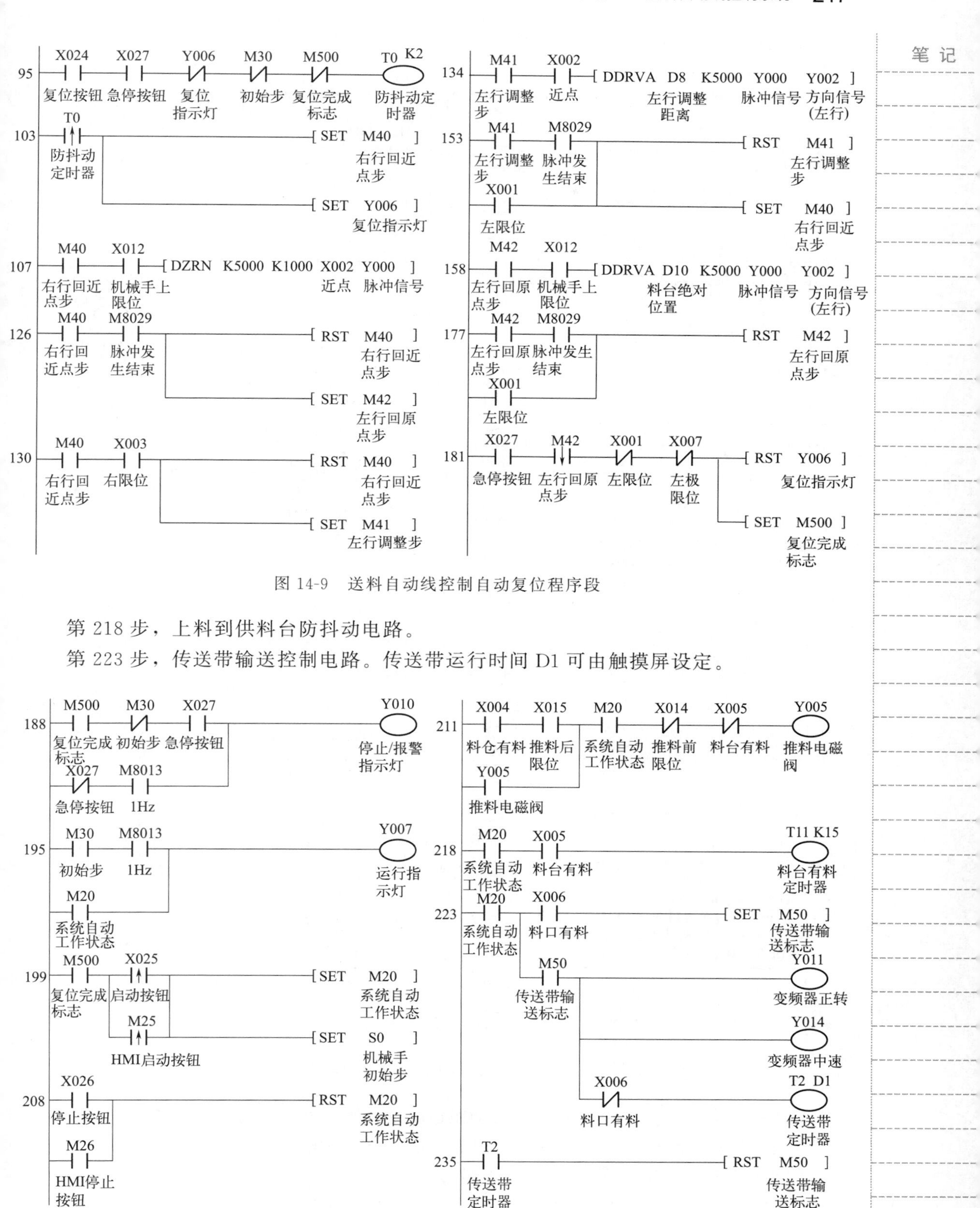

图 14-9 送料自动线控制自动复位程序段

第 218 步，上料到供料台防抖动电路。

第 223 步，传送带输送控制电路。传送带运行时间 D1 可由触摸屏设定。

图 14-10 指示灯、上料和传送带输送程序段

笔 记

d. 机械手自动搬运程序段，如图 14-11 所示。

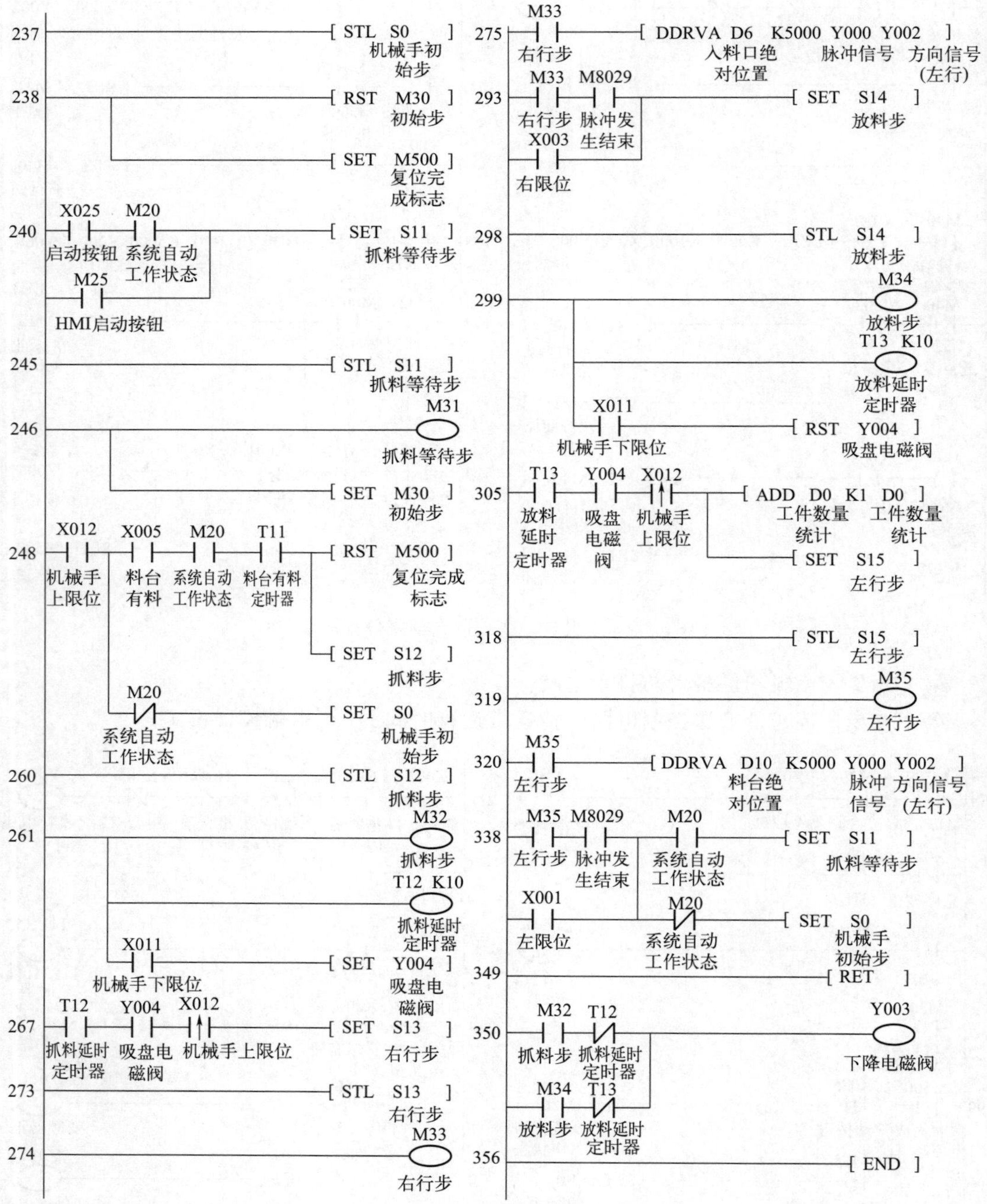

图 14-11 机械手自动搬运程序段

第 237～第 240 步，S0 步状态，自动搬运准备就绪，等待启动。

第 245～第 248 步，S11 步状态，抓料等待步。转移开始，清零复位完成标志，允许停。

第 260～第 267 步，S12 步状态，抓料步。

第 273～第 293 步，S13 步状态，右行步。用绝对定位指令驱动机械手右行到放料位置。

第 298～第 305 步，S14 步状态，放料步。放料结束，工件数量计数 1 次。

笔 记

第318～第349步，S15步状态，左行步。用绝对定位指令驱动机械手左行到抓料位置。左行结束，若系统自动工作状态为不停，则返回抓料等待步S11；系统自动工作状态为停止，则返回机械手初始步S0。

第350步，集中驱动机械手升降。

(7) 送料自动线控制系统组态设计

① 创建新工程及命名新建工程。直接双击桌面快捷图标，打开MCGS组态环境。创建一个后缀名为“.MCE”的新工程，选择TPC类型为TPC7062Ti，其余参数默认。

打开“保存为”窗口。将当前的“新建工程x”取名为“任务14　送料自动线控制系统”，保存在默认路径（D:\MCGSE\Work）下。

② 设备组态。添加“通用串口父设备0--[通用串口父设备]”，并设置通用串口父设备参数。添加“设备0--[三菱_FX系列串口]”，并设置FX系列串口设备属性值。

在设备编辑窗口的右边，增加本任务的设备通道。输入/输出信号参照表14-1，中间信号参照表14-2。增加的设备通道及快速连接变量见表14-4。确认后，将连接变量全部添加到实时数据库中。

表14-4　增加设备通道及快速连接变量

索引	连接变量	通道名称	索引	连接变量	通道名称
0000	—	通信状态	0024	M15	读写M0015
0001	Y3	读写Y0003	0025	M20	读写M0020
0002	Y4	读写Y0004	0026	M24	读写M0024
0003	Y5	读写Y0005	0027	M25	读写M0025
0004	Y6	读写Y0006	0028	M26	读写M0026
0005	Y7	读写Y0007	0029	M27	读写M0027
0006	Y10	读写Y0010	0030	M30	读写M0030
0007	Y11	读写Y0011	0031	M31	读写M0031
0008	Y12	读写Y0012	0032	M32	读写M0032
0009	Y13	读写Y0013	0033	M33	读写M0033
0010	Y14	读写Y0014	0034	M34	读写M0034
0011	Y15	读写Y0015	0035	M35	读写M0035
0012	M1	读写M0001	0036	M40	读写M0040
0013	M2	读写M0002	0037	M41	读写M0041
0014	M3	读写M0003	0038	M42	读写M0042
0015	M4	读写M0004	0039	M50	读写M0050
0016	M5	读写M0005	0040	M500	读写M0500
0017	M6	读写M0006	0041	D0	读写DWB0000
0018	M7	读写M0007	0042	D1	读写DWB0001
0019	M10	读写M0010	0043	D4	读写DDB0004
0020	M11	读写M0011	0044	D6	读写DDB0006
0021	M12	读写M0012	0045	D8	读写DDB0008
0022	M13	读写M0013	0046	D10	读写DDB0010
0023	M14	读写M0014	—	—	—

笔记

③ 组态实时数据库。打开“实时数据库”，单击“新增对象”按钮，打开“数据对象属性设置”对话框，参照表14-5。表14-5中，定义：机械手垂直移动的距离为60个像素，水平移动的距离为240个像素。

表 14-5 实时数据对象一览表

序号	名字	类型	注释
1	垂直移动	数值型	0——最上边；60——最下边
2	水平移动	数值型	0——最左边；240——最右边

④ 组态监控界面。“用户窗口”→“新建窗口”，新建窗口0和窗口1。

a. 组态送料自动线监控界面。在窗口0中，组态送料自动线监控界面，如图14-12所示。

绘制机械手。执行“编辑”→“插入元件”→“其他”→“机械手”命令，插入机械手，右键选中“机械手”，执行“排列”→“旋转”→“右旋90°”命令，使机械手旋转90°。调整机械手位置和尺寸，坐标为[H：250]、[V：80]，尺寸为[W：100]、[H：140]。

绘制横臂丝杠。执行“编辑”→“插入元件”→“管道96”命令，插入横管道。坐标为[H：220]、[V：109]，尺寸为[W：400]、[H：12]。

绘制纵臂活塞杆。执行“编辑”→“插入元件”→“管道95”命令，插入纵管道。坐标为[H：296]、[V：160]，尺寸为[W：9]、[H：100]。

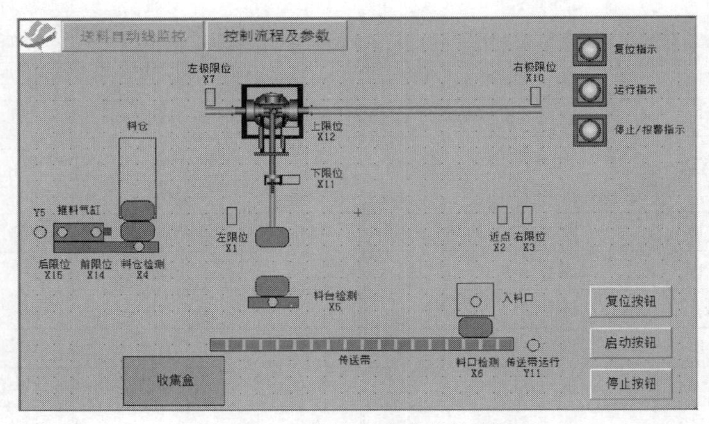

图 14-12 送料自动线监控界面

绘制吸盘口工件。用工具箱“圆角矩形”工具，绘制工件1。坐标为[H：279]、[V：258]，尺寸为[W：40]、[H：25]。静态属性的填充颜色为“橄榄色”。

绘制上、下限位开关。用工具箱“矩形”工具，绘制机械手纵臂上的上、下限位开关。上限位X12的坐标为[H：310]、[V：134]，尺寸为[W：22]、[H：12]。下限位X11的坐标为[H：310]、[V：194]，尺寸为[W：22]、[H：12]。

机械手动画组态属性设置。位置动画连接的水平移动和垂直移动、可见度等动态属性，见表14-6。

笔 记

表 14-6 机械手各部件及吸盘工件的动画组态属性设置

部件名称	尺寸参数	水平移动			垂直移动		
		表达式	最小偏移量和值	最大偏移量和值	表达式	最小偏移量和值	最大偏移量和值
机械手	[W:100]、[H:140]	水平移动	0	240	—	—	—
纵臂活塞杆	[W:274]、[H:14]	水平移动	0	240	垂直移动	0	60
吸盘口工件	[W:40]、[H:25]	水平移动	0	240	垂直移动	0	60
上限位开关	[W:22]、[H:12]	水平移动	0	240	—	—	—
下限位开关	[W:22]、[H:12]	水平移动	0	240	—	—	—
上限位 X12	—	水平移动	0	240	—	—	—
上限位 X11	—	水平移动	0	240	—	—	—

组态各工件。用工具箱“圆角矩形”工具绘制。尺寸均为 [W: 40]、[H: 25]。静态属性的填充颜色为“橄榄色”。各工件位置及可见度动画组态属性设置见表 14-7。吸盘工件与料台工件的水平距离为 0 个像素点，垂直距离为 60 个像素点。料台工件与料口工件的水平距离为 240 个像素点，垂直距离为 50 个像素点。

表 14-7 工件位置及可见度动画组态属性设置

部件名称	位置坐标	垂直移动	
		表达式	当表达式非零时
料仓工件	[H:120]、[V:250]	M4	对应图符可见
吸盘工件	[H:279]、[V:258]	Y4	对应图符可见
料台工件	[H:279]、[V:318]	M5	对应图符可见
料口工件	[H:519]、[V:368]	M6	对应图符可见

组态料仓、推料气缸和支架、料台、入料口、收集盒等固定部件，位置和尺寸如图 14-12 所示。

组态现场检测传感器、限位开关和执行指示灯，各构件位置尺寸和动画组态属性设置见表 14-8。

表 14-8 各传感器、限位开关和执行指示灯位置坐标、尺寸和动画组态属性设置

部件名称	位置坐标	尺寸参数	填充颜色		
			表达式	分段点 0	分段点 1
左极限位 X7	[H:220]、[V:86]	[W:12]、[H:22]	M7	红色	浅绿色
右极限位 X10	[H:605]、[V:86]	[W:12]、[H:22]	M10	红色	浅绿色
左限位 X1	[H:245]、[V:233]	[W:12]、[H:22]	M1	红色	浅绿色
近点 X2	[H:565]、[V:233]	[W:12]、[H:22]	M2	红色	浅绿色
右限位 X3	[H:595]、[V:233]	[W:12]、[H:22]	M3	红色	浅绿色
下限位 X11	[H:310]、[V:194]	[W:22]、[H:12]	M11	红色	浅绿色
上限位 X12	[H:310]、[V:134]	[W:22]、[H:12]	M12	红色	浅绿色

笔 记

续表

部件名称	位置坐标	尺寸参数	填充颜色		
			表达式	分段点 0	分段点 1
料仓检测 X4	[H:135]、[V:275]	[W:13]、[H:13]	M4	红色	浅绿色
料台检测 X5	[H:293]、[V:343]	[W:13]、[H:13]	M5	红色	浅绿色
料口检测 X6	[H:533]、[V:343]	[W:13]、[H:13]	M6	红色	浅绿色
前限位 X14	[H:84]、[V:257]	[W:13]、[H:13]	M14	红色	浅绿色
后限位 X15	[H:44]、[V:257]	[W:13]、[H:13]	M14	红色	浅绿色
推料气缸 Y5	[H:17]、[V:256]	[W:15]、[H:15]	Y5	银色	浅绿色
传送带运行 Y11	[H:600]、[V:395]	[W:15]、[H:15]	Y11	银色	浅绿色

组态传送带。用工具箱“流动块”工具绘制。坐标为［H：224］、［V：392］，尺寸为［W：360］、［H：17］，尺寸大小用鼠标拉出。流动方向“从右（下）到左（上）”，流动属性表达式选择“Y11＋Y14”，当表达式非零时，选择“流块开始流动”。

组态指示灯。执行“编辑”→“插入指示灯”→“指示灯 2”，插入 3 个指示灯。指示灯尺寸为［W：40］、［H：40］。3 个指示灯的名称、位置坐标和动画组态属性见表 14-9。

表 14-9　指示灯的位置坐标和动画组态属性设置

指示灯名称	位置坐标	数据对象	动画连接	可见度	静态属性
				当表达式非零时	边线颜色
复位指示	[H:655]、[V:20]	Y6	第一个图元	对应图符可见	浅绿色
			第二个图元	对应图符不可见	银色
运行指示	[H:655]、[V:70]	Y7	第一个图元	对应图符可见	浅绿色
			第二个图元	对应图符不可见	银色
停止/报警指示	[H:655]、[V:120]	Y10	第一个图元	对应图符可见	红色
			第二个图元	对应图符不可见	银色

组态按钮。执行工具箱“标准按钮”命令，插入标准按钮。尺寸为［W：100］、［H：40］，3 个按钮的名称、位置坐标和动画组态属性见表 14-10。

表 14-10　按钮的位置坐标和动画组态属性设置

按钮名称	位置坐标	操作属性	
		抬起功能	
		操作	变量
复位按钮	[H:673]、[V:330]	按 1 松 0	M24
启动按钮	[H:673]、[V:380]	按 1 松 0	M25
停止按钮	[H:673]、[V:430]	按 1 松 0	M26

组态窗口切换标题按钮。“送料自动线监控”标题按钮，坐标为［H：50］、［V：1］，尺寸为［W：170］、［H：40］，文本颜色“绿色”，操作属性“抬起功能”，勾选“打开用

户窗口”，选择“窗口 0”。“控制流程及参数”标题按钮，坐标为［H：220］、［V：1］，尺寸为［W：170］、［H：40］，文本颜色“黑色”，操作属性“抬起功能”，勾选“打开用户窗口”，选择“窗口 1”。

b. 组态送料自动线监控界面。在窗口 1 中，组态控制流程及参数界面，如图 14-13 所示。

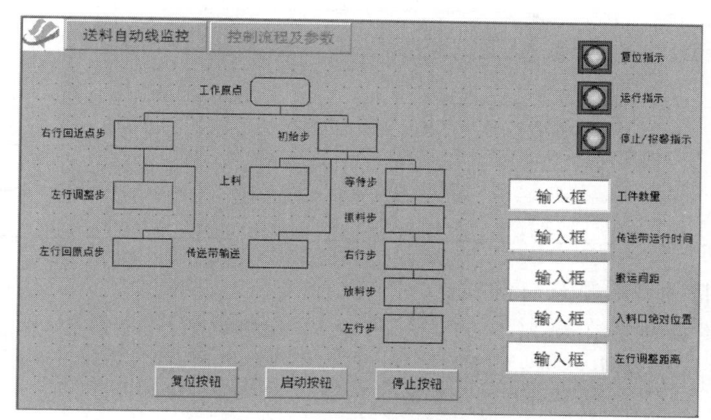

图 14-13 控制流程及参数界面

组态窗口切换标题按钮。“送料自动线监控”标题按钮，文本颜色“黑色”。“控制流程及参数”标题按钮，文本颜色“绿色”。位置坐标和尺寸、操作属性等功能与窗口 0 切换功能组态一样。

组态流程图。执行工具箱“圆角矩形”命令，绘制开始框。执行工具箱“矩形”命令，绘制过程框。尺寸为［W：70］、［H：35］，1 个开始框和 11 个过程框的名称、位置坐标和动画组态属性见表 14-11。按工作流程方向，用直线将各过程框连接起来。

表 14-11 流程图过程框的位置坐标和动画组态属性设置

部件名称	位置坐标	填充颜色		
		表达式	分段点 0	分段点 1
工作原点	［H:270］、［V:70］	M500	灰色	浅绿色
左行回近点步	［H:110］、［V:125］	M40	灰色	浅绿色
左行调整步	［H:110］、［V:200］	M41	灰色	浅绿色
左行回原点步	［H:110］、［V:270］	M42	灰色	浅绿色
初始步	［H:300］、［V:125］	M30	灰色	浅绿色
上料	［H:270］、［V:180］	Y5	灰色	浅绿色
传送带输送	［H:270］、［V:270］	M50	灰色	浅绿色
等待步	［H:430］、［V:180］	M31	灰色	浅绿色
抓料步	［H:430］、［V:225］	M32	灰色	浅绿色
右行步	［H:430］、［V:270］	M33	灰色	浅绿色
放料步	［H:430］、［V:315］	M34	灰色	浅绿色
左行步	［H:430］、［V:360］	M35	灰色	浅绿色

笔 记

笔 记

组态参数输入框。执行工具箱“输入框”命令，绘制参数输入框。尺寸为［W：120］、［H：40］，5个参数输入框的名称、位置坐标和动画组态属性见表14-12。

表14-12 参数输入框的位置坐标和动画组态属性设置

部件名称	位置坐标	操作属性		
		对应数据对象的名称	单位	小数位数
工件数量	[H:575]、[V:190]	D0	[个]	0
传送带运行时间	[H:575]、[V:240]	D1	[100ms]	1
搬运距离	[H:575]、[V:290]	D4	[P]	0
入料口绝对位置	[H:575]、[V:340]	D6	[P]	0
左行调整距离	[H:575]、[V:390]	D8	[P]	0

其余按钮和指示灯的组态与窗口0的一样。

⑤ 组态循环脚本。在窗口0的“用户窗口属性设置”对话框，设置循环时间为400ms，组态循环脚本程序。

```
'****** 机械手运动状态******
IF  M500=1  THEN
    水平移动=0
    垂直移动=0
ENDIF
'****** 机械手右移******
IF  M33=1  THEN
    水平移动=水平移动+4
    IF  水平移动>=240  THEN
        水平移动=240
    ENDIF
ENDIF
'****** 机械手左移******
IF  M35=1  THEN
    水平移动=水平移动-4
    IF  水平移动<=0  THEN
        水平移动=0
    ENDIF
ENDIF
'****** 机械手下降******
IF  (M32=1  OR  M34=1)  AND  Y3=1  THEN
    垂直移动=垂直移动+3
    IF  垂直移动>=80 THEN
        垂直移动=80
    ENDIF
ENDIF
```

笔记

```
'****** 机械手上升******
IF  (M32=1  OR  M34=1)  AND  Y3=0  THEN
    垂直移动=垂直移动-3
    IF  垂直移动<=0  THEN
        垂直移动=0
    ENDIF
ENDIF
```

(8) 送料自动线控制系统运行调试

① 调试准备工作。

a. 正确设置步进驱动的参数，10 细分，输出电流值 3.0A，自动半流功能，DIP 开关功能见表 13-2。

b. 正确设置变频器的参数，变频器参数设定值见表 12-3。

c. 接通气源开关，调节气动三联件压力值，使压力表值在 0.4～0.6bar（0.04～0.06MPa）。调节节流阀，保证推料活塞杆能快速收回，迅速推料且不撞飞工件；机械手升降气缸活动自如。

d. PLC 通电准备。

e. 下载“任务 14　送料自动线控制系统”的 PLC 程序和组态程序，检查 RS-485 通信。

f. 检查各传感器和行程开关信号是否正常。

② 工艺参数调试。调试传送带运行时间和机械手水平移动工艺参数值，直到传送带能把工件输送到收集盒，机械手能准确移动到抓料位置和放料放置。调试实际值填入表 14-13，脉冲的理论计算值见表 14-3。

表 14-13　控制工艺参数理论计算值和调试实际值一览表

名称	计算值	调试实际值
传送带运行时间(100ms)	—	D1=
搬运间距	D4=	D4=
入料口绝对位置	D6=	D6=
左行调整距离(>N_3)	D8>N_3=	D8=

③ 运行调试。按照表 14-13 所列的调试项目和过程，进行运行调试，将观察结果如实记录在表 14-14 中。如果出现异常情况，请小组讨论分析，找到解决办法，并排除故障，直到满足送料自动线控制要求。

表 14-14　任务 14 运行调试小卡片

序号	检查调试项目	分别观察以下指示灯或设备的工作状态	是否正常
1	设置步进驱动的参数	DIP 开关状态：________	
2	检查推料气缸和机械手升降气缸是否正常	推料气缸工作情况：________； 机械手升降气缸工作情况：________	
3	检查 RS-485 通信是否正常	RD 和 SD 指示灯：________	

笔 记

续表

序号	检查调试项目	分别观察以下指示灯或设备的工作状态	是否正常
4	6个传感器和6行程开关逐一打点检测	PLC对应输入信号：________； HMI对应指示灯：________	
5	(1)机械手不在工作原点 (2)按下复位按钮使机械手回到工作原点	(1)HMI显示情况：________； (2)步进电动机工作情况：________； HMI显示情况：________	
6	(1)机械手在工作原点 (2)按下启动按钮	(1)HMI显示情况：________； (2)上料单元工作情况：________； 机械手单元工作情况：________； 传送带单元工作情况：________； HMI显示情况：________	
7	送料自动线在自动工作状态 按下停止按钮	上料单元工作情况：________； 机械手单元工作情况：________； 传送带单元工作情况：________； HMI显示情况：________	
8	送料自动线在自动工作状态 按下急停按钮	上料单元工作情况：________； 机械手单元工作情况：________； 传送带单元工作情况：________； HMI显示情况：________	

14.4 任务评价

“附录B PLC操作技能考核评分表（二）”从职业素养与安全意识、控制电路设计、组态设计、接线工艺、通电运行、PPT的应用与语言表达六个方面进行考核评分。请各小组参照附录B的要求，对任务14的完成情况进行小组自我评价。

14.5 习题

请扫码完成习题14测试。

习题14

附 录

附录A PLC操作技能考核评分表（一）

序号	考核项目	考核要求	评分标准	配分	扣分	得分
1	职业素养与安全文明生产	操作过程符合国家、部委、行业等权威机构颁发的电工作业操作规程、电工作业安全规程与文明生产要求	1. 违反安全操作规程，扣3分。 2. 操作现场工具、仪表、材料摆放不整齐，扣3分。 3. 劳动保护用品佩戴不符合要求，扣3分。 4. 考试结束不拆线，扣3分。 5. 考试结束后，工位不整理、卫生没有清扫或清扫不干净，扣3分	15		
2	PLC控制电路设计	1. 根据控制要求，正确完成I/O分配表的填写。 2. 根据控制要求，正确画出PLC接线图	1. 正确填写I/O分配表，错一处扣2分，本项8分扣完为止。 2. 正确画出PLC的I/O接线图，错一处扣2分，本项8分扣完为止。 3. 电气符号规范度，每错一处扣1分，本项4分扣完为止	20		
3	电路布置、接线工艺	正确完成PLC的I/O接线	1. 接线错误，每处扣2分，本项12分扣完为止。 2. 接线不规范，每处扣1分，本项8分扣完为止	20		
4	PLC程序设计与运行调试	1. 系统初步通电测试。 2. 根据控制要求设计控制程序。 3. 掌握梯形图(或状态转移图)的编写。 4. 将程序正确、熟练地输入PLC。 5. 通电调试后能满足控制要求	1. 能够正常通电，2分。 2. 输入/输出元件器件功能测试符合要求，每错漏一处扣1分，本项6分扣完为止。 3. 不会下载PLC程序，扣2分。 4. 按下启动按钮后，系统完全不能运行，扣35分。 5. 完全不会程序设计，扣35分。 6. 对照运行调试小卡片，调试时每缺少一项功能，扣3～5分，本项35分扣完为止	45		
开始时间：　　时　　分 结束时间：　　时　　分			合计	100		

笔记

附录B PLC操作技能考核评分表（二）

序号	考核项目	考核要求	评分标准	配分	扣分	得分
1	职业素养与安全文明生产	操作过程符合国家、部委、行业等权威机构颁发的电工作业操作规程、电工作业安全规程与文明生产要求	1. 违反安全操作规程，扣3分。 2. 操作现场工具、仪表、材料摆放不整齐，扣3分。 3. 劳动保护用品佩戴不符合要求，扣3分。 4. 考试结束不拆线，扣3分。 5. 考试结束后，工位不整理、卫生没有清扫或清扫不干净，扣3分	15		
2	PLC控制电路设计	1. 根据控制要求，正确完成I/O分配表的填写。 2. 根据控制要求，正确画出PLC接线图	1. 正确填写I/O分配表，错一处扣1分，本项5分扣完为止。 2. 正确画出PLC的I/O接线图，错一处扣1分，本项6分扣完为止。 3. 电气符号规范度，每错一处扣1分，本项4分扣完为止	15		
3	电路布置、接线工艺与初步通电调试	1. 正确完成PLC的I/O接线。 2. 系统初步通电测试	1. 接线错误，每处扣1.5分，本项9分扣完为止。 2. 接线不规范，每处扣1分，本项5分扣完为止。 3. 能够正常通电，1分。 4. 输入/输出元件器件功能测试符合要求，每错漏一处扣1分，本项5分扣完为止	20		
4	组态设计	1. 触摸屏界面下载。 2. 根据控制要求设计界面，器件齐全。 3. 界面整体美观度	1. 未能正确下载组态，扣1分。 2. 画面中器件齐全，不符合要求扣1分每处，本项7分扣完为止。 3. 根据设计画面整体美观度，酌情给1～2分	10		
5	PLC程序设计与运行调试	1. 根据控制要求设计控制程序。 2. 掌握梯形图（或状态转移图）的编写。 3. 将程序正确、熟练地输入PLC。 4. 通电调试后能满足控制要求。 5. 触摸屏动画显示正确	1. 不会正确下载PLC程序，扣2分。 2. 按下启动按钮后，系统完全不能运行，扣30分。 3. 完全不会程序设计，扣30分。 4. 对照运行调试小卡片，调试时每缺少一项功能，扣3～4分，本项30分扣完为止。 5. 调试时，对应触摸屏的指示不正确，每处扣1分，本项8分扣完为止	32		
6	PPT的运用与语言表达	1. 能熟练应用常用办公软件制作PPT，简要表达项目设计思想和任务实施过程。 2. 汇报思路清晰、语言表达流畅	1. 设计思路清晰，0.5分。 2. 任务实施过程完整，每错漏一处，扣0.5分，本项2分扣完为止。 3. PPT美观程度，0.5分。 4. 汇报条理清楚、表达流畅，酌情给1～2分。 5. 工艺过程表述熟练、正确，术语准确，酌情给1～3分	8		
开始时间：　　时　　分 结束时间：　　时　　分			合计	100		

笔 记

附录C FX_{3S}、FX_{3G}、FX_{3GC}、FX_{3U}、FX_{3UC}系列应用指令一览

应用指令的种类分为以下 19 种。

序号	指令	序号	指令
1	数据传送指令	11	程序流程控制指令
2	数据转换指令	12	I/O 刷新指令
3	比较指令	13	时钟控制指令
4	四则运算指令	14	脉冲输出・定位指令
5	逻辑运算指令	15	串行通信指令
6	特殊函数指令	16	特殊功能单元/模块控制指令
7	循环指令	17	扩展寄存器/扩展文件寄存器控制指令
8	移位指令	18	FU_{3U}-CF-ADP 应用指令
9	数据处理指令	19	其他的方便指令
10	字符串处理指令		

1. 数据传送指令

指令	FNC No.	功能
MOV	FNC 12	传送
SMOV	FNC 13	位移动
CML	FNC 14	反转传送
BMOV	FNC 15	成批传送
FMOV	FNC 16	多点传送
PRUN	FNC 81	8 进制位传送
XCH	FNC 17	交换
SWAP	FNC 147	高低字节互换
EMOV	FNC 112	2 进制浮点数数据传送
HCMOV	FNC 189	高速计数器的传送

2. 数据转换指令

指令	FNC No.	功能
BCD	FNC 18	BCD 转换
BIN	FNC 19	BIN 转换
GRY	FNC 170	格雷码的转换
GBIN	FNC 171	格雷码的逆转换
FLT	FNC 49	BIN 整数 →2 进制浮点数的转换

续表

指令	FNC No.	功能
INT	FNC 129	2 进制浮点数 →BIN 整数的转换
EBCD	FNC 118	2 进制浮点数 →10 进制浮点数的转换
EBIN	FNC 119	10 进制浮点数 →2 进制浮点数的转换
RAD	FNC 136	2 进制浮点数角度 →弧度的转换
DEG	FNC 137	2 进制浮点数弧度 →角度的转换

3. 比较指令

指令	FNC No.	功能
LD=	FNC 224	触点比较 LD $S_1 = S_2$
LD>	FNC 225	触点比较 LD $S_1 > S_2$
LD<	FNC 226	触点比较 LD $S_1 < S_2$
LD<>	FNC 228	触点比较 LD $S_1 \neq S_2$
LD<=	FNC 229	触点比较 LD $S_1 \leqq S_2$
LD>=	FNC 230	触点比较 LD $S_1 \geqq S_2$
AND=	FNC 232	触点比较 AND $S_1 = S_2$

笔 记

续表

指令	FNC No.	功能
AND＞	FNC 233	触点比较 AND (S1)＞(S2)
AND＜	FNC 234	触点比较 AND (S1)＜(S2)
AND＜＞	FNC 236	触点比较 AND (S1)≠(S2)
AND＜＝	FNC 237	触点比较 AND (S1)≦(S2)
AND＞＝	FNC 238	触点比较 AND (S1)≧(S2)
OR＝	FNC 240	触点比较 OR (S1)＝(S2)
OR＞	FNC 241	触点比较 OR (S1)＞(S2)
OR＜	FNC 242	触点比较 OR (S1)＜(S2)
OR＜＞	FNC 244	触点比较 OR (S1)≠(S2)
OR＜＝	FNC 245	触点比较 OR (S1)≦(S2)
OR＞＝	FNC 246	触点比较 OR (S1)≧(S2)
CMP	FNC 10	比较
ZCP	FNC 11	区间比较
ECMP	FNC 110	2进制浮点数比较
EZCP	FNC 111	2进制浮点数区间比较
HSCS	FNC 53	比较置位(高速计数器用)
HSCR	FNC 54	比较复位(高速计数器用)
HSZ	FNC 55	区间比较(高速计数器用)
HSCT	FNC 280	高速计数器的表格比较
BKCMP＝	FNC 194	数据块比较(S1)＝(S2)
BKCMP＞	FNC 195	数据块比较(S1)＞(S2)
BKCMP＜	FNC 196	数据块比较(S1)＜(S2)
BKCMP＜＞	FNC 197	数据块比较(S1)≠(S2)
BKCMP＜＝	FNC 198	数据块比较(S1)≦(S2)
BKCMP＞＝	FNC 199	数据块比较(S1)≧(S2)

4. 四则运算指令

指令	FNC No.	功能
ADD	FNC 20	BIN加法运算
SUB	FNC 21	BIN减法运算
MUL	FNC 22	BIN乘法运算
DIV	FNC 23	BIN除法运算
EADD	FNC 120	2进制浮点数加法运算
ESUB	FNC 121	2进制浮点数减法运算
EMUL	FNC 122	2进制浮点数乘法运算
EDIV	FNC 123	2进制浮点数除法运算

续表

指令	FNC No.	功能
BK＋	FNC 192	数据块的加法运算
BK－	FNC 193	数据块的减法运算
INC	FNC 24	BIN加一
DEC	FNC 25	BIN减一

5. 逻辑运算指令

指令	FNC No.	功能
WAND	FNC 26	逻辑与
WOR	FNC 27	逻辑或
WXOR	FNC 28	逻辑异或

6. 特殊函数指令

指令	FNC No.	功能
SQR	FNC 48	BIN开方运算
ESQR	FNC 127	2进制浮点数开方运算
EXP	FNC 124	2进制浮点数指数运算
LOGE	FNC 125	2进制浮点数自然对数运算
LOG10	FNC 126	2进制浮点数常用对数运算
SIN	FNC 130	2进制浮点数SIN运算
COS	FNC 131	2进制浮点数COS运算
TAN	FNC 132	2进制浮点数TAN运算
ASIN	FNC 133	2进制浮点数 SIN^{-1} 运算
ACOS	FNC 134	2进制浮点数 COS^{-1} 运算
ATAN	FNC 135	2进制浮点数 TAN^{-1} 运算
RND	FNC 184	产生随机数

7. 循环指令

指令	FNC No.	功能
ROR	FNC 30	循环右移
ROL	FNC 31	循环左移
RCR	FNC 32	带进位循环右移
RCL	FNC 33	带进位循环左移

8. 移位指令

指令	FNC No.	功能
SFTR	FNC 34	位右移
SFTL	FNC 35	位左移

续表

指令	FNC No.	功能
SFR	FNC 213	16位数据的n位右移(带进位)
SFL	FNC 214	16位数据的n位左移(带进位)
WSFR	FNC 36	字右移
WSFL	FNC 37	字左移
SFWR	FNC 38	移位写入[先入先出/先入后出控制用]
SFRD	FNC 39	移位读出[先入先出控制用]
POP	FNC 212	读取后入的数据[先入后出控制用]

9. 数据处理指令

指令	FNC No.	功能
ZRST	FNC 40	成批复位
DECO	FNC 41	译码
ENCO	FNC 42	编码
MEAN	FNC 45	平均值
WSUM	FNC 140	计算出数据的合计值
SUM	FNC 43	ON位数(计算数据中“1”的个数)
BON	FNC 44	判断ON位
NEG	FNC 29	补码
ENEG	FNC 128	2进制浮点数符号反转
WTOB	FNC 141	字节单位的数据分离
BTOW	FNC 142	字节单位的数据结合
UNI	FNC 143	16位数据的4位结合
DIS	FNC 144	16位数据的4位分离
CCD	FNC 841	校验码
CRC	FNC 188	CRC运算
LIMIT	FNC 256	上下限限位控制
BAND	FNC 257	死区控制
ZONE	FNC 258	区域控制
SCL	FNC 259	定坐标(各点的坐标数据)
SCL2	FNC 269	定坐标2(X/Y坐标数据)
SORT	FNC 69	数据排列
SORT2	FNC 149	数据排列2

续表

指令	FNC No.	功能
SER	FNC 61	数据检索
FDEL	FNC 210	数据表的数据删除
FINS	FNC 211	数据表的数据插入

10. 字符串处理指令

指令	FNC No.	功能
ESTR	FNC 116	2进制浮点数→字符串的转换
EVAL	FNC 117	字符串→2进制浮点数的转换
STR	FNC 200	BIN→字符串的转换
VAL	FNC 201	字符串→BIN的转换
DABIN	FNC 260	10进制ASCII→BIN的转换
BINDA	FNC 261	BIN→10进制ASCII的转换
ASCI	FNC 82	HEX→ASCII的转换
HEX	FNC 83	ASCII→HEX的转换
$ MOV	FNC 209	字符串的传送
$ +	FNC 202	字符串的结合
LEN	FNC 203	检测出字符串的长度
RIGH	FNC 204	从字符串的右侧开始取出
LEFT	FNC 205	从字符串的左侧开始取出
MIDR	FNC 206	字符串中的任意取出
MIDW	FNC 207	字符串中的任意替换
INSTR	FNC 208	字符串的检索
COMRD	FNC 182	读出软元件的注释数据

11. 程序流程控制指令

指令	FNC No.	功能
CJ	FNC 00	条件跳转
CALL	FNC 01	子程序调用
SRET	FNC 02	子程序返回
IRET	FNC 03	中断返回
EI	FNC 04	允许中断
DI	FNC 05	禁止中断
FEND	FNC 06	主程序结束

笔记

笔记

续表

指令	FNC No.	功能
FOR	FNC 08	循环范围的开始
NEXT	FNC 09	循环范围的结束

12. I/O 刷新指令

指令	FNC No.	功能
REF	FNC 50	输入输出刷新
REFF	FNC 51	输入刷新(带滤波器设定)

13. 时钟控制指令

指令	FNC No.	功能
TCMP	FNC 160	时钟数据的比较
TZCP	FNC 161	时钟数据的区间比较
TADD	FNC 162	时钟数据的加法运算
TSUB	FNC 163	时钟数据的减法运算
TRD	FNC 166	读出时钟数据
TWR	FNC 167	写入时钟数据
HTOS	FNC 164	[时、分、秒]数据的秒转换
STOH	FNC 165	秒数据的[时、分、秒]转换

14. 脉冲输出・定位指令

指令	FNC No.	功能
ABS	FNC 155	读出 ABS 的当前值
DSZR	FNC 150	带 DOG 搜索的原点回归
ZRN	FNC 156	原点回归
TBL	FNC 152	表格设定定位
DVIT	FNC 151	中断定位
DRVI	FNC 158	相对定位
DRVA	FNC 159	绝对定位
PLSV	FNC 157	可变速脉冲输出
PLSY	FNC 57	脉冲输出
PLSR	FNC 59	带加减速的脉冲输出

15. 串行通信指令

指令	FNC No.	功能
RS	FNC 80	串行数据的传送
RS2	FNC 87	串行数据的传送 2

续表

指令	FNC No.	功能
IVCK	FNC 270	变频器的运行监控
IVDR	FNC 271	变频器的运行控制
IVRD	FNC 272	读出变频器的参数
IVWR	FNC 273	写入变频器的参数
IVBWR	FNC 274	成批写入变频器的参数
IVMC	FNC 275	变频器的多个命令
ADPRW	FNC 276	MODBUS 读出・写入

16. 特殊功能单元/模块控制指令

指令	FNC No.	功能
FROM	FNC 78	BFM 的读取
TO	FNC 79	BFM 的写入
RD3A	FNC 176	模拟量模块的读出
WR3A	FNC 177	模拟量模块的写入
RBFM	FNC 278	BFM 分割读出
WBFM	FNC 279	BFM 分割写入

17. 扩展寄存器/扩展文件寄存器控制指令

指令	FNC No.	功能
LOADR	FNC 290	扩展文件寄存器的读出
SAVER	FNC 291	扩展文件寄存器的成批写入
RWER	FNC 294	扩展文件寄存器的删除・写入
INITR	FNC 292	扩展寄存器的初始化
INITER	FNC 295	扩展文件寄存器的初始化
LOGR	FNC 293	登录到扩展寄存器

18. FX_{3U}-CF-ADP 用应用指令

指令	FNC No.	功能
FLCRT	FNC 300	文件的制作・确认
FLDEL	FNC 301	文件的删除・CF 卡格式化
FLWR	FNC 302	写入数据
FLRD	FNC 303	数据读出

续表

指令	FNC No.	功能
FLCMD	FNC 304	对 FX_{3U}-CF-ADP 的动作指示
FLSTRD	FNC 305	FX_{3U}-CF-ADP 的状态读出

19. 其他的方便指令

指令	FNC No.	功能
WDT	FNC 07	看门狗定时器
ALT	FNC 66	交替输出
ANS	FNC 46	信号报警器置位
ANR	FNC 47	信号报警器复位
HOUR	FNC 169	计时表
RAMP	FNC 67	斜坡信号
SPD	FNC 56	脉冲密度
PWM	FNC 58	脉宽调制
DUTY	FNC 186	发出定时脉冲
PID	FNC 88	PID 运算
ZPUSH	FNC 102	变址寄存器的成批保存
ZPOP	FNC 103	变址寄存器的恢复

续表

指令	FNC No.	功能
TTMR	FNC 64	示教定时器
STMR	FNC 65	特殊定时器
ABSD	FNC 62	凸轮顺控绝对方式
INCD	FNC 63	凸轮顺控相对方式
ROTC	FNC 68	旋转工作台控制
IST	FNC 60	初始化状态
MTR	FNC 52	矩阵输入
TKY	FNC 70	数字键输入
HKY	FNC 71	16 进制数字键输入
DSW	FNC 72	数字开关
SEGD	FNC 73	7 段解码器
SEGL	FNC 74	7SEG 时分显示
ARWS	FNC 75	箭头开关
ASC	FNC 76	ASCII 数据的输入
PR	FNC 77	ASCII 码打印
VRRD	FNC 85	电位器读出
VRSC	FNC 86	电位器刻度

笔 记

笔 记

参考文献

[1] 三菱电机.FX3S·FX3G·FX3GC·FX3U·FX3UC系列微型可编程控制器编程手册，2014.

[2] 三菱电机.FX3U系列微型可编程控制器用户手册［硬件篇］，2010.

[3] 三菱电机.FX2N系列微型可编程控制器使用手册，2007.

[4] 三菱电机.三菱通用变频器FR-E700使用手册（基础篇），2007.

[5] 三菱电机.三菱通用变频器FR-E700使用手册（应用篇），2007.

[6] 北京昆仑通态.MCGS嵌入版用户手册，2010.

[7] 北京昆仑通态.昆仑通态触摸屏100个常见问题，2010.

[8] 罗庚兴.现代电气控制系统［M］.北京：机械工业出版社，2020.

[9] 罗庚兴.大中型PLC应用技术［M］.北京：北京师范大学出版社，2010.

[10] 廖常初.跟我动手学FX系列PLC［M］.北京：机械工业出版社，2013.

[11] 廖常初.PLC编程及应用［M］.4版.北京：机械工业出版社，2016.

[12] 马宏骞，许连阁.PLC、变频器与触摸屏技术及实践［M］.北京：电子工业出版社，2014.

[13] 罗庚兴，宁玉珊.基于PLC的步进电动机控制［J］.机电工程技术，2007(10)：66-67.

[14] 罗庚兴.基于编码识别和变频器控制技术的自动定位系统的研究［J］.制造技术与机床，2012(11)：84-87.

[15] 罗庚兴，冯安平.柔性生产线机器人组装单元设计［J］.制造技术与机床，2016(4)：51-54.

[16] 冯安平，罗庚兴.柔性生产线自动冲压加工单元设计［J］.机床与液压，2016(8)：33-36.

[17] 罗庚兴，冯安平.立体仓库自动控制系统的设计及应用［J］.煤矿机械，2016(2)：22-25.

[18] 肖剑兰，易铭，罗庚兴.生产线搬运机械手电气控制系统的设计［J］.机电工程技术，2019(4)：20-23.

[19] 肖剑兰.基于PLC和组态软件的自动线上料监控系统设计［J］.机电工程技术，2018(7)：84-87.